U0929316

编委会

高铁建造及运营维护系列规划教材

高速铁路安全维护

徐玉萍　卢　剑◎主　编

黄细燕◎副主编

李明崎◎主　审

中国铁道出版社有限公司

2021年·北　京

图书在版编目(CIP)数据

高速铁路安全维护/徐玉萍,卢剑主编．—北京：中国铁道出版社有限公司,2021.5

高铁建造及运营维护系列规划教材

ISBN 978-7-113-27316-3

Ⅰ.①高… Ⅱ.①徐… ②卢… Ⅲ.①高速铁路-安全管理-高等学校-教材 Ⅳ.①U238

中国版本图书馆 CIP 数据核字(2020)第 194318 号

书　　名:**高速铁路安全维护**
作　　者:徐玉萍　卢　剑

责任编辑:悦　彩　　**编辑部电话**:(010)51873206　　**电子信箱**:sxyuecai@163. com
封面设计:涂　波　曾　程
责任校对:焦桂荣
责任印制:樊启鹏

出版发行:中国铁道出版社有限公司(100054,北京市西城区右安门西街 8 号)
网　　址:http://www. tdpress. com
印　　刷:北京建宏印刷有限公司
版　　次:2021 年 5 月第 1 版　2021 年 5 月第 1 次印刷
开　　本:787 mm×1 092 mm　1/16　印张:14. 25　字数:360 千
书　　号:ISBN 978-7-113-27316-3
定　　价:42. 00 元

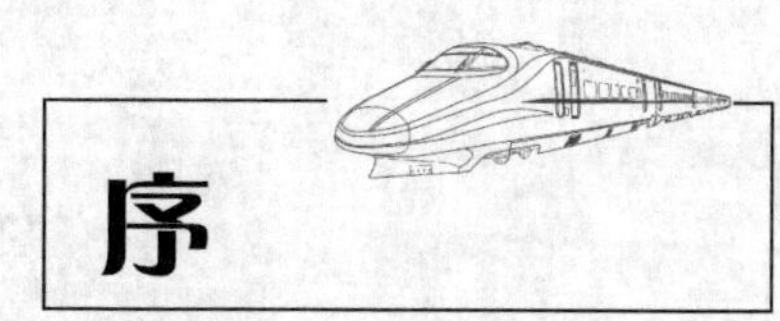

序

随着改革开放，中国高速铁路得到了突破性进展。截至2020年底，全国铁路营业里程达到14.63万km，其中高铁超过3.79万km，占全球高铁总里程的三分之二以上，居世界首位。中国高铁在规划设计、工程建设、枢纽客站、列车控制、牵引供电、运营管理、安全保障和设备制造等领域取得了一系列自主创新成果，形成了完整的高铁技术体系和标准体系，以"安全、快捷、环保、节能"的技术优势走向世界，迈出从追赶到领跑的关键一步。作为中国高铁技术自主创新的坚定实践者，倍感荣幸和骄傲。

交通强国，铁路先行。世界铁路发展历史证明，高速铁路的发展是综合国力和技术创新能力的体现。作为世界上快速崛起的经济体，中国已拥有与之相适应的现代化高铁网络体系。从"四纵四横"到"八纵八横"，承载了更为宏远的历史使命，在推进经济社会发展的同时，不断践行"人民铁路为人民"的宗旨，增强了广大人民的获得感、幸福感！

高铁发展，人才为要。随着国内高铁运营里程的不断延续，实现高铁可持续、高质量发展，需要大批的高素质复合型、应用型高铁技术人才，迫切需要不断打造高铁文化和高铁品牌的"软实力"。肩负起高素质人才培养这一神圣使命，高校自然是理之所至、责无旁贷。

人才培养，教材先行。作为一所"以交通为特色，以轨道为核心"的高等学府，中国国家铁路集团有限公司与江西省、国家铁路局与江西省"双共建"高校，华东交通大学充分发挥在高速铁路方面学科优势，以国家目标和战略需求为导向，积极主动汇集学术造诣深、教学效果好的教师，吸收高铁工程一线的专业技术人员，推动高铁学术研究、教学经验与工程实践有机融合，共同打造"高铁建造及运营维护系列规划教材"，以实际行动助力我国高铁人才培养与文化建设，意义重大、影响深远。

"参天大树，必有其根；怀山之水，必有其源"。作为一名长期献身于铁路事业发展的科技工作者，对于"高铁建造及运营维护系列规划教材"的出版倍感欣慰，期待以此系列规划教材为起点，通过其深厚肥沃的知识土壤，为中国高铁孕育一批批支撑未来持续向上的高素质复合型、应用型人才，成为中国特色社会主义建设生生不息的高铁力量。

国铁集团科技和信息化部主任

研究员 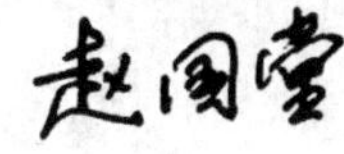

2021年1月于北京

前言

近年来，在我国政府的高度重视和大力推动下，高速铁路实现了快速发展。截至2019年底，高铁营业里程达到3.5万km，占世界高铁运营里程的65%以上，居世界第一位。预计到2025年，我国以高铁为骨架的快速客运网运营里程将达到5万km以上，基本覆盖50万以上人口城市。我国已经成为世界上高速铁路建设和运营规模最大、技术最复杂、运营速度最快、管理最先进的国家。而安全保障是高速铁路的重中之重，安全保障体系涉及很多方面，本书主要讨论高速铁路运营的安全维护。

本书主要内容包括：高速铁路安全管理概述、高速铁路动态检测技术、高速铁路运营安全保障技术、高速铁路运营安全管理技术、高速铁路应急救援与调查技术，全面、系统地分析了高速铁路运营过程中涉及的基础理论、规章制度、检测技术和安全保障技术。根据教育部加强本科教学质量的要求及应用型复合人才的培养特点，内容上尽量避免繁复冗长的理论知识，体现工作过程为导向的理念和"工学结合，理实一体"的宗旨，通过大量有针对性的案例教学，培养学生实际工作所需要的分析问题、解决问题的能力。

本书由华东交通大学交通运输与物流学院徐玉萍和卢剑任主编，华东交通大学交通运输与物流学院黄细燕任副主编，中国铁路南昌局集团有限公司李明崎任主审。具体编写分工如下：黄细燕编写第1章；卢剑编写第2章，第3章的第1～6节；徐玉萍编写第3章的第7节，第4章的第1节；中国铁路南昌局集团有限公司客运部喻斌编写第4章的第2～4节；华东交通大学交通运输与物流学院徐国权编写第5章。

本书的编写得到了中国铁路南昌局集团有限公司客运部、安全监察室、车辆部，中国铁路上海局集团有限公司客运部、车辆部的大力支持和帮助；华东交通大学交通运输专业张建荣、衷国荣同学在资料收集、整理方面做了大量的工作；在编写过程中，还引用了参考文献所列论著的有关内容，以及未列出的相关资料、图片，在此对原文献作者一并表示衷心的感谢。

由于编者水平有限，时间仓促，加上高速铁路技术日新月异，书中难免有不足之处，敬请各位读者批评指正。

编　者

2020年5月

前　言

近年来，在我国政府的高度重视和大力推动下，高速铁路实现了快速发展，截至2019年底，高铁营业里程达到3.5万km，占世界高铁总营业里程的三分之二以上，位居世界第一位。预计到2025年，我国以高铁为骨架的快速客运网运营里程将达到5万km以上，基本覆盖50万以上人口城市。我国已经成为世界上高速铁路建设和运营规模最大、技术最复杂、运营速度最快、管理最先进的国家。而安全保障是高速铁路运营的重中之重，安全保障涉及诸多方面，本书主要讨论高速铁路运营的安全保障。

本书主要内容包括：高速铁路安全管理理论、高速铁路运营安全的风险分析与评估、高速铁路行车组织安全保障技术、高速铁路灾害与安全监测技术、高速铁路应急救援与调度技术，全面、系统地介绍了高速铁路运营过程中涉及的基础理论、规章制度、检测技术和安全保障技术。根据教育部加强本科教学质量的要求及应用型复合人才的培养特点，内容上尽量避免繁复冗长的理论知识，体现了理论联系实际的理念和工学结合、学以致用的宗旨，通过富有针对性的编写，培养学生实际工作所需要的分析问题、解决问题的能力。

本书由华东交通大学交通运输与物流学院徐玉萍和何利主编，华东交通大学交通运输与物流学院黄剑辉任副主编，中国铁路南昌局集团有限公司李明高任主审。具体编写分工如下：黄剑辉编写第1章、第2章，第3章的第1～6节；徐玉萍编写第3章的第7节、第4章的第1节；中国铁路南昌局集团有限公司李明高编写第4章的第2～4节；华东交通大学交通运输与物流学院何利编写第5章。

本书的编写得到了中国铁路南昌局集团有限公司客运部、安全监察室、车辆部、中国铁路南昌局集团有限公司运输部等的大力支持和帮助，华东交通大学交通运输专业张建、宋同学等在资料收集、整理方面做了大量的工作，在编写过程中，还引用了参考文献所列论著的有关内容，以及未列出的相关资料，同时，在此对所列文献作者一并表示衷心的感谢。

由于编者水平有限，时间仓促，加上高速铁路技术日新月异，书中难免存在不足之处，敬请各位读者批评指正。

编　者

2020年5月

目录

第1章

高速铁路安全管理概述

本章分四小节论述了与高速铁路运输安全相关的知识，涵盖了高速铁路安全运输的基本概念、高速铁路运输安全理论基础、高速铁路运输系统安全分析和高速铁路运输系统安全评价。本章的学习目标包括：辨析高速铁路运输安全相关的基本概念和特性；理解高速铁路运输安全理论；掌握高速铁路运输系统安全分析常用方法；掌握高速铁路运输系统安全评价常用方法。

1.1 安全基本概念和特性

1.1.1 基本概念

1. 安全

安全是指在生产活动过程中，能将人或物的损失控制在可接受水平的状态。换言之，安全，意味着人或物遭受损失的可能性是处于人们可以接受的范围之内的，若这种可能性超过了可接受的水平，即为不安全。该定义具有以下几个方面的含义：

(1)所讨论的安全问题，专指生产领域中的安全问题，并不涉及军事或社会意义的安全与保安，也不涉及与生活、疾病有关的安全。

(2)安全不是瞬间的结果，而是对于某种过程状态的描述。

(3)安全是相对的，绝对安全是不存在的。

(4)构成安全问题的矛盾双方是安全与危险，而非安全与事故。因此，衡量一个生产系统是否安全，不应仅仅依靠事故指标。

(5)不同的时代，不同的生产领域，可接受的损失水平是不同的，因而衡量系统是否安全的标准也是不同的。

关于安全的概念，都可归纳为两种，即绝对安全和相对安全。

绝对安全观是人们较早时期对安全的认识，目前仍然有一部分现场生产管理人员和科技工作人员保有此认识。绝对安全观认为，安全是指没有危险、不受威胁、不出事故，即消除能导致人员伤害，发生疾病、死亡或造成设备财产破坏、损失以及危害环境的条件。无危则安，无损则全。这种安全观认为，在安全的环境下，发生死亡、工伤等的概率应该为零，但是这只能是个美好愿望，因为这种绝对安全在现实的各种生产系统中都是不可能存在的，绝对安全观是安全的一种极端理想的状态。由于绝对安全观过分强调安全的绝对性，使其应用范围受到了很大的限制，特别是在分析社会技术系统的安全问题时更是如此。

与绝对安全观相对应的就是目前人们所普遍接受的相对安全观。相对安全观认为,安全是相对的,绝对安全是不存在的,即安全是一种模糊数学的概念。按模糊数学的说法,危险性就是对安全的隶属度,当危险性低到某程度时,人们就认为是安全的了。

根据相对安全的定义可知,安全是在具有一定危险性的条件下的一种状态,安全并非意味着绝对无事故。事故与安全是对立的,但事故并不是不安全的全部内容,而只是在安全与不安全这一对矛盾斗争过程中,某些瞬间突变结果的外在表现。

安全依附于生产过程,伴随生产过程而存在。但安全不是瞬间的结果,而是对系统在某一时期,某一阶段过程状态的描述。

2. 危险

作为安全的对立面,危险是指在生产活动过程中,人或物遭受损失的可能性超出了可接受范围的一种状态。危险与安全一样,也是与生产过程共存的过程,是一种连续型的过程状态。危险包含了尚未为人所认识的以及虽为人们所认识但尚未为人所控制的各种隐患。同时,危险还包含了安全与不安全矛盾斗争过程中某些瞬间突变发生、外在表现出来的事故结果。

3. 风险

"风险"一词在不同场合含义有所不同。通俗地讲,风险就是发生不幸事件的概率。只要某一事件的发生存在着两种或两种以上的可能性,那么就认为该事件存在着风险。就安全而言,风险是描述系统危险程度的客观量,它用危险概率和危险严重度来表示可能的损失,这主要有两种考虑:一是把风险看成是一个系统内有害事件或非正常事件出现可能性的量度;二是把风险定义为发生一次事故的后果大小与该事故出现概率的乘积。

一般意义上的风险,具有概率和后果的二重性,因此可以使用危险事件可能的损失程度 c 和危险事件的发生概率 p 的函数,来表示风险 R,即

$$R=R(p,c)$$

为简单起见,大多数文献中将风险表达为概率与后果的乘积,即期望损失,为:

$$R=p\times c$$

上述风险的定义中,无论是损失或者后果,均是针对事故而定义的,这些事故包括已发生的事故和将会发生的事故。

但是风险既然是对系统危险性的度量,那么仅仅以事故来衡量系统的风险,显然是很不充分的,除非管理人员能够辨识系统中所有可能的事故形式。

从整个系统的角度出发,风险是系统危险影响因素的函数,即风险可表达为如下形式:

$$R=R(R_1,R_2,R_3,R_4,R_5)$$

式中 R_1——人的因素;

R_2——设备因素;

R_3——环境因素;

R_4——管理因素;

R_5——其他因素。

4. 安全性

从系统的安全性能来讲,安全性是一个衡量系统安全程度的客观量表示。与安全性对

立的概念，是描述系统危险程度的指标——风险（或称危险性）。如果假定系统的安全性为S，危险性为R，则有

$$S=1-R$$

从上面的式子可以很容易知道，如果R越小，S越大；反之亦然。因此，若在一定程度上消减了系统中的危险因素，就等于创造了系统的安全条件。

另外，由于安全性与可靠性的联系十分密切，在实际应用中存在着很多将可靠性与安全性混用的现象，因而有必要明确二者之间的联系和差异。可靠性是指系统或元件在规定条件下，规定时间内，完成规定任务的能力，而安全性则是指系统的安全程度。可靠性与安全性当然具有共同之处，因为从某种程度上来讲，可靠性较高的系统，其安全性通常也会较高，许多事故之所以发生，就是由于系统可靠性较低所致。

但是，可靠性也有不同于安全性的特性，可靠性要求的是系统完成规定功能的能力，只要系统能够完成规定功能，那么该系统就是可靠的，而不管该系统的运行是否会带来安全问题。安全性则要求识别系统的危险所在，并将这些隐患从系统中排除，从而保证系统的安全。此外，系统发生故障，也不一定导致事故和损失，反过来看，即使系统的所有元件均正常工作时，也可能伴有事故发生。

5. 事故

事故是生产、生活中发生的事与愿违的一种意外事件。不同研究者对事故理解的侧重点不同，美国安全工程师海因里希认为，事故是“非计划的、失去控制的事件”；在此基础上，有学者从更为一般的意义上提出：“事故是与系统设计具有不可容忍的偏差的事件”；另有学者进一步补充说明：“事故是指任何计划之外的事件，可能引起或不会引起损失或伤害”。目前，在事故的种种定义中，人们普遍接受的是由伯克霍夫提出的定义。伯克霍夫认为，事故是人（个人或集体）在为实现某种意图而进行的活动过程中，突然发生的、违反人的意志的、迫使活动暂时或永久停止的事件。事故的含义包括：

（1）事故是一种发生在人类生产、生活活动中的特殊事件，人类的任何生产、生活活动过程中都可能发生事故。

（2）事故是一种突然发生的、出乎人们意料的意外事件。由于导致事故发生的原因非常复杂，往往包括许多偶然因素，因而事故的发生具有随机性质。在一起事故发生之前，人们无法准确地预测什么时候、什么地方、发生什么样的事故。

（3）事故是一种迫使进行着的生产、生活活动暂时或永久停止的事件。事故中断、终止人们正常活动的进行，必然给人们的生产、生活带来某种形式的影响。因此，事故是一种违背人们意志的事件，是人们不希望发生的事件。

事故发生的原因，可归结为三类：

①目前尚未认识到的原因。

②已经认识，但目前尚不可控制的原因。

③已经认识，目前可以控制而未能有效控制的原因。

如果以人为中心考察事故后果，可以把事故分为伤亡事故和一般事故。把造成人员伤害的事故叫作伤害事故或伤亡事故。伤亡事故，简称伤害，是个人或集体在行动过程中接触了与周围条件有关的外来能量，作用于人体，致使人体生理机能部分或全部的丧失。一般事

故是指人身没有受到伤害或受伤轻微，停工短暂或不影响人的生理机能的事故。

事故的特征主要包括：事故的因果性，事故的偶然性、必然性和规律性，事故的潜在性、再现性、预测性和复杂性。

a. 事故的因果性

因果，即原因和结果。因果性是指事物之间的一种关联性，即一事物是另一事物发生的根据。事故的因果性决定了事故发生的必然性。因为事故是一系列因素互为因果，连续发生的结果，所以导致事故发生的因素及其因果关系的存在，就决定了事故将必然会发生，只是或迟或早的问题，其随机性仅表现在何时、何地、因何原因意外触发产生而已。

掌握具体事故发生的因果关系，采取措施中断导致事故发生的多因素之间的因果连锁，就可以消除事故发生的必然性，从而可以在一定程度上防止事故的发生。

b. 事故的偶然性、必然性和规律性

纵观各类生产事故，分析事故发生的原因，都有它的偶然性，更有它的必然性。用概率事件分析，它是事物的必然性和偶然性的对立统一。从本质上讲，事故都是属于在一定条件下可能发生、也可能不发生的随机事件。因此就一特定事故而言，其发生的时间、地点、状况等，均是无法事先预测的。

不安全因素是事故发生的必然性，意外情况或特殊条件成为事故发生的偶然性。隐患具体表现为人的因素，即作业人员违反安全操作规程；表现为物的因素，即生产设备及其附属设施不符合规范要求；表现为作业环境性因素，即工作的环境条件不符合规范要求；表现为管理性因素，即管理行为和规章制度不符合规范要求。特殊条件，即人的失误或自然条件的突然改变产生不安全因素，形成对人身或作业现场构成危害的因素。

事故的偶然性，还表现在事故发生后是否会产生后果（人员伤亡、物质损失）以及后果的大小如何，都是难以预测的。反复发生的同类事故，并不一定会产生相同的后果。因此，事故的偶然性，决定了要完全杜绝事故的发生是非常困难的，甚至是不可能的。

同时，事故的必然性中，又包含着规律性。既为必然，就有规律可循。必然性来自因果性，深入探查、了解事故发生的因果关系，就可以发现事故发生的客观规律，从而为防止事故发生提供依据。应用概率理论，收集尽可能多的事故案例进行统计分析，就可以从总体上找出带有根本性的问题，为宏观安全决策奠定基础，为改进安全工作指明方向，从而做到“预防为主”，实现安全生产的目的。

由于事故或多或少地具有偶然性，因而要完全掌握它的规律非常困难。但在一定的范围内和一定的条件下，用一定的科学仪器或手段，却可以找出事故发生的近似规律。

从偶然性中找出必然性，认识事故发生的规律性，变不安全条件为安全条件，把事故消除在萌芽状态之中，这就是防患于未然，预防为主的科学根据。

c. 事故的潜在性、再现性、预测性和复杂性

事故往往是突然发生的。然而导致事故发生的因素，即“隐患或潜在危险”却是早就存在的，只是事故发生之前未被发现或未受到重视而已。随着时间的推移，一旦条件成熟，这些“隐患或潜在危险”就会显现出来而酿成事故，这就是事故的潜在性。

事故一经发生，就成为过去，完全相同的事故不会再次发生。如果没有真正地了解事故发生的根本原因，并采取有效的措施去消除这些原因，系统就可能会再次出现类似的事故。

因此，应致力于消除这种事故的再现性，这一点在目前的科学条件下是完全能够做到的。

为了达到上述目的，人们需要根据对过去事故所积累的经验和知识以及对事故规律的认识，并使用科学的方法和手段，对未来可能发生的事故进行预测。事故预测就是在认识事故发生规律的基础上，充分了解、掌握各种可能导致事故发生的危险因素及它们的因果关系，推断它们发展演变的状况和可能产生的后果。事故预测的目的在于识别和控制危险，预先采取对策，最大限度地减少事故发生的可能性。

事故的发生取决于人、物和环境的关系，也与管理的有效性有关，这就决定了事故具有极大的复杂性。

6. 隐患

在我国长期的事故预防工作中经常使用事故隐患一词。所谓隐患是指隐藏的祸患，事故隐患即隐藏的、可能导致事故的祸患，这是一个在长期工作实践中大家形成的共识用语，一般是指那些有明显缺陷、毛病的事物，亦即人的不安全行为和物的不安全状态。

事故隐患可定义为：在生产活动过程中，由于人们受到科学知识和技术力量的限制，或者由于认识上的局限，而未能有效控制的有可能引起事故的一种行为（一些行为）或一种状态（一些状态）或二者的结合。隐患是事故发生的必要条件，隐患一旦被识别，就要予以消除。对于受客观条件所限不能立即消除的隐患，要采取措施降低其危险性或延缓危险性增长的速度，减少其被触发的"几率"。

7. 危险源

在系统安全研究中，认为危险源的存在是事故发生的根本原因，防止事故就是消除、控制系统中的危险源。危险源一词译自英文单词 Hazard，按英文词典的解释，"Hazard-a source of danger"，即危险的根源的意思。哈默定义危险源为可能导致人员伤害或财物损失事故的、潜在的不安全因素。根据危险源在事故发生、发展中的作用，把危险源划分为两大类，即第一类危险源和第二类危险源。

第一类危险源是指系统中存在的、可能发生意外释放的能量或危险物质，实际工作中往往把产生能量的能量源或拥有能量的能量载体作为第一类危险源来处理。第一类危险源具有的能量越多，一旦发生事故，其后果越严重。相反，第一类危险源处于低能量状态时比较安全。同时，第一类危险源包含的危险物质的量越多，干扰人的新陈代谢越严重，其危险性越大。

第二类危险源是指导致约束、限制能量措施失效或破坏的各种不安全因素，包括人、物、环境三个方面的问题。人失误可能直接破坏对第一类危险源的控制，造成能量或危险物质的意外释放；同时，人失误也可能造成物的故障，进而导致事故。物的故障可能直接使约束、限制能量或危险物质的措施失效而发生事故；有时一种物的故障可能导致另一种物的故障，最终造成能量或危险物质的意外释放；物的故障有时会诱发人失误；人失误会造成物的故障，实际情况比较复杂。环境因素主要指系统运行的环境，包括温度、湿度、照明、粉尘、通风换气、噪声和振动等物理环境以及企业和社会的软环境。不良的物理环境会引起物的故障或人失误；企业的管理制度、人际关系或社会环境影响人的心理进而可能引起人失误。

第二类危险源往往是一些围绕第一类危险源随机发生的现象，它们出现的情况决定事故发生的可能性,第二类危险源出现得越频繁,发生事故的可能性越大。

1.1.2 相互关系

1. 安全与危险

安全与危险是矛盾的统一体,它具有矛盾的所有特性。没有危险就谈不上有安全,安全工作的前提就是因为有危险的存在。从某种意义上说,安全本身就是一种危险度,只不过是一种未超过允许限度的危险。安全与危险一方面双方互相排斥、互相否定,另一方面,安全与危险两者互相依存,共同处于一个统一体中,存在着向对方转化的趋势。描述安全与危险的指标分别是安全性与危险性,安全性越高则危险性就越低,安全性越低则危险性就越高。即如前所述,二者存在如下关系:

安全性=1-危险性

2. 安全与事故

事故与安全是对立的,但事故并不是不安全的全部内容,而只是在安全与不安全矛盾斗争过程中某些瞬间突变结果的外在表现。安全与事故应该是对立统一、相互依存的关系。某一安全性在特定条件下是安全的,但在其他条件下就不一定会是安全的,甚至可能很危险。

3. 危险与事故

危险不仅包含了作为潜在事故条件的各种隐患,同时还包含了安全与不安全的矛盾激化后表现出来的事故结果。事故发生,系统不一定处于危险状态,事故不发生,也不能否认系统不处于危险状态,事故不能作为判别系统危险与安全状态的唯一标准。

4. 事故与隐患

事故总是发生在操作的现场,总是伴随隐患的发展而发生在生产过程之中,事故是隐患发展的结果,隐患是事故的基本组成因子,是事故发生的必要条件。在存在隐患到形成事故这一段时期内,有效地辨别隐患是消除和抑制事故发生的根本。

5. 危险源与事故

一起事故的发生是两类危险源共同起作用的结果。第一类危险源的存在是事故发生的前提,没有第一类危险源就谈不上能量或危险物质的意外释放,也就无所谓事故。另一方面,如果没有第二类危险源破坏对第一类危险源的控制,也不会发生能量或危险物质的意外释放。第二类危险源的出现是第一类危险源导致事故的必要条件。

在事故的发生、发展过程中,两类危险源相互依存、相辅相成。第一类危险源在事故时释放出的能量是导致人员伤害或财物损坏的能量主体,决定事故后果的严重程度;第二类危险源出现的难易决定事故发生的可能性的大小。两类危险源共同决定危险源的危险性。

1.2.3 系统工程与运输安全管理

1. 系统的定义

系统,即若干部分相互联系、相互作用,形成的具有某些功能的整体。中国著名学者钱学森认为，系统是由相互作用相互依赖的若干组成部分结合而成的，具有特定功能的有机整体，而且这个有机整体又是它从属的更大系统的组成部分。因此，系统的概念是相对的，而不是绝对的，是不断发展的。系统的概念的含义如下：

（1）系统是由若干要素（部分）组成的。这些要素可能是一些个体、元件、零件，也可能其本身就是一个系统（或称之为子系统）。如运算器、控制器、存储器、输入/输出设备组成了计算机的硬件系统，而硬件系统又是计算机系统的一个子系统。

（2）系统有一定的结构。一个系统是其构成要素的集合，这些要素相互联系、相互制约。系统内部各要素之间相对稳定的联系方式、组织秩序及失控关系的内在表现形式，就是系统的结构。例如，钟表是由齿轮、发条、指针等零部件按一定的方式装配而成的，但一堆齿轮、发条、指针随意放在一起却不能构成钟表；人体由各个器官组成，单个各器官简单拼凑在一起不能称其为一个有行为能力的人。

（3）系统有一定的功能，或者说系统要有一定的目的性。系统的功能是指系统与外部环境相互联系和相互作用中表现出来的性质、能力和功能。例如，信息系统的功能是进行信息的收集、传递、储存、加工、维护和使用，辅助决策者进行决策，帮助企业实现目标。

系统有自然系统与人造系统、封闭系统与开放系统、静态系统与动态系统、实体系统与概念系统、宏观系统与微观系统、软件系统与硬件系统之分。不管系统如何划分，凡是能称其为系统的，都具有如下特性：

①整体性

系统是由两个或两个以上相互区别的要素（元件或子系统）组成的整体。构成系统的各要素虽然具有不同的性能，但它们通过综合、统一（而不是简单拼凑）形成的整体就具备了新的特定功能，就是说，系统作为一个整体才能发挥其应有功能。所以，系统的观点是一种整体的观点，一种综合的思想方法。

②相关性

构成系统的各要素之间、要素与子系统之间、系统与环境之间都存在着相互联系、相互依赖、相互作用的特殊关系，通过这些关系，使系统有机地联系在一起，发挥其特定功能。

③目的性

任何系统都是为完成某种任务或实现某种目的而发挥其特定功能的。要达到系统的既定目的，就必须赋予系统规定的功能，这就需要在系统的整个生命周期，即系统的规划、设计、试验、制造和使用等阶段，对系统采取最优规划、最优设计、最优控制、最优管理等优化措施。

④层次性

系统有序性主要表现在系统空间结构的层次性和系统发展的时间顺序性。系统可分成若干子系统和更小的子系统，而该系统又是其所属系统的子系统。这种系统的分割形式表现为系统空间结构的层次性。

⑤环境适应性

系统是由许多特定部分组成的有机集合体，而这个集合体以外的部分就是系统的环境。系统从环境中获取必要的物质、能量和信息，经过系统的加工、处理和转化，产生新的物质、能量和信息，然后再提供给环境。

另一方面，环境也会对系统产生干扰或限制，即约束条件。环境特性的变化往往能够引起系统特性的变化，系统要实现预定的目标或功能，必须能够适应外部环境的变化。研究系统时，必须重视环境对系统的影响。

2. 系统工程

从系统观念出发，以最优化方法求得系统整体的、最优的、综合化的组织、管理、技术和方法的总称。钱学森教授在 1978 年指出："'系统工程'是组织管理'系统'的规划、研究、设计、制造、试验和使用的科学方法，是一种对所有'系统'都具有普遍意义的科学方法。"

系统工程打破了各学科之间的界限，沟通了自然科学和社会科学的联系，使人们能够摆脱传统方法的束缚，为综合运用现代科技成就提供了最有效的方法和思路，为解决庞大复杂的系统性问题开辟了新的途径。其特点可归纳为以下几点：

(1)研究方法的整体性

把研究对象看作一个整体，同时，把研究过程也看作一个整体，按系统工程的三维结构，即时间维(工作阶段)、逻辑维(思维步骤)和知识维整体配合研究、解决问题。

(2)应用学科的综合性

综合运用多学科理论和管理工程技术，揭示并协调系统各要素之间以及系统与外部环境之间的关系，为实现系统整体功能最优化提供决策、计划、方案和方法。

(3)组织管理科学化

运用数学方法和计算机技术定量(或定量与定性相结合)分析、评价系统构成和状态，以达到最优设计、最优控制和最优管理的目标。

3. 安全系统工程

安全系统工程是系统工程在安全领域中的实际应用。

任何系统的设计、制造、施工、运行、维护等都有安全与否的问题，系统中的人员、设备、环境等都需要强化安全管理，才能实现系统的整体功能和预定目标。安全系统工程就是以系统工程的理论和方法为指导，运用运筹学、控制论、信息论、概率论与数理统计及电子计算技术，科学分析、评价系统安全状况，预测并控制系统中的隐患和事故，为调整设计、工艺、设备、操作、管理、生产周期和费用投资提供决策依据，从而实现系统安全优化管理，预防或减少事故发生的目的。安全系统工程是一门综合性组织管理工程技术，是安全科学的一个重要分支。

安全系统工程的主要内容包括安全系统分析、安全系统评价和安全系统管理。

4. 运输安全系统工程

运输安全系统工程是对运输安全从计划、实施、监控的全过程进行组织管理和过程控制的综合性技术。

(1)运输安全系统分析

按照系统工程的观点，系统分析的本意是对一个系统内部的基本问题，用系统观点进行思维和推理，在确定和不确定的条件下，设计可能争取的方案，通过分析对比，对方案进行优选，为决策者提供可靠的依据。

运输安全系统分析在运输安全系统工程中占有十分重要的地位。对运输的安全系统分析，主要是从事故的预防和预测角度出发，通过对运输事故的发生原因、概率及各种隐患表现的定性或定量分析，识别系统的安全性和危险性。其目的在于：找出引发事故的因素及其不同的组合形式，把握运输系统的安全薄弱环节所在，寻求预防事故发生的最佳途径，并为运输安全系统评价和运输安全系统管理提供依据。

(2)运输安全系统评价

运输安全系统评价是在运输安全系统分析的基础上，从运输事故指标和隐患指标两个方面，对运输安全保障系统的整体安全性、运输安全工作的薄弱环节及系统的主要矛盾和矛盾的主要方面进行比较和评价。根据评价结果可选择、确定保证运输系统安全的技术路线和投资方向，拟定安全工作对策。各级领导和监察部门可有的放矢地督促下属单位强化安全管理，落实安全措施。

(3)运输安全系统管理

运输安全系统管理是经过安全系统分析和评价，在了解掌握运输安全薄弱环节的基础上，对运输安全所实施的全员、全要素、全过程的系统管理，包括安全总体管理、安全重点管理和安全事后管理。与主要凭经验的传统安全管理相比，运输安全系统管理在全面、动态和定量分析和评价的基础上，构建安全规范的管理体系方面迈出了一大步，更具有预见性和科学性，其防范措施的效果更为显著。

5. 铁路运输安全系统工程

铁路运输作为运输旅客和货物的直接生产系统，是一个高速运转的复杂动态系统，其安全问题尤为突出。高度联动的特点决定了铁路运输作业过程是由许多子系统相互作用而完成的，要求车务、机务、工务、电务、车辆等部门联合作业、协同动作。它使用的设备数量庞大、种类繁多，此外，自然环境、社会环境等环境因素的影响不容忽视。可见，铁路运输系统是一个庞大的人—机—环动态系统。在这个系统中，任何一点疏漏都可能会诱发列车冲突、脱轨、火灾或爆炸等铁路运输事故。

铁路运输安全系统工程主要通过对运输安全有关人员(包括铁路运输系统内人员、旅客、货主、铁路沿线居民、机动车驾驶人员等)、设备(包括铁路线路、机车、车辆、通信信号、供电供水等铁路运输基础设备和安全监测、监控、事故救援、自然灾害预报与防治等运输安全技术设备)、环境(包括作业环境、自然环境和社会环境)、管理(包括安全组织管理、安全法制管理、安全技术管理、安全教育管理、安全信息管理和安全资金管理)的深入研究，发现安全的薄弱环节，进而提出预防、减少和防止事故的有效措施。此外，为了确保列车运行及调车作业安全，还必须对铁路运输作业过程进行深入研究，包括行车调度指挥安全、接发列车作业安全、调车作业安全、中间站作业安全、铁路装卸作业安全、旅客运输安全、机务作业安全、车辆作业安全、工务作业安全、电务作业安全、非正常情况下(如恶劣天气、设备故障、电话中断等)的作业安全以及应急处理作业安全(如列车火灾应急处理、列车冒进信号应急处理等)。

对影响运输安全的人员因素、设备因素、环境因素、管理因素等方面，铁路运输安全工程做了较为深入的研究。以安全的基本理论为基础，针对铁路运输系统的特点，采用系统安全分析和评价方法对系统安全性进行深入分析与评价，找出影响铁路运输安全，导致铁路运输安全事故的关键因素及其之间相互依存和制约的关系，对铁路运输安全系统寿命期的各个阶段(开发研制、方案设计、详细设计、建造施工、日常运作、改建扩建、事故调查等)进行科学研究,查明事故发生的原因和经过,找出事故的本质和规律,寻找消除、减少铁路运输事故或减轻事故损失,保障运输安全畅通的措施和办法。换言之,铁路运输安全系统工程主要解决这样一些问题:分析和研究铁路运输事故的发生机理;总结出普遍适用于铁路运输事故的理论;提出事故预防的方法和技术。

1.2 高速铁路运输安全理论基础

1.2.1 传统事故致因理论

传统事故致因理论包括事故频发倾向论和事故遭遇倾向论。事故频发倾向论主要从人的不安全行为角度认识事故并把事故归因于人;事故遭遇倾向论主要从物的不安全状态角度认识事故并把事故发生归因于物。

1. 事故频发倾向论

事故频发倾向论是阐述企业工人中存在着个别人容易发生事故的、稳定的、个人的内在倾向的一种理论。

2. 事故遭遇倾向论

事故遭遇倾向论是阐述企业工人中某些人员在某些生产作业条件下存在着容易发生事故的倾向的一种理论。事故遭遇倾向就是事故频发倾向理论的修正,它认为事故的发生不仅与个人因素有关,而且与生产条件有关,经过技能训练达到熟练后,可以大大减少事故。

1.2.2 事故因果连锁论

事故因果连锁论是分析导致伤亡事故原因和事故之间关系的理论,其主要思想是一系列因果关联的事件导致伤害事故的发生。

1. 海因里希事故因果连锁论

海因里希事故因果连锁论认为,伤害事故的发生不是一个孤立的事件,而是一系列互为因果的原因事件相继发生的结果,即伤害与各原因之间具有连锁关系。海因里希最初提出的事故因果连锁过程包括以下五种因素:

(1)遗传及社会环境,是造成人的性格上缺点的原因,遗传因素可能造成鲁莽、固执、粗心等不良性格;社会环境可能妨碍人的素质培养、助长性格上的缺点发展。

(2)人的缺点,是使人产生不安全行为或造成物的不安全状态的原因,它包括鲁莽、固执过激等性格上的先天缺陷,以及缺乏安全生产知识和技能等所导致的后天不足。

(3)人的不安全行为或物的不安全状态,是造成事故的直接原因。

(4)事故,是由于物体、物质或放射线作用于人体使人员受到伤害的、出乎意料的、失去控制的事件。

(5)伤害,直接由事故导致的人身伤害。

该理论通过多米诺骨牌来描述这种事故因果连锁关系,如图 1.1 所示。

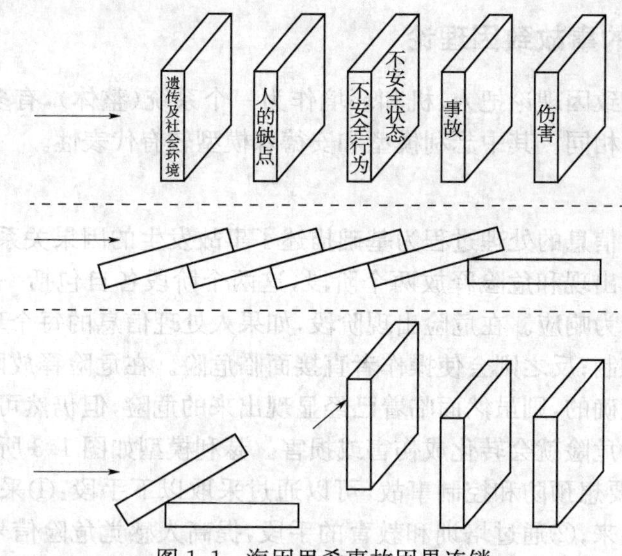

图 1.1　海因里希事故因果连锁

2. 博德的事故因果连锁

博德在海因里希事故因果连锁的基础上，提出了反映现代安全观点的事故因果连锁，如图 1.2 所示。

(1)事故因果连锁中的一个最重要的因素是安全管理，主要包括对人的不安全行为、物的不安全状态的控制。管理失误是导致事故发生的重要原因。

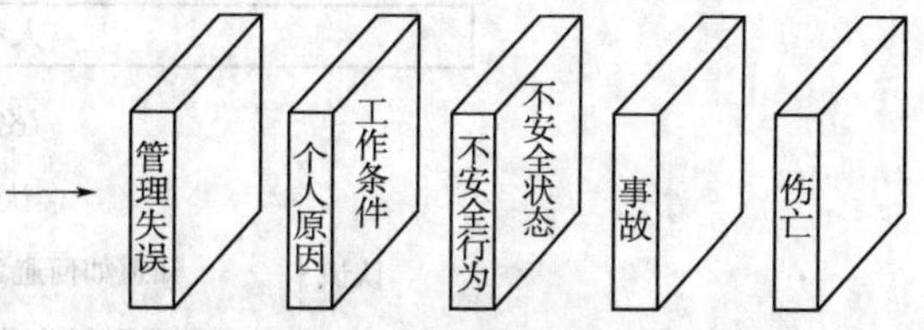

图 1.2　博德的事故因果连锁

(2)为从根本上预防事故，必须查明事故的基本原因，并针对查明的基本原因采取对策。

(3)不安全行为或不安全状态是事故的基本原因，必须加以追究。

(4)防止事故就是防止接触，可以通过改进装置、材料及设施来防止能量的释放。

(5)事故造成的伤害包括工伤、职业病以及对人员精神方面、神经方面或全身性的不利影响，人员伤害及财产损坏统称为损失。

3. 亚当斯的事故因果连锁

亚当斯提出了与博德的事故因果连锁论类似的事故因素连锁模型。把人的不安全行为和物的不安全状态称作现场失误，其目的在于提醒人们注意不安全行为和不安全状态的性质，亚当斯连锁论见表 1.1。

表 1.1　亚当斯连锁论

管理体制	管理失误		现场失误	事故	伤害或损坏
目标 组织 机能	领导者在下述方面决策错误或没有做决策： 政策、目标、权威、责任、职责 注意范围、权限授予	技术人员在下述方面管理失误或疏忽： 行为、责任、权威、规则、指导 主动性、积极性、业务活动	不安全行为 不安全状态	伤亡事故 损坏事故 无伤害事故	对人 对物

1.2.3 系统观点的事故致因理论

系统观点的事故致因理论把人、机和环境作为一个系统(整体),有多种事故致因模型,它们涉及的内容大体相同。其中瑟利模型和安德森模型较有代表性。

1. 瑟利模型

瑟利模型以人对信息的处理过程为基础描述了事故发生的因果关系。该模型是把事故的发生过程分为危险出现和危险释放两个阶段,这两个阶段各自包括一组类似人的认知过程,即感觉、认识和行为响应。在危险出现阶段,如果人处理信息的每个环节都正确,危险就能够被消除或得到控制;反之则会使操作者直接面临危险。在危险释放阶段,如果人处理信息的各个环节都是正确的,则虽然面临着已经显现出来的危险,但仍然可以避免危险释放造成伤害或损害;反之,危险就会转化成伤害或损害。瑟利模型如图 1.3 所示。

根据瑟利模型,要想预防和控制事故,可以通过采取以下手段:①采用技术的手段使危险状态充分地显现出来;②通过培训和教育的手段,提高人感觉危险信号的敏感性;③通过教育和培训的手段,使操作者在感觉到警告之后,准确地理解其含义,并知道应采取何种措施避免危险发生或控制其后果;④通过系统及其辅助设施的设计使人在做出正确的决策后,有足够的时间和条件做出行为响应,并通过培训的手段使人能够迅速、敏捷、正确地做出行为响应。

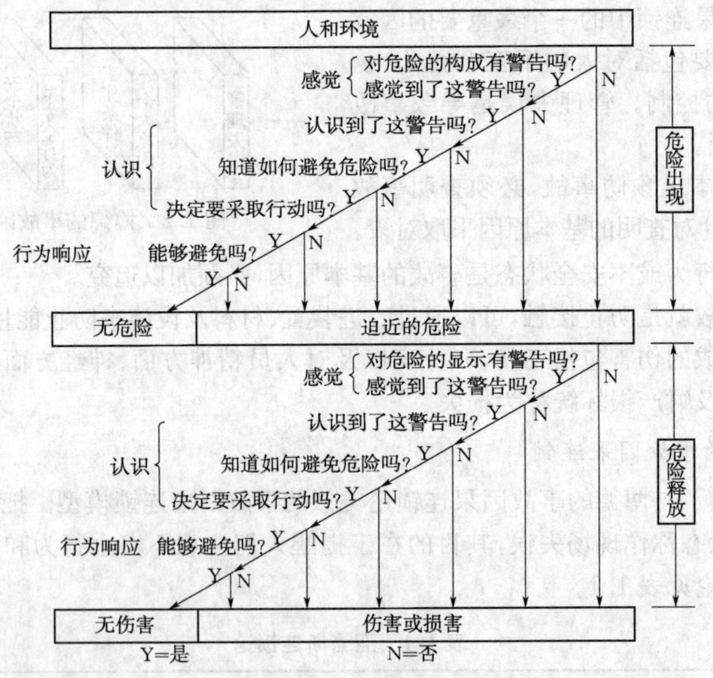

图 1.3 瑟利模型

2. 安德森模型

安德森等人曾在分析 60 件工业事故中应用瑟利模型,发现了瑟利模型没有探究何以会产生潜在危险,没有涉及机械及其周围环境的运行过程。安德森模型对瑟利模型进行了扩展，进一步提高了理论性和实用性，如图 1.4 所示。

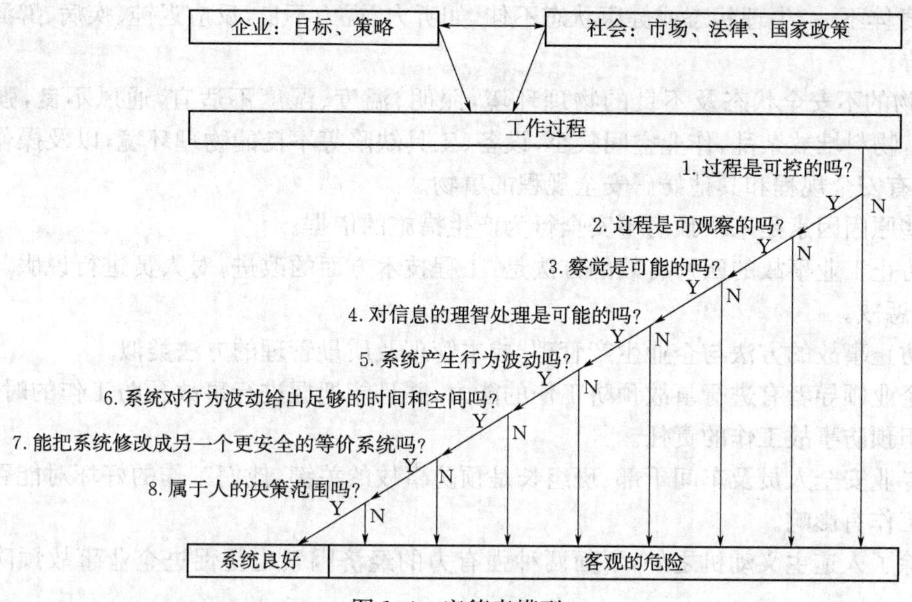

图 1.4　安德森模型

1.2.4　事故预防理论

1. 事故预防基本理论

(1)事故金字塔

事故法则即事故统计规律，又称 1∶29∶300，同时也称为事故金字塔，即在每 330 次事故中，可能会造成死亡或重伤事故 1 次，轻伤、微伤事故 29 次，无伤事故 300 次。这一法则是美国安全工程师海因里希统计分析了 55 万起工伤事故提出的。事故法则说明，要消除 1 次死亡或重伤事故以及 29 次轻伤事故，必须首先消除 300 次无伤害事故。也就是说，防止灾害的关键，不在于防止伤害，而是要从根本上防止事故。

(2)海因里希工业安全公理

海因里希对事故预防工作进行了深入研究，提出了工业事故预防的 10 项原则，称为海因里希工业安全公理(axioms of industrial safety)。具体内容如下：

①工业生产过程中人员伤亡的发生，往往是处于一系列因果连锁之末端的事故的结果；而事故常常起因于人的不安全行为或(和)机械、物质(统称为物)的不安全状态。

②人的不安全行为是大多数工业事故的原因。

③由于不安全行为而受到了伤害的人，几乎重复了 300 次以上没有造成伤害的同样事故。换言之，人员在受到伤害之前，已经数百次面临来自物方面的危险。

④在工业事故中，人员受到伤害的严重程度具有随机性质。大多数情况下，人员在事故发生时可以免遭伤害。

⑤人员产生不安全行为的主要原因有：

a. 不正确的态度，个别职工忽视安全，甚至故意采取不安全行为。

b. 技术、知识不足，缺乏安全生产知识、缺乏经验或技术不熟练。

c. 身体不适，生理状态或健康状态不佳，如听力、视力不良，反应迟钝、疾病、醉酒或其他生理障碍。

d. 物的不安全状态及不良的物理环境，照明、温度、湿度不适宜，通风不良，强烈的噪声、振动，物料堆放杂乱，作业空间狭小，设备、工具缺陷等不良的物理环境，以及操作规程不合适、没有安全规程和其他妨碍安全规程的事物。

这些原因因素是采取预防不安全行为产生措施的依据。

⑥防止工业事故的四种有效的方法是：工程技术方面的改进，对人员进行说服、教育，人员调整，惩戒。

⑦防止事故的方法与企业生产管理、成本管理及质量管理的方法类似。

⑧企业领导者有进行事故预防工作的能力，并且能把握进行事故预防工作的时机，因而应该承担预防事故工作的责任。

⑨专业安全人员及车间干部、班组长是预防事故的关键，他们工作的好坏对能否做好事故预防工作有影响。

⑩除了人道主义动机之外，下面两种强有力的经济因素也是促进企业事故预防工作的动力：

a. 安全的企业生产效率也高，不安全的企业生产效率也低。

b. 事故后用于赔偿及医疗费用的直接经济损失，只不过占事故总经济损失的五分之一。

2. 事故预防方法

(1)事故预防的 3E 准则

海因里希把造成人的不安全行为和物的不安全状态的主要原因归结为四个：①不正确的态度；②技术、知识不足；③身体不适；④不良的工作环境。针对这四个方面的原因，海因里希提出工程技术方面改进、说服教育、人事调整和惩戒四种对策。这四种安全对策后来被归纳为众所周知的 3E 原则。

①工程技术(Engineering)，即利用工程技术手段消除不安全因素，实现生产工艺、机械设备等生产条件的安全。

②教育(Education)，即利用各种形式的教育和训练，使职工树立“安全第一”的思想，掌握安全生产所必需的知识和技能。

③强制(Enforcement)，即借助于规章制度、法规等必要的行政乃至法律的手段约束人们的行为。

(2)事故预防工作五阶段模型(如图 1.5 所示)

该模型包括了企业事故预防工作的基本内容，但由于它以实施改进措施作为事故预防的最后阶段，不符合“认识—实践—再认识—再实践”的认识规律以及事故预防工作永无止境的客观规律。因此，事故预防工作五阶段模型得到了进一步改进，改进的模型如图 1.6 所示。

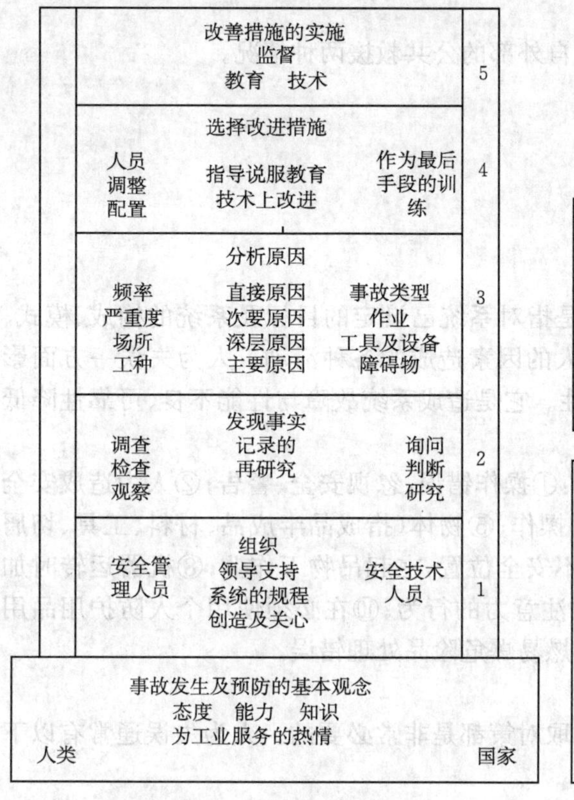

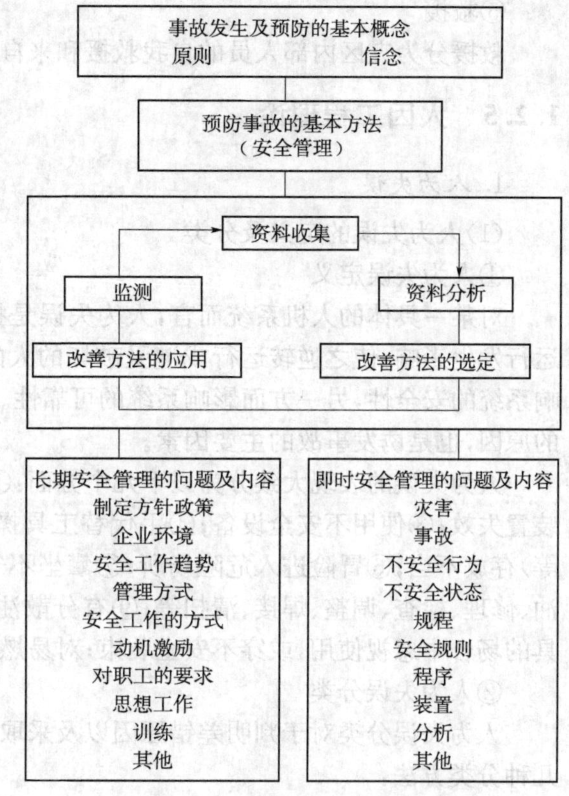

图 1.5　事故预防五阶段模型　　　　图 1.6　改进的事故预防模型

3. 事故预防技术

防止事故发生的安全技术的基本目的是采取措施约束、限制能量或危险物质的意外释放。

减少事故损失的安全技术的目的，是在事故由于种种原因没能控制而发生事故之后，减少事故严重后果。选取的优先次序如下：

①隔离

避免或减少事故损失的隔离措施，其作用在于把被保护的人或物与意外释放的能量或危险物质隔开，其具体措施包括远离、封闭、缓冲。

②薄弱环节

利用事先设计好的薄弱环节使能量或危险物质按照人们的意图释放，防止能量或危险物质作用于被保护的人或物。一般情况下，即使设备的薄弱环节被破坏了，也可以较小的代价避免大的损失。因此，这项技术又称为“接受小的损失”。

③个体防护

佩戴对个人人身起到保护作用的装备从本质上说是一种隔离措施。它把个体与危险物质隔开。个体防护是保护人体免遭伤害的最后屏障。

④避难和救生设备

当判明事态已经发展到不可控制的地步时，应迅速避难，利用救生装备，撤离危险区域。

⑤救援

救援分为灾区内部人员的自我救援和来自外部的公共救援两种情况。

1.2.5 人因工程理论

1. 人为失误

(1)人为失误的定义及分类

①人为失误定义

对某一具体的人机系统而言，人为失误是指对系统已设定的目标及系统的构成、模式、运行发生影响，使之逆转运行或遭受破坏的人的因素造成的各种活动。人为失误一方面影响系统的安全性，另一方面影响系统的可靠性。它是造成系统故障与性能不良、可靠性降低的原因，也是诱发事故的主要因素。

人为失误的表现大致分为以下几个方面：①操作错误，忽视安全、警告；②人为造成安全装置失效；③使用不安全设备；④手代替工具操作；⑤物体（指成品半成品、材料、工具、切屑等）存放不当；⑥冒险进入危险场所；⑦攀坐不安全位置，在起吊物下作业；⑧机器运转时加油、修理、检查、调整、焊接、清扫等；⑨有分散注意力的行为；⑩在必须使用个人防护用品用具的场合中忽视使用，或穿不安全装束；对易燃易爆危险品处理错误。

②人为失误分类

人为失误分类对于判明差错原因以及采取对策都是非常必要的。人为失误通常有以下几种分类方法：

a. 按作业要求分类，人为失误可划分为：遗漏差错（遗漏了必须做的事情或任务、步骤）、代办差错（把规定的任务做错了）、无关行动（在工作中导入无关的、不必要的任务或步骤）、顺序差错（把完成任务的顺序做错了）、时间差错（没有按规定的时间完成任务）。

b. 按发生人为失误的工作阶段分类，人为失误可划分为：设计失误（发生在设计阶段的人为失误）、操作失误（指操作者在作业过程中违反安全操作规程的不安全行为）、检查或监测差错（指发生在检查、检验、监视、控制等工作中的人为失误）、制造失误（指影响产品加工质量的人为失误）。

c. 按人体因素和环境因素分类，人为失误可划分为：操作者个人特有的因素造成的人为失误（如操作者个人心理状态、生理素质、教育、培训、知识、能力、积极性等因素影响造成的人为失误），环境影响造成的人为失误（如机器、设备、设施、器具、环境条件、作业方式、作业空间、车间的组织与管理等因素影响造成的人的失误）。

d. 按大脑信息处理程序分类，人为失误可划分为：认识、确认失误（指从接收外界信息到大脑感觉中枢认知过程所发生的人为失误），判断、记忆失误（指从判断状况并在运动中枢做出相应行动决定到发出指令的大脑活动过程所发生的人为失误），动作、操作失误（指从大脑运动中枢发出动作指令到动作完成过程中所发生的人的误操作）。

(2)人为失误产生的原因

①生理原因：近视、色盲、疲劳、醉酒、疾病及其他生理缺陷等。

②心理原因：注意力的心理特性、主观臆测、心理环境、急迫时的行动、忘却意图和其他心理因素。

③人的作业姿势和动作原因：a. 姿势。b. 非主要意识动作。像步行那样的习惯动作，可以认为是非主要意识的动作，即不是明确有意识的动作，几乎是反射性地、机械地进行；c. 场面行动。在我们活动的场所，如果在某个方向上有相当强烈的欲求的话，人们往往会不顾前后左右，而向该方向立即行动，这种行动称为场面行动。

④工作环境原因：温度、湿度、照明、噪声、粉尘、振动等物理环境条件，应在作业者适宜范围内。不良的物理环境易使作业者疲劳、引起意识水平下降，反应能力降低而增加人为失误频率。

⑤作业能力原因：个别系统对操作者的要求必须在操作者作业能力限度内，否则工作负担过重会增加出现错误的可能性。

⑥设施和信息原因：当人们必须在权宜的条件下工作，或者得不到准确信息时，更可能发生错误。

2. 人机相互作用

(1)人机系统

人机系统是指一个或多个人与一个或多个物件交互，由输入到生产输出的系统。系统中的人是主要研究对象，但又并非孤立地研究人，它同时研究系统的其他组成部分，并根据人的特性和能力来设计和改造系统。

①人机系统的组成

在一定的环境条件下，人机系统包括人和机两个基本组成部分，它们互相联系构成一个整体。人机系统的模型如图1.7所示。

②人机界面

人与机之间存在一个相互作用的“面”，所有人机交流的信息都发生在这个作用面上，通常称为人机界面。显示器将机器的工作信息传递给人，实现机→人的信息传递。因此，人机界面主要指显示和控制系统。合理的人机界面要符合人机信息交流的规律和特性。

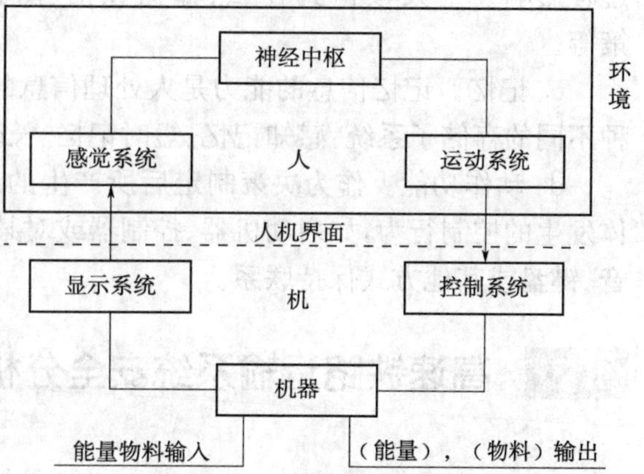

图1.7　人机系统模型

③人机系统功能的分配

一个高效率的人机系统必须是一个整体。因此，人机系统首要的问题是人与机器间的功能分配。人机系统中人是更好的决策者，特别是预料之外的事件发生时，人具有良好的应变能力和综合决策的能力。另一方面，机器是具有高效率计算特性(积分和微分)的装置，它用一种可靠的方式工作，在管理的环境中十分有用。

(2)人机系统中人的特性

①人的行为模型：S—O—R

人的行为心理要素是所有行为特性的基础，包括感知信息处理和动作。传统行为心理学称之为S—O—R(刺激—组织—反应)公式。这三种心理学元素是大多数人活动的原则：

a. 刺激输入S：是指环境中的任何物理变化，它可由器官察觉出来。刺激经常来自器官外部，如一个显示器闪烁或一个报警信号。有些情况刺激产生于器官内，如一个认识过程意味着“到了该采取某种行为的时间了”。

b. 组织调解 O：是指在被接收了的物理刺激 S 后器官的全部活动，即记忆、决策和解释。

c. 输出反应 R：指对于 O 器官的物理反应也是对 S 器官的反应，交谈、按键和压下阀门等都属于输出反应。

②人的基本功能

人与机器之间交互作用的典型类型如图 1.8 所示。

首先是机器提供给人刺激信号，这种刺激激发人的某种信息处理和制定决策，从而促使人采取某种动作来控制机器的运行。在这个事件环节中，人基本上提供三种功能，并有第四种功能——人的记忆力作为支持。

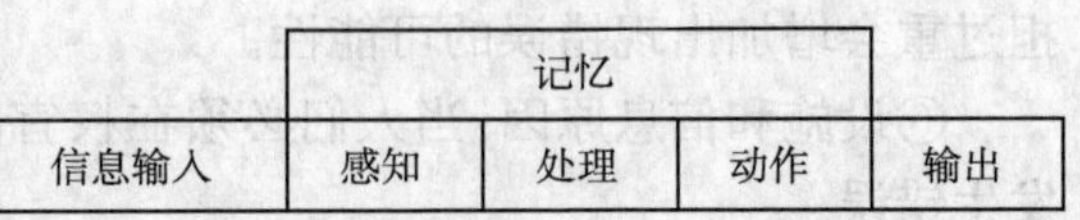

图 1.8　在人机系统中人部件的简化模型

a. 信息感知。人通过使用不同的形式（如视觉、听觉和触觉）对来自外界的信息给予感知、鉴别和领悟。总体上，由于人具有活跃的悟性，因此能筛选、识别和组织信息。

b. 信息处理与决策。信息处理包括多种操作类型。其运行根据被感知和记忆的信息完成。这个过程，不论其简单或复杂，总要产生一种行为决策（或者不产生行为）。认识过程影响一个人领悟到什么、如何领悟、所接触信息的意义以及他对此领悟采用的决策等。

c. 记忆。记忆信息的能力是人处理信息的一种基本特征。人的记忆理论将记忆分为三种不同的存储子系统：感知记忆、短时记忆、长时记忆。

d. 动作功能。作为决策制定后所产生的反应，动作功能可以被分为两类：第一类是身体发生的控制行为，如启动机器、控制器或对某个部件的处理；另一类是联络行为，如通过声音、键盘或其他方式保持联系。

1.3　高速铁路运输系统安全分析

1.3.1　概述

铁路运输安全系统分析是利用系统工程的原理和方法，分析、研究铁路运输生产中存在的危险因素，并根据实际需要对其进行定性、定量描述的技术方法。其目的是识别系统中的危险因素，以便采取相应措施控制危险，保证铁路运输系统安全运行。

1. 安全系统分析的内容

安全系统分析是从安全角度对铁路运输系统中的危险因素进行分析，主要分析导致系统故障或事故的各种因素及其相关关系，通常包括如下内容：

(1)对可能出现的初始的、诱发的及直接引起事故的各种危险因素及其相互关系进行调查和分析。

(2)对与系统有关的环境条件、设备、人员及其他有关因素进行调查和分析。

(3)对能够利用适当的设备、规程、工艺或材料控制或根除某种特殊危险因素的措施进行分析。

(4)对可能出现的危险因素的控制措施及实施这些措施的方法进行调查和分析。

(5)对不能根除的危险因素失去控制或减少控制可能出现的后果进行调查和分析。

(6)对危险因素一旦失去控制,为防止伤害和损害的安全防护措施进行调查和分析。

2. 安全系统分析方法的分类

铁路运输安全系统分析方法有许多种,其中得到广泛应用的安全系统分析方法主要有以下几种:

(1)统计图表分析(statistic figure analysis,SFA)。

(2)因果分析图(cause-consequence analysis,CCA)。

(3)安全检查表(safety check list,SCL)。

(4)预先危险性分析(preliminary hazard analysis,PHA)。

(5)故障模式及影响分析(failure model and effects analysis,FMEA)。

(6)事件树分析(event tree analysis,ETA)。

(7)事故树分析(fault tree analysis,FTA)。

此外,尚有管理疏忽和风险树分析、原因—后果分析、共同原因分析等方法,可用于特定目的的危险因素辨识。

3. 铁路运输安全系统分析方法的选择

在进行铁路运输安全系统分析方法选择时,应根据实际情况进行确定,并考虑如下几个问题:

(1)分析的目的

铁路运输安全系统分析方法的选择应能够满足对分析的要求。运输安全系统分析的最终目的是辨识危险源,并在实际工作中达到一些具体目的,例如:

①对系统中所有危险源,查明并列出清单。

②掌握危险源可能导致的事故,列出潜在事故隐患清单。

③列出降低危险性的措施和需要深入研究部位的清单。

④将所有危险源按危险大小排序。

⑤为定量的危险性评价提供数据。

由于每种方法都有其自身的特点和局限性,并非处处通用,因此使用中有时要综合应用多种方法,以取长补短或相互比较,验证分析结果的正确性。

(2)资料的影响

关于资料收集的多少、详细程度、内容的新旧等,都会对选择系统安全系统分析方法有着至关重要的影响。

一般来说,资料的获取与被分析的系统所处的阶段有直接关系。例如,在方案设计阶段,采用危险性和可操作性研究或故障类型和影响分析的方法就难以获取详细的资料。随着系统的发展,可获得的资料越来越多、越来越详细。为了能够正确分析,应该收集最新的、高质量的资料。

(3)对象系统的特点

要针对被分析系统的特点选择运输安全系统分析方法。

对于复杂和规模大的系统,由于需要的工作量和时间较多,应先用较简洁的方法进行筛选,然后根据分析的详细程度选择相应的分析方法。

对于不同类型的操作过程,若事故的发生是由单一故障(或失误)引起的,则可以选择危险性与可操作性研究;若事故的发生是由许多危险因素共同引起的,则可以选择事件树分析、事故树分析等方法。

(4)系统的危险性

当系统的危险性较高时,通常采用系统、严格、预测性的方法,如故障类型和影响分析、事件树分析、事故树分析等方法;当危险性较低时,一般采用经验的、不太详细的分析方法,如安全检查表法等。

在使用运输安全系统分析方法时应注意:①使用现有分析方法不能生搬硬套,必要时应进行改造或简化;②不能局限于已有分析方法的应用,而应从系统原理出发,开发新的运输安全分析方法。

1.3.2 常用的安全分析方法

1. 因果分析图法

因果分析图由日本管理大师石川馨先生所发明,故又名石川图。因果分析图是一种发现问题"根本原因"的方法,它看上去有些像鱼骨,所以又叫鱼骨图,其特点是简洁实用,深入直观。问题或结果标在"鱼头"处。在鱼骨上长出鱼刺,上面按出现机会多寡列出产生问题的可能原因,有助于说明各个原因之间是如何相互影响的。

图 1.9 中,"结果"表示不安全问题,事故类型;主干是一条长箭头,表示某一事故现象;长箭头两边有若干"支干""要因",表示与该事故现象有直接关系的各种因素,它是综合分析和归纳的结果;"中原因"则表示与要因直接有关的因素。依次类推,便可以把事故的各种大小原因客观地、全面地找出来。

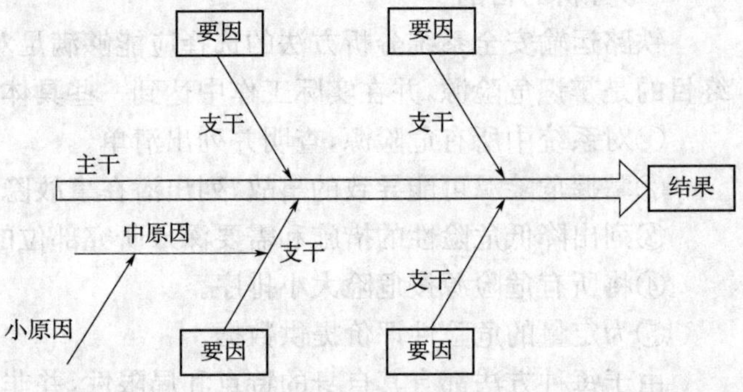

图 1.9 鱼骨图示意图

运输过程安全与否是交通参与者、运载工具、运输线路等多方面因素综合作用的结果,这些因素与运输安全的关系相当复杂,它们彼此之间也存在着错综复杂的关系。当分析发生交通事故的原因时,可以将各种可能的事故原因进行归纳分析,用简明的文字和线条表现出来。用鱼骨图分析法分析交通安全问题,可以使复杂的原因系统化、条块化,而且直观、逻辑性强,因果关系明确,便于把主要原因弄清楚。

图 1.10 是道路交通中翻车事故的鱼骨分析图表示。

在运用因果分析图对交通事故原因进行分析时,要从大到小、从粗到细,由表及里,寻根究底，直到能具体采取措施为止。用因果分析图法分析交通事故的具体案例，对吸取事故教训，采取防范措施，防止类似事故的再次发生尤为适用。

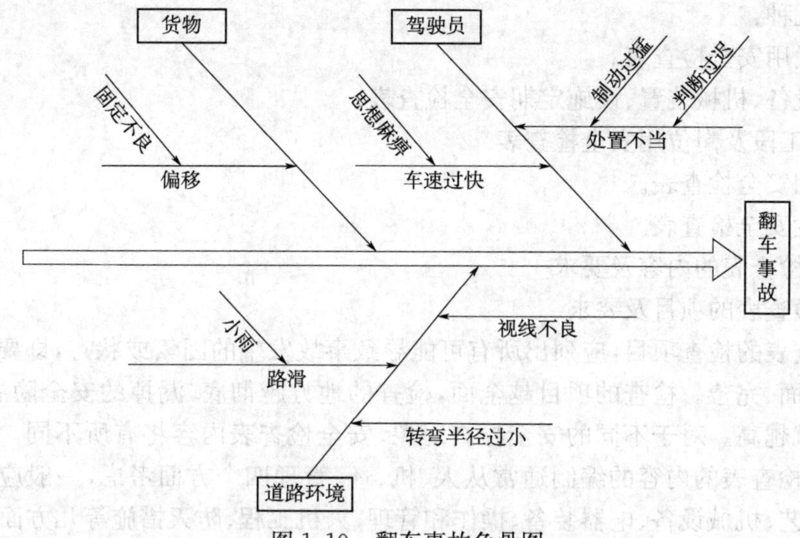

图 1.10　翻车事故鱼骨图

2. 安全检查表分析

安全检查表是铁路运输系统安全分析中一种常用的分析方法，是将一系列项目列出检查表进行分析，以确定系统、场所的状态是否符合安全要求，通过检查发现系统中存在的安全隐患，提出改进措施的一种方法。

(1)安全检查和安全检查表

安全检查是运营中常规、例行的安全管理工作，是及时发现不安全状态及不安全行为的有效途径，也是消除事故隐患、防止事故发生的重要手段。

安全检查表是为系统地发现铁路运输线路、站、车间、班组、工序或机器、设备、装置、环境以及各种操作管理和组织措施中的不安全因素，事先把检查对象加以剖析，把大系统分割成若干个小的子系统，然后确定检查项目，查出不安全因素所在，以正面提问的方式列成问题清单。检查情况用"是""否"或者用"√""×"表示。它针对性强、富有实效，对分析系统的安全状况有较好的指导作用，因而得到了广泛应用。其常见格式见表 1.2。

表 1.2　安全检查表基本格式

序号	安全检查项目	检查结果		整改措施	参考标准	备注
		是	否			
1						
2						
3						
检查对象	被检查单位	被检查单位负责人		整改负责人	检查人	检查时间

(2)安全检查表的分类

安全检查表的类型繁多,分类的方式不一,绝大多数是按用途分类的。一般而言,常用类型有以下几种:

①设计通用安全检查表。

②运输设备、机械装置、设施定期安全检查表。

③车间、工段及岗位用安全检查表。

④消防用安全检查表。

⑤专业性安全检查表。

(3)安全检查表的内容及要求

①安全检查表的项目及要求

安全检查表的检查项目,应列出所有可能导致事故发生的因素或状态,即要求所列检查项目系统、全面、完善。检查的项目越全面,检查的地方越彻底,漏掉的安全隐患就越少,系统的安全性就越高。对于不同的安全检查对象,安全检查表内容将有所不同。对于一个系统来讲,安全检查表的内容的编制通常从人、机、环、管理四个方面考虑,一般应该包含总体要求、生产工艺、机械设备、电器装备、操作和管理、人机工程、防灾措施等几方面的内容。

②检查依据

安全检查表应列举需查明的所有能导致工伤或事故的不安全状态或行为。为了使检查表在内容上能科学合理,既切合实际、突出重点,又符合安全要求、简明易行,应依据以下四个方面进行编制。

a. 有关法规、标准、规程、规范及规定。

b. 国内外相关事故案例及本单位在安全管理及生产中的有关经验。

c. 通过系统分析,确定的危险部位及防范措施,都是安全检查表的内容。

d. 研究成果。

编制安全检查表需重点收集以下材料:本企业及国内外同行历年来事故案例及分析资料、本企业及国内外同行历年来安全生产先进经验、本企业所有危险源点的分布状况、本企业管理体系和人员结构状况、本企业的生产装置和设施布局状况、国家和行业部分办法的有关技术标准、规程和有关工艺技术资料、国家和上级颁布的有关安全生产法规、政策、文件及本企业的有关规章制度及有关设计和其他资料。

(4)安全检查表的编制

①安全检查表的编制方法

安全检查表的编制一般采用经验法和分析法。

a. 经验法

找熟悉被检查对象的人员和具有实践经验的人员,包括本企业的工程技术人员、管理人员、操作人员和安全技术人员,组成一个小组,分析各种潜在的危险因素和外界环境条件,依据人、物、环境和管理的具体情况和以往积累的实践经验及有关统计数据,按照规程、规章制度等文件的要求,编制安全检查表。

b. 分析法

根据已编制的事故树、事件树的分析、评价结果来编制安全检查表。

经验法编制的安全检查表,检查项目十分冗长、繁杂,既费人力,又花时间,工作效率低,因此使用经验法进行检查的方式、方法都比较落后,使用效果不如分析法。

分析法编制的安全检查表,经过事故树、事件树的定性、定量分析来确定检查项目,因而按照分析法编制的检查表较为精练和完善。虽然检查项目可能不多,但每一检查项目都是保证系统安全的关键环节,所以分析法是发展的方向。

②安全检查表的编制程序

a. 分解大系统。安全检查表一般是以一个具体的系统作为检查对象,如一个部门、一个工厂、一个车间、一个设备、一个操作、一个程序、一个计划、一个设计、一个岗位、一个行动等。可按系统工程观点将系统进行功能分解,划分为不同层次的子系统或元素。根据安全检查表的要求,具体到不同层次的子系统。

b. 分析子系统。对每个子系统按照显事故和潜事故进行分析。从安全的观点出发,不只是考虑"人—机系统",应该是"人—机—物—管理—环境系统"。分析的具体内容如下:

(a)按发生的时间、地点、环境条件进行分组,找出事故分布的特点。

(b)对异常时间的具体触发原因进行分类统计。

(c)对显事故或者潜事故发生的全过程中,人、物、环因素的异常变化情况作详细的归纳统计。

(d)找出每次显事故或者潜事故的直接和间接原因,其中包括:肇事者的个人因素、机器故障的因素、管理失误的因素、环境因素、统计各项事故的直接损伤情况和间接损失量值。

c. 编制安全检查表

根据检查对象和管理方法不同,安全检查表形式不一。在实际制定过程中应该根据自己的工作特点创造出更适合于具体场合的表格形式。安全检查表的编制程序如图 1.11 所示。

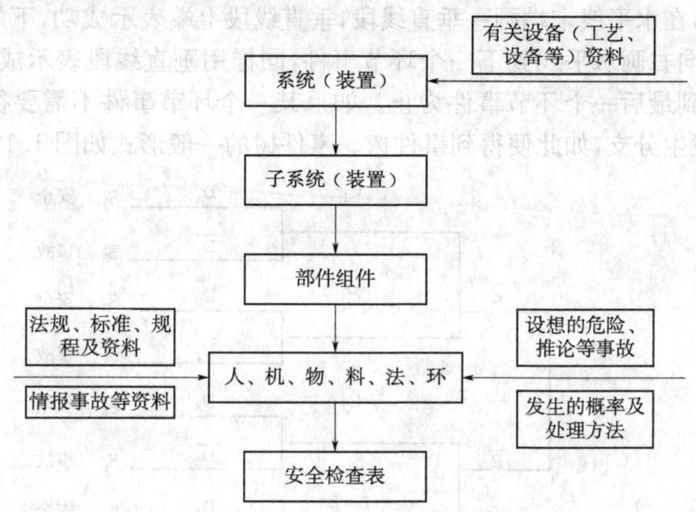

图 1.11　安全检查表的编制程序

3. 事件树分析方法

(1)事件树分析的含义

事件树分析法是安全系统工程中常用的一种归纳推理分析方法,它是一种按事故发展的时间顺序由初始事件开始推论可能的后果，从而进行危险源辨识的方法。

事件树既可以定性地了解整个事件的动态变化过程，又可以定量计算出各阶段的概率，最终了解事故发展过程中各种状态的发生概率。通过事件树分析，可以把事故发生发展的过程直观地展现出来，如果在事件（隐患）发展的不同阶段采取恰当措施阻断其向前发展，就可达到预防事故的目的。

(2)分析步骤

一起事故的发生，是许多原因事件相继发生的结果。其中，一些事件的发生是以另一些事件首先发生为条件的，而一事件的出现，又会引起另一些事件的出现。在事件发生的顺序上，存在着因果的逻辑关系。事件树分析法是一种时序逻辑的事故分析方法，它以一初始事件为起点，按照事故的发展顺序，分成阶段，一步一步地进行分析，每一事件可能的后续事件只能取完全对立的两种状态（成功或失败、正常或故障、安全或危险等）之一的原则，逐步向结果方面发展，直到达到系统故障或事故为止。事件树分析步骤如下：

①确定初始事件

初始事件是事故在未发生时，其发展过程中的危害事件或危险事件，如机器故障、设备损坏、能量外逸或失控、人的误动作等。可以用两种方法确定初始事件：

a. 根据系统设计、系统危险性评价、系统运行经验或事故经验等确定。

b. 根据系统重大故障或事故树分析，从其中间事件或初始事件中选择。

②找出与初始事件有关的环节事件

所谓环节事件，就是出现在初始事件后一系列可能造成事故后果的其他原因事件。

③编制事件树

把初始事件写在最左边，各个环节事件按顺序写在右边。从初始事件画一条水平线到第一个环节事件，在水平线末端画一垂直线段，垂直线段上端表示成功，下端表示失败；再从垂直线两端分别向右画水平线到下一个环节事件，同样用垂直线段表示成功和失败两种状态；依此类推，直到最后一个环节事件为止。如果某一个环节事件不需要往下分析，则水平线延伸下去，不发生分支，如此便得到事件树。事件树的一般形式如图 1.12 所示。

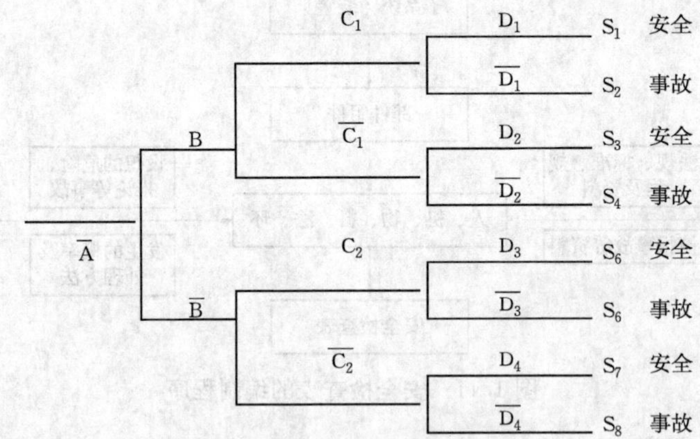

图 1.12　事件树的一般形式

④简化事件树

从原则上讲，一个因素有两种状态，如系统中有 n 个因素，则其结果会有 2^n 个可能结果。

一个系统中包含因素较多时，不仅事件树中分支很多，而且有些分支在没有发展到最后的功能时，事件的发展已经结束，因此，事件树可以简化。其简化的原则有以下两条：失败概率极低的系统可以不列入事件树中；当系统已经失败，从物理效果来看，在其后续的各系统中不能减缓后果时，或后继系统已由于前置系统的失败而同时失效，则在绘制事件树的过程中就不必再分支。事故树的简化如图1.13所示。

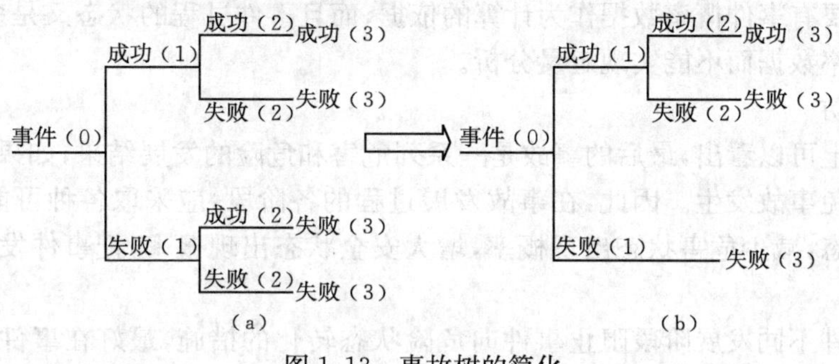

图1.13　事故树的简化

⑤说明分析结果

在事件树最后面写明由初始事件引起的各种事故结果或后果。

(3)定性与定量分析

①事件树定性分析

事件树定性分析在绘制事件树的过程中就已进行，绘制事件树必须根据事件的客观条件和事件的特征做出符合科学性的逻辑推理，用与事件有关的技术知识确认事件可能状态，所以在绘制事件树的过程中就已对每一发展过程和事件发展的途径作了可能性的分析。

事件树画好之后的工作，就是找出发生事故的途径和类型以及预防事故的对策。

a. 找出事故连锁

事件树的各分支代表初始事件一旦发生后可能的发展途径。其中，最终导致事故的途径即为事故连锁。一般地，导致系统事故的途径有很多，即有许多事故连锁。事故连锁中包含的初始事件和安全功能故障的后续事件之间具有“逻辑与”的关系，显然，事故连锁越多，系统越危险；事故连锁中事件数越少，系统越危险。

b. 找出预防事故的途径

事件树中最终达到安全的途径指导我们如何采取措施预防事故。在达到安全的途径中，发挥安全功能的事件构成事件树的成功连锁。如果能保证这些安全功能发挥作用，则可以防止事故。一般地，事件树中包含的成功连锁可能有多个，即可以通过若干途径来防止事故发生。显然，成功连锁越多，系统越安全，成功连锁中事件数越少，系统越安全。

由于事件树反映了事件之间的时间顺序，所以应该尽可能地从最先发挥功能的安全功能着手。

②事件树定量分析

事件树定量分析是指根据每一事件的发生概率，计算各种途径的事故发生概率，比较各个途径概率值的大小，作出事故发生可能性序列，确定最易发生事故的途径。一般地，当各事件之间相互统计独立时，其定量分析比较简单。当事件之间相互统计不独立时(如共同原因故障，顺序运行等），则定量分析变得非常复杂。这里仅讨论前一种情况。

a. 各发展途径的概率

各发展途径的概率等于自初始事件开始的各事件发生概率的乘积。

b. 事故发生概率

事件树定量分析中，事故发生概率等于导致事故的各发展途径的概率和。

定量分析要有事件概率数据作为计算的依据，而且事件过程的状态又是多种多样的，一般都因缺少概率数据而不能实现定量分析。

③事故预防

从事件树上可以看出，最后的事故是一系列危害和危险的发展结果，如果中断这种发展过程就可以避免事故发生。因此，在事故发展过程的各阶段，应采取各种可能措施，控制事件的可能性状态，减少危害状态出现概率，增大安全状态出现概率，把事件发展过程引向安全的发展途径。

采取在事件不同发展阶段阻止事件向危险状态转化的措施，最好在事件发展前期过程实现，从而产生阻止多种事故发生的效果。但有时因为技术经济等原因无法控制，这时就要在事件发展后期过程采取控制措施。显然，要在各条事件发展途径上都采取措施才行。

4. 事故树分析方法

(1)事故树的基本概念

事故树分析方法起源于故障树分析，是安全系统工程的重要分析方法之一，它是运用逻辑推理对各种系统的危险性进行辨识和评价，不仅能分析出事故的直接原因，而且能深入地揭示出事故的潜在原因。事故树分析法已从航天、核工业进入一般电子、电力、化工、机械、交通等领域，它可以进行故障诊断、分析系统的薄弱环节，指定系统的安全运行和维修，实现系统的优化设计。

事故树分析法具有以下特点：

①事故树分析是一种图形演绎方法，是事故事件在一定条件下的逻辑推理方法。

②事故树分析具有很大的灵活性，不仅可以分析某些单元故障对系统的影响，还可以对导致系统事故的特殊原因（如人的因素、环境影响）进行分析。

③进行事故树分析的过程，是对系统更深入认识的过程，因而许多问题在分析的过程中就被发现和解决了，从而提高了系统的安全性。

④利用事故树模型可以定量计算复杂系统发生事故的概率，为改善和评价系统安全性提供了定量依据。

(2)事故树分析步骤

这种分析方法一般可按下述步骤进行。分析人员在具体分析某一系统时可根据需要和实际条件选取其中若干步骤。

①准备阶段

a. 确定所要分析的系统。在分析过程中，合理地处理好所要分析系统与外界环境及其边界条件，确定所要分析系统的范围，明确影响系统安全的主要因素。

b. 熟悉系统。这是事故树分析的基础和依据。对于已经确定的系统进行深入地调查研究，收集系统的有关资料与数据，包括系统的结构、性能、工艺流程、运行条件、事故类型、维修情况、环境因素等。

c. 调查系统发生的事故。收集、调查所分析系统曾经发生过的事故和将来有可能发生的事故,同时还要收集、调查本单位与外单位、国内与国外同类系统曾发生的所有事故。

②事故树的编制

a. 确定事故树的顶事件。确定顶事件是指确定所要分析的对象事件。根据事故调查报告分析其损失大小和事故频率,选择易于发生且后果严重的事故作为事故树的顶事件。

b. 调查与顶事件有关的所有原因事件。从人、机、环境和信息等方面调查与事故树顶事件有关的所有事故原因,确定事故原因并进行影响分析。

c. 编制事故树。采用一些规定的符号,按照一定的逻辑关系,把事故树顶事件与引起顶事件的原因事件,绘制成反映因果关系的树形图。

③事故树定性分析

事故树定性分析主要是按事故树结构,求取事故树的最小割集或最小径集,并进行基本原因事件的结构重要度分析,根据定性分析的结果,确定预防事故的安全保障措施。

④事故树定量分析

事故树定量分析主要是根据引起事故发生的各基本事件的发生概率,计算事故树顶事件发生的概率;计算各基本事件的概率重要度和临界重要度。根据定量分析的结果以及事故发生以后可能造成的危害,对系统进行风险分析,以确定安全投资方向。

⑤事故树分析的结果总结与应用

必须及时对事故树分析的结果进行评价、总结,提出改进建议,整理、储存事故树定性和定量分析的全部资料与数据,并注重综合利用各种安全分析的资料,为系统安全性评价与安全性设计提供依据。

(3)事故树的符号及其意义

事故树中采用的符号包括事件符号、逻辑门符号和转移符号三大类。

①事件及事件符号

在事故树分析中各种非正常状态或不正常情况皆称事故事件,各种完好状态或正常情况皆称成功事件,两者均简称为事件。事故树中的每一个节点都表示一个事件。

a. 结果事件

结果事件是由其他事件或事件组合所导致的事件,它总是位于某个逻辑门的输出端。用矩形符号表示结果事件,如图 1.14(a)所示。结果事件分为顶事件和中间事件。

(a)顶事件,是事故树分析中所关心的结果事件,位于事故树的顶端,它总是所讨论事故树中逻辑门的输出事件而不是输入事件,即系统可能发生的或实际已经发生的事故结果。

(b)中间事件,是位于事故树顶事件和底事件之间的结果事件。它既是某个逻辑门的输出事件,又是其他逻辑门的输入事件。

b. 底事件

底事件是导致其他事件的原因事件,位于事故树的底部,它总是某个逻辑门的输入事件而不是输出事件。底事件又分为基本原因事件和省略事件。

(a)基本原因事件,也称基本事件,表示导致顶事件发生的最基本的或不能再向下分析的原因或缺陷事件,用图 1.14(b)中的圆形符号表示。

(b)省略事件，表示没有必要进一步向下分析或其原因不明确的原因事件。另外，省略事件还可以表示二次事件，即不是本系统的原因事件，而是来自系统之外的其他原因事件，用图1.14(c)中的菱形符号表示。

c. 特殊事件

特殊事件是指在事故树分析中需要表明其特殊性或引起注意的事件。特殊事件又分为开关事件和条件事件。

(a)开关事件又称正常事件，是在正常工作条件下必然发生或必然不发生的事件，用图1.14(d)中屋形符号表示。

(b)条件事件，是限制逻辑门开启的事件，用图1.14(e)中椭圆形符号表示。

（a）结果事件　（b）基本事件　（c）省略事件　（d）开关事件　（e）条件事件

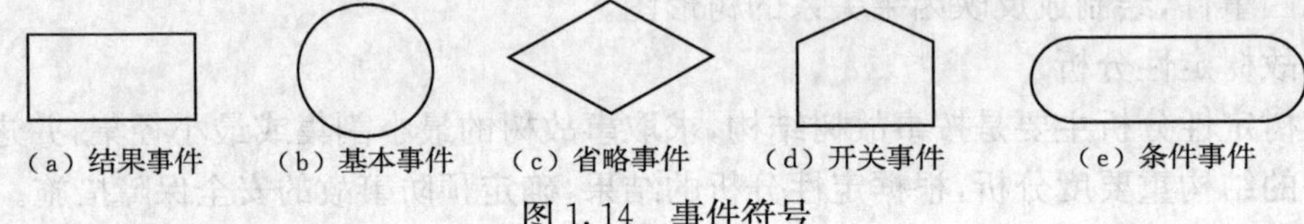

图1.14　事件符号

②逻辑门及其符号

逻辑门是连接各事件并表示其逻辑关系的符号。

a. 与门

与门可以连接数个输入事件 E_1、E_2、……、E_n 和一个输出事件E，表示仅当所有输入事件都发生时，输出事件E才发生的逻辑关系。与门符号如图1.15(a)所示。

b. 或门

或门可以连接数个输入事件 E_1、E_2、……、E_n 和一个输出事件E，表示至少一个输入事件发生时，输出事件E就发生。或门符号如图1.15(b)所示。

c. 非门

非门表示输出事件是输入事件的对立事件。非门符号如图1.15(c)所示。

d. 特殊门

(a)条件与门。表示输入事件不仅同时发生，而且还必须满足条件A，才会有输出事件发生。

(b)条件或门。表示输入事件中至少有一个发生，在满足条件A的情况下，输出事件才发生。

③转移符号

当事故树规模很大或整个事故树中多处包含有相同的部分树图时，为了简化整个树图，便可用转出和转入符号，以标出向何处转出和从何处转入，如图1.16所示。

a. 转出符号，表示向其他部分转出，如图1.16(a)所示，△内记入向何处转出的标记。

b. 转入符号，表示从其他部分转入，如图1.16(b)所示，△内记入从何处转入的标记。

（a）与门　（b）或门　（c）非门

图1.15　逻辑门符号

（a）转出符号　（b）转入符号

图1.16　转入转出符号

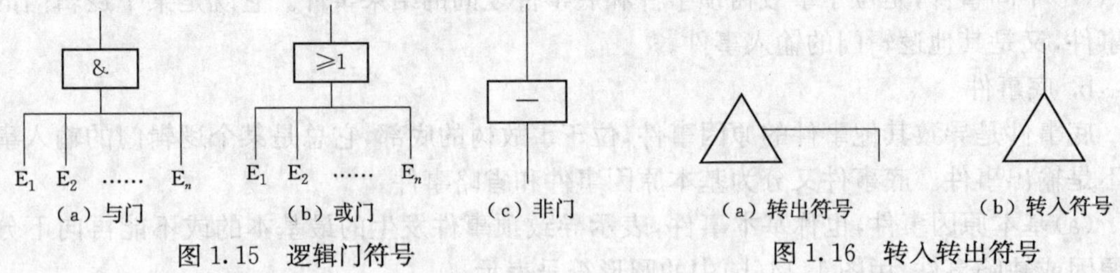

(4)事故树的编制

事故树编制是 FTA 中的关键环节。编制工作一般应由系统设计人员、操作人员和可靠性分析人员组成的编制小组来完成。事故树的编制是否完善直接影响到定性分析与定量分析的结果是否正确,关系到运用 FTA 的成败。

①编制事故树的规则

事故树的编制过程是一个严密的逻辑推理过程,应遵循以下规则:

a. 确定顶事件应优先考虑风险大的事故事件。

应当把系统中发生频率高且后果严重的事件优先作为分析的对象,即顶事件;也可以把发生频率不高但后果很严重以及后果虽不严重但发生非常频繁的事故作为顶事件。

b. 合理确定边界条件。

在确定了顶事件后,为了避免事故树过于烦琐、庞大,应明确规定被分析系统与其他系统的界限,并作一些必要的合理的假设。

c. 保持门的完整性,不允许门与门直接相连。

事故树编制时应逐级进行,不允许跳跃,任何一个逻辑门的输出都必须有一个结果事件,门与门不能直接相连,以免影响逻辑关系的准确性。

d. 确切描述顶事件。

明确地给出顶事件的定义,即确切地描述出事故的状态,什么时候在何种条件下发生。

e. 编制过程中及编成后,需及时进行合理的简化。

②编制事故树的方法

编制事故树的常用方法为演绎法,通过人的思考去分析顶事件是怎样发生的,即首先确定系统的顶事件,找出直接导致顶事件发生的各种可能因素或因素的组合,即中间事件。在顶事件与其紧连的中间事件之间,根据其逻辑关系相应地画上逻辑门。然后再对每个中间事件执行类似的分析,找出其直接原因,逐级向下演绎,直到不能分析的基本事件为止。这样就可得到用基本事件符号表示的事故树。

(5)事故树定性分析

①最小割集

a. 割集和最小割集

事故树顶事件发生与否是由构成事故树的各种基本事件的状态决定的。在事故树分析中,把引起顶事件发生的基本事件的集合称为割集,也称截集或截止集。一个事故树中的割集一般不止一个,在这些割集中,凡不包含其他割集的,叫作最小割集。

b. 最小割集的求法

最小割集的求法有多种,但常用的有布尔代数化简法、行列法和结构法三种。这里仅介绍最常用的布尔代数化简法。

布尔代数化简法也叫逻辑化简法,通过对原事故树进行逻辑化简,事故树的结构完全可以用最小割集来表示。

任何一个事故树都可以用布尔函数来描述。化简布尔函数,其最简析取标准式中每个最小项所属变元构成的集合,便是最小割集。若最简析取标准式中含有 m 个最小项,则该事故树有 m 个最小割集。

根据布尔代数的性质，可把任何布尔代数化为析取和合取两种标准式。析取标准式形式为：

$$f = A_1 + A_2 + \cdots + A_n = \sum_{i=1}^{n} A_i$$

合取标准式为：

$$f = A_1 \cdot A_2 \cdot \cdots \cdot A_n = \prod_{i=1}^{n} A_i$$

可以证明，A_i 和 B_i 分别是事故树的割集和径集。如果定义析取标准式的布尔项之和 A_i 中各项之间不存在包含关系，即其中任意一项基本事件布尔积不被其他基本事件布尔积所包含，则该析取标准式为最简析取标准式，那么 A_i 为事故树的最小割集。同理，可以直接利用最简合取标准式求取事故树的最小径集。

用布尔代数法计算最小割集，通常分三个步骤进行。

(a)建立事故树的布尔表达式。一般从事故树的顶事件开始，用下一层事件代替上一层事件，直至顶事件被所有基本事件代替为止。

(b)将布尔表达式化为析取标准式。

(c)化析取标准式为最简析取标准式。可利用布尔代数的逻辑运算法则进行化简，使之满足最简析取标准式的条件。

逻辑代数运算的法则很多，有的和代数运算法则一致，有的不一致。这里只介绍几种常用的运算法则，以便记忆和运用。

对合率：$\bar{\bar{A}}=A$

交换率：$A+B=B+A$，$AB=BA$

结合律：$A+(B+C)=(A+B)+C$，$A(BC)=(AB)C$

分配率：$A+BC=(A+B)(A+C)$，$A(B+C)=AB+AC$

等幂率：$A+A=A$，$A \cdot A=A$

吸收率：$A+AB=A$，$A(A+B)=A$

【例 1.1】 根据下面给定的事故树，求其最小割集，并给出简化后的事故树。

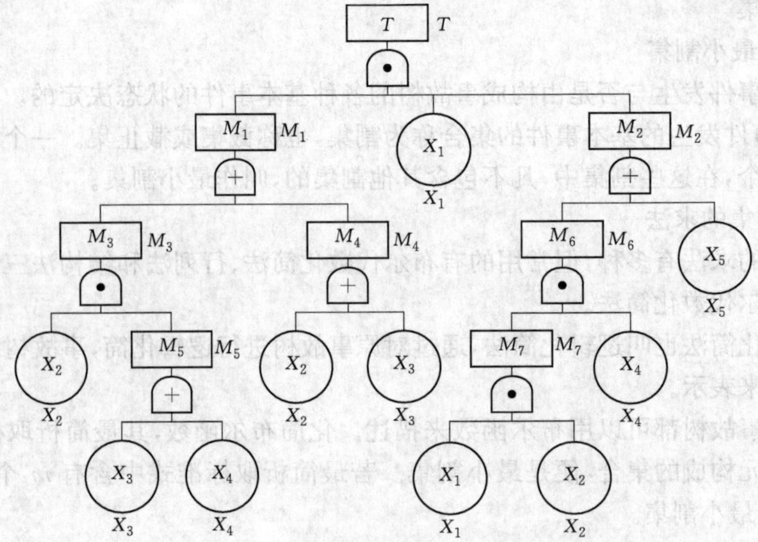

【解】
$$
\begin{aligned}
T &= M_1 \cdot X_1 \cdot X_2 = (M_3 + M_4) \cdot X_1 \cdot (M_6 + X_5) \\
&= (X_2 \cdot (X_3 + X_4) + X_2 + X_3) \cdot X_1 \cdot (X_1 \cdot X_2 \cdot X_4 + X_5) \\
&= (X_2 + X_3) \cdot X_1 \cdot (X_1 \cdot X_2 \cdot X_4 + X_5) \\
&= (X_2 + X_3) \cdot (X_1 \cdot X_2 \cdot X_4 + X_1 \cdot X_5) \\
&= X_1 \cdot X_2 \cdot X_4 + X_1 \cdot X_2 \cdot X_5 + X_1 \cdot X_3 \cdot X_5
\end{aligned}
$$

所以，最小割集为 $\{X_1, X_2, X_4\}\{X_1, X_2, X_5\}\{X_1, X_3, X_5\}$

由此可以知道，所求最小割集为$\{X_1, X_2, X_4\}$，$\{X_1, X_2, X_5\}$，$\{X_1, X_3, X_5\}$。化简后的事故树为：

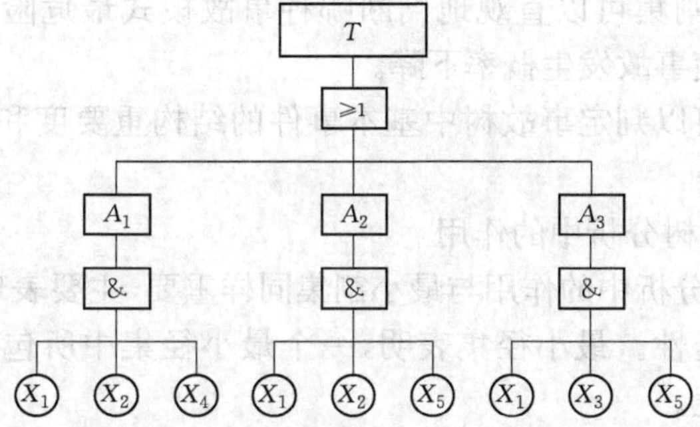

②最小径集

a. 径集与最小径集

在事故树中，当所有基本事件都不发生时，顶事件肯定不会发生。然而，顶事件不发生常常并不要求所有基本事件都不发生，而只要某些基本事件不发生顶事件就不会发生。这些不发生的基本事件的集合称为径集，也称通集或路集。在同一事故树中，不包含其他径集的径集称为最小径集。

b. 最小径集的求取

根据对偶原理，成功树顶事件发生，就是其对偶树（事故树）顶事件不发生。因此，求事故树最小径集的方法是，首先将事故树变换成其对偶的成功树，然后求出成功树的最小割集，即是事故树的最小径集。

将事故树变为成功树的方法，就是将原来事故树中的逻辑与门改成逻辑或门，将逻辑或门改为逻辑与门，并将全部事件符号加上“′”，变成事件补的形式，这样便可得到与原事故树对偶的成功树，如图 1.17 所示。

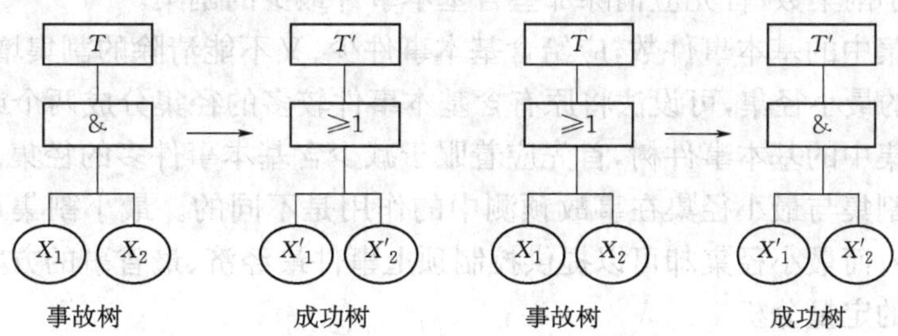

图 1.17 与事故树对偶的成功树的转换关系

③最小割集和最小径集在事故树分析中的作用

a. 最小割集在事故树分析中的作用

最小割集在事故树分析中起着非常重要的作用，归纳起来有四个方面：

(a)表示系统的危险性。最小割集越多，说明系统的危险性越大。

(b)表示顶事件发生的原因组合。一旦发生事故，就可以方便地知道所有可能发生事故的途径，并可以逐步排除非本次事故的最小割集，而较快地查出本次事故的最小割集，这就是导致本次事故的基本事件的组合。

(c)为降低系统的危险性提出控制方向和预防措施。每个最小割集都代表了一种事故模式。由事故树的最小割集可以直观地判断哪种事故模式最危险，哪种次之，哪种可以忽略，以及如何采取措施使事故发生概率下降。

(d)利用最小割集可以判定事故树中基本事件的结构重要度和方便地计算顶事件发生的概率。

b. 最小径集在事故树分析中的作用

最小径集在事故树分析中的作用与最小割集同样重要，主要表现在以下三个方面：

(a)表示系统的安全性。最小径集表明，一个最小径集中所包含的基本事件都不会发生，就可防止顶事件发生。

(b)选取确保系统安全的最佳方案。每一个最小径集都是防止顶事件发生的一个方案，可以根据最小径集中所包含的基本事件个数的多少、技术上的难易程度、耗费的时间以及投入的资金数量，来选择最经济、最有效的事故控制方案。

(c)利用最小径集同样可以判定事故树中基本事件的结构重要度和计算顶事件发生的概率。在事故树分析中，根据具体情况，有时应用最小径集更为方便。

c. 系统薄弱环节预测

事故树经布尔代数化简之后，可以得到最小割集和最小径集。根据最小割集和最小径集的性质，就可以对系统安全的薄弱环节进行预测。

对于最小割集来说，它与顶上事件用或门相连，显然最小割集的个数越少越安全，越多越危险。而每个最小割集中的基本事件与第二层事件用与门连接，因此割集中的基本事件越多越有利，基本事件少的割集就是系统的薄弱环节。对于最小径集来说，恰好与最小割集相反，径集数越多越安全，基本事件多的径集是系统的薄弱环节。

根据以上分析，可以从以下四条途径来改善系统的安全性：

(a)减少最小割集数，首先应消除那些含基本事件最少的割集。

(b)增加割集中的基本事件数，应给含基本事件少、又不能清除的割集增加基本事件。

(c)增加新的最小径集，可设法将原有含基本事件较多的径集分成两个或多个径集。

(d)减少径集中的基本事件树，首先应着眼于减少含基本事件多的径集。

总之，最小割集与最小径集在事故预测中的作用是不同的。最小割集可以预示出系统发生事故的途径；而最小径集却可以提供控制顶上事件最经济、最省事的方案。

(6)事故树的定量分析

事故树的定量分析首先是确定基本事件的发生概率，然后求出事故树顶事件的发生概率。求出顶事件的发生概率之后，可与系统安全目标值进行比较和评价。当计算值超过目标值时，就需要采取防范措施，使其降至安全目标值以下。

在进行事故树定量计算时，一般做以下几个假设：底事件之间相互独立；底事件和顶事件都只考虑正常或故障两种状态；假定故障分布为指数函数分布。

①基本事件的发生概率

基本事件的发生概率包括系统的单元（部件或元件）故障概率及人的失误概率等，在工程上计算时，往往用基本事件发生的频率来代替其概率值。

②顶事件发生概率的计算

当给定了事故树各基本事件的发生概率，各基本事件又是独立事件时，就可以计算顶事件的发生概率。计算顶事件发生概率的方法有若干种，下面介绍较简单的几种。

a. 状态枚举法

设某事故树有 n 个基本事件，这 n 个基本事件两种状态的组合数为 2^n 个。根据事故树的结构分析可知，所谓顶事件的发生概率，是指结构函数 $\Phi(X)=1$ 的概率。亦即，顶事件的发生概率 $P(T)$ 可用下式定义：

$$P(T)=\sum_{k=1}^{2n}\Phi_k(X)\prod_{i=1}^{n}q_i^{Y_i}\ (1-q_i)^{1-Y_i}$$

式中 k——基本事件状态组合序号；

$\Phi_k(X)$——第 k 种组合的结构函数值（1 或 0）；

q_i——第 i 个基本事件的发生概率；

Y_i——第 i 个基本事件的状态值（1 或 0）。

从上式可看出：在 n 个基本事件两种状态的所有组合中，只有当 $\Phi_k(X)=1$ 时，该组合才对顶事件的发生概率产生影响。所以在用该式计算时，只需考虑 $\Phi_k(X)=1$ 的所有状态。首先列出基本事件的状态值表，根据事故树的结构求得结构函数 $\Phi_k(X)$ 的值，最后求出 $\Phi_k(X)=1$ 的各基本事件对应状态的概率积的代数和，即为顶事件的发生概率。

该方法规律性强，适于编制程序上机计算，可用来计算较复杂系统事故发生概率。但当 n 值较大时，计算中要涉及 2^n 个状态组合，并要求出相应顶事件的状态，因而计算工作量很大，花费时间较长。

b. 最小割集法

事故树可以用其最小割集的等效树来表示。这时的顶事件等于最小割集的并集。

c. 最小径集法

根据最小径集与最小割集的对偶性，利用最小径集同样可求出顶事件的发生概率。

d. 顶上事件发生概率的近似计算

近似算法是利用最小割集计算顶上事件发生概率的公式得到的。一般情况下，可以假定所有基本事件都是统计独立的，因而每个割集也是统计独立的。下面推导近似算法的公式。

设有某事故树的最小割集等效树如图 1.18 所示，顶上事件与割集的逻辑关系为：

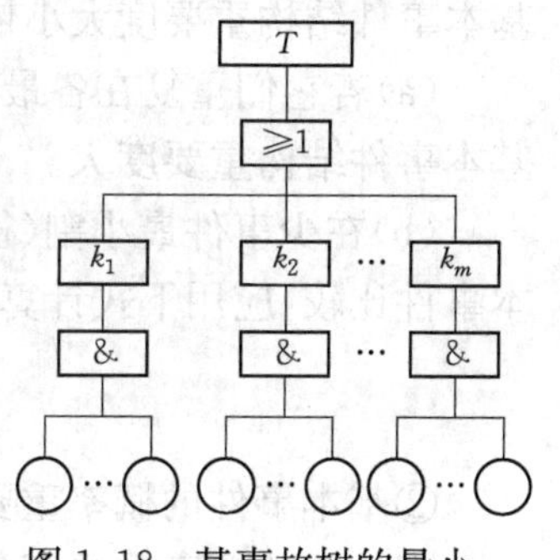

图 1.18　某事故树的最小割集等效树

$$T=k_1+k_2+\cdots+k_m$$

顶上事件 T 发生的概率为 P，割集 $k_1,k_2,\cdots,k_m$ 的发生概率分别为 $P_{k_1},P_{k_2},\cdots,P_{公里}$，由独立事件和的概率与积的概率计算公式分别得：

$$\begin{aligned}P(k_1+k_2+\cdots+k_m)&=1-(1-P_{k_1})(1-P_{k_2})\cdots(1-P_{k_m})\\&=(P_{k_1}+P_{k_2}+\cdots+P_{k_m})-(P_{k_1}P_{k_2}+P_{k_1}P_{k_3}+\cdots+P_{k_{m-1}}P_{k_m})\\&\quad+(P_{k_1}P_{k_2}P_{k_3}+\cdots+P_{k_{m-2}}P_{k_{m-1}}P_{k_m})-\cdots\\&\quad+(-1)^{m-1}(P_{k_1}P_{k_2}\cdots P_{k_m})\end{aligned}$$

只取第一个小括号中的项，将其余的二次项、三次项等全都舍弃，则得顶上事件发生概率近似公式：

$$P(k_1+k_2+\cdots+k_m)\approx P_{k_1}+P_{k_2}+\cdots+P_{k_m}$$

这样，顶上事件发生概率近似等于各最小割集发生概率之和。

但要注意的是，在计算顶上事件发生的概率时，要按照简化后的等效事故树计算才是正确的，不能按照原事故树的结构函数进行近似计算。

(7)基本事件的重要度分析

某一基本事件对顶事件发生的影响大小称为该基本事件的重要度。重要度分析在系统的事故预防、事故评价和安全性设计等方面有着重要的作用。为了明确最易导致顶事件发生的事件，以便分出轻重缓急采取有效措施，控制事故的发生，必须对基本事件进行重要度分析。

①用最小割集或最小径集进行结构重要度分析

利用基本事件的结构重要度系数可以较准确地判定基本事件的结构重要度顺序，但较烦琐。

一般可以利用事故树的最小割集或最小径集，按以下准则定性判断基本事件的结构重要度：

a. 单一事件最小割(径)集中的基本事件结构重要度最大。

b. 仅在同一最小割(径)集中出现的所有基本事件结构重要度相等。

c. 两个基本事件仅出现在基本事件个数相等的若干最小割(径)集中，这时在不同最小割(径)集中出现次数相等的基本事件其结构重要度相等；出现次数多的结构重要度大，出现次数少的结构重要度小。

d. 两个基本事件仅出现在基本事件个数不等的若干最小割(径)集中。在这种情况下，基本事件结构重要度大小依下列不同条件而定：

(a)若它们重复在各最小割(径)集中出现的次数相等，则少事件最小割(径)集中出现的基本事件结构重要度大。

(b)在少事件最小割(径)集中出现次数少的，与多事件最小割(径)集中出现次数多的基本事件比较，应用下式计算近似判别值：

$$I(i)=\sum_{X_i\in E_r}\frac{1}{2^{ni-1}}$$

②基本事件的概率重要度

事故树的概率重要度分析，主要依靠各基本事件的概率重要度系数大小进行定量分析。而基本事件的概率重要度系数，又是指某基本事件发生概率的变化引起顶事件发生概率变化度。利用顶上事件发生概率 P 函数是一个多重线性函数的这一性质，只要对自变量 P_i 求一次偏导数，就可以得出该基本事件的概率重要度系数，即：

$$I_{P(i)}=\frac{\partial P}{\partial P_i}$$

当利用上式求出各基本事件的概率重要度系数后，就可以了解诸多基本事件，也可以确定减少哪个基本事件的发生概率就可以有效地降低顶上事件的发生概率。

③基本事件的临界重要度

事故树的临界重要度分析，是依靠各基本事件的临界重要度系数大小进行定量分析。所谓临界重要度系数，是指某个基本事件发生概率的变化率引起顶事件发生概率的变化率，它是从敏感度和概率的双重角度衡量各基本事件的重要程度。因此，它比概率重要度更合理、更具有实际意义，其定义为：

$$C_i=\frac{\partial \ln P}{\partial \ln P_i}$$

临界重要度系数与概率重要度系数的关系是：

$$C_i=\frac{P_i}{P}I_{P(i)}$$

三种重要度系数中，结构重要度系数从事故树结构上反映基本事件的重要程度；概率重要度系数反映基本事件概率的增减对顶事件发生概率影响的敏感度；临界重要度系数从敏感度和自身发生概率大小双重角度反映基本事件的重要程度。其中，结构重要度系数反映了某基本事件在事故树结构中所占的地位，而临界重要度系数从结构及概率上反映了改善某一基本事件的难易程度，概率重要度系数则起着一种过度作用，是计算两种重要度系数的基础。

一般可以按这三种重要度系数安排采取措施的先后顺序，也可按三种重要度顺序分别编制相应的安全检查表，以保证既有重点，又能全面检查的目的。在三种检查表中，只有通过临界重要度分析产生的检查表，才能真正反映事故树的本质，也更具有实际意义。

【例 1.2】 设事故树最小割集为 $\{x_1,x_3\}$，$\{x_1,x_5\}$，$\{x_3,x_4\}$，$\{x_2,x_4,x_5\}$，各个基本事件概率分别为：$P_1=0.01$，$P_2=0.02$，$P_3=0.03$，$P_4=0.04$，$P_5=0.05$，求：

(1)用近似法计算顶事件发生概率。

(2)各基本事件的结构重要度顺序。

(3)各基本事件的概率重要度顺序。

(4)各基本事件的临界重要度顺序。

【解】 (1)顶上事件发生概率 P 用近似方法计算时，为：

$$\begin{aligned}P&=P_{k_1}+P_{k_2}+P_{k_3}+P_{k_4}\\&=P_1P_3+P_1P_5+P_3P_4+P_2P_4P_5\\&=0.002\end{aligned}$$

(2)根据最小割集进行结构重要度分析：

①无

②无

③$I_1=I_3; I_4=I_5>I_2$

④$I_1=I_3>I_4=I_5$

因此,各基本事件的结构重要度顺序为:$I_1=I_3>I_4=I_5>I_2$

(3)各个基本事件的概率重要度系数分别为:

$$I_{P(1)}=\frac{\partial P}{\partial P_1}=P_3+P_5=0.08$$

$$I_{P(2)}=\frac{\partial P}{\partial P_2}=P_4P_5=0.002$$

$$I_{P(3)}=\frac{\partial P}{\partial P_3}=P_1+P_4=0.05$$

$$I_{P(4)}=\frac{\partial P}{\partial P_4}=P_3+P_2P_5=0.031$$

$$I_{P(5)}=\frac{\partial P}{\partial P_5}=P_1+P_2P_4=0.0108$$

这样,就可以按照概率重要度系数的大小,排列出各基本事件的概率重要度顺序:

$$I_{P(1)}>I_{P(3)}>I_{P(4)}>I_{P(5)}>I_{P(2)}$$

(4)各基本事件的临界重要度系数分别为:

$$I_{g(1)}^c=\frac{P_1}{P}I_{P(1)}=\frac{0.01}{0.002}\times0.08=0.4$$

$$I_{g(2)}^c=\frac{P_2}{P}I_{P(2)}=\frac{0.02}{0.002}\times0.002=0.02$$

$$I_{g(3)}^c=\frac{P_3}{P}I_{P(3)}=\frac{0.03}{0.002}\times0.05=0.75$$

$$I_{g(4)}^c=\frac{P_4}{P}I_{P(4)}=\frac{0.04}{0.002}\times0.031=0.62$$

$$I_{g(5)}^c=\frac{P_5}{P}I_{P(5)}=\frac{0.05}{0.002}\times0.0108=0.27$$

这样,就可以按照临界重要度系数的大小,排列出各基本事件的临界重要度顺序:

$$I_{g(3)}^c>I_{g(4)}^c>I_{g(1)}^c>I_{g(5)}^c>I_{g(2)}^c$$

这就是说,减少基本事件 X_1 的发生概率,能使顶上事件的发生概率迅速降下来,它比按同样数值减小其他任何基本事件的发生概率都有效。按照上面的顺序排列的基本事件,其中最不敏感的基本事件是 X_2。

1.4 高速铁路运输系统安全评价

1.4.1 概述

铁路运输安全系统评价,又称铁路运输危险性评价或风险评估,是指在对铁路运输系统危险源辨识和安全分析的基础上,对系统的安全性或危险性,按有关的标准、规范、安全指标予以衡量，对其危险的程度进行分级，以便据此结合现有科学技术水平和经济条件，提出控制铁路运输系统危险性的安全措施，达到降低事故率，减少损失和最优的安全投资效益。

1. 铁路运输安全评价主体

运输系统安全评价是一项为运输系统用户服务的技术工作，涉及系统的安全工程各方的相互关系、权利和责任。因此，要求安全评价人员对所评价对象具有丰富的知识和评价经验，能公正地指出系统设计中存在的安全问题，从用户的角度审查评价对象中所存在的安全问题。

2. 铁路运输安全评价客体

对于铁路运输系统，一般有以下几种情况需要进行专门的安全评价：

(1)新建线路

新建铁路线路，从规划到施工的各个阶段都可以进行安全评价。

(2)既有线路改造

既有线路改造除改造技术措施本身能带来不安全因素外，线路改造还改变了有关人员熟悉的路况，应采取一定技术措施来减小不利影响。

(3)线路附近的产业开发

线路沿线附近产业的开发改变了原来线路沿线的用户群，可能带来新的交通问题。

(4)现有线路和站段的安全评价

应定期对现有线路和站段的安全状况进行调查和评价。

3. 铁路运输安全评价的依据与核心

所有安全评价的依据是数据，主要来源于事故统计数据。铁路运输安全管理必须依靠各种各样与安全相关的综合性信息，如安全设备、装置、仪表等硬件信息，系统安全运行、安全生产过程中的数据记录等安全动态信息，职工安全教育档案、所采取的安全措施、安全活动资料、安全检查记录等安全管理信息以及事故资料等事故信息。

要实现可靠的铁路运输安全系统评价，评价过程中所依赖的数据，不但要包括相关的铁路运输事故数据，还要包括各种危险因素的相关数据；不仅要包括铁路运输事故后的静态统计数据，而且要包括系铁路运输统运行中的动态状况数据。

铁路运输安全系统评价的核心，应是对系统危险因素及其相互关系进行评价。铁路运输事故统计数据是系统各种安全影响因素的综合反映，因此，铁路运输系统安全可以通过对长期的事故统计资料的综合评判反映出来。

4. 铁路运输安全评价的程序及内容

在具体评价工作进行过程中，铁路运输系统中各部门根据各自的工作重点，对铁路运输安全评价内容要求是不同的。安全评价具有社会需求多样、评价对象多样的特点。根据运输部门的实际需要，铁路运输系统安全评价的具体内容一般包括以下几个部分：

(1)对一定时期内区域铁路运输安全水平的现状和趋势进行定量评估，并在不同区域间进行比较，从而使管理和决策部门能从宏观层面把握运输安全的发展态势。

(2)对一定时期内区域铁路运输安全存在的主要问题、影响铁路运输安全水平的主要因素进行分析和总结，为管理和决策部门制定有针对性、有重点的决策和措施提供参考。

(3)将铁路运输系统进行横向展开,即对一定时期内各组成要素对铁路运输安全的影响和各自存在的主要问题进行评估,为对口管理单位开展各自的安全改善工作提供依据。

(4)将铁路运输系统进行纵向展开,细化为各层子系统,对一定时期内各层子系统安全水平的现状和趋势、存在的主要问题和影响铁路运输系统安全水平的主要因素进行评估和分析,为各级部门开展针对本系统的安全改善工作提供依据。

(5)以一定基础单位对铁路运输系统的安全性能进行微观评价,为制定具体的安全改善方案提供依据。

(6)对拟开展的铁路运输建设项目或交通管理措施进行预评价,为项目在安全方面的立项审核提供依据,实现在规划和设计阶段即排除可能存在的安全隐患的目标。

由此可见,铁路运输安全评价的核心内容应是:针对特定的评价内容,在上述评价程序进行的全过程中,以铁路运输系统安全为目标,分析铁路运输安全影响因素及各因素之间的相互作用关系,在此基础上构建一套反映铁路运输系统安全问题的、可用于指导具体评价内容的、系统的铁路运输安全评价的指标体系,并对各种安全评价方法、如何选择和正确应用各评价方法的相关问题进行分析。

虽然铁路运输系统安全评价包括的范畴广泛,但一般来说,这些安全评价都要包括两个相互关联的环节:危险性确认、危险性评价。

具体评价过程可参考图 1.19 进行。

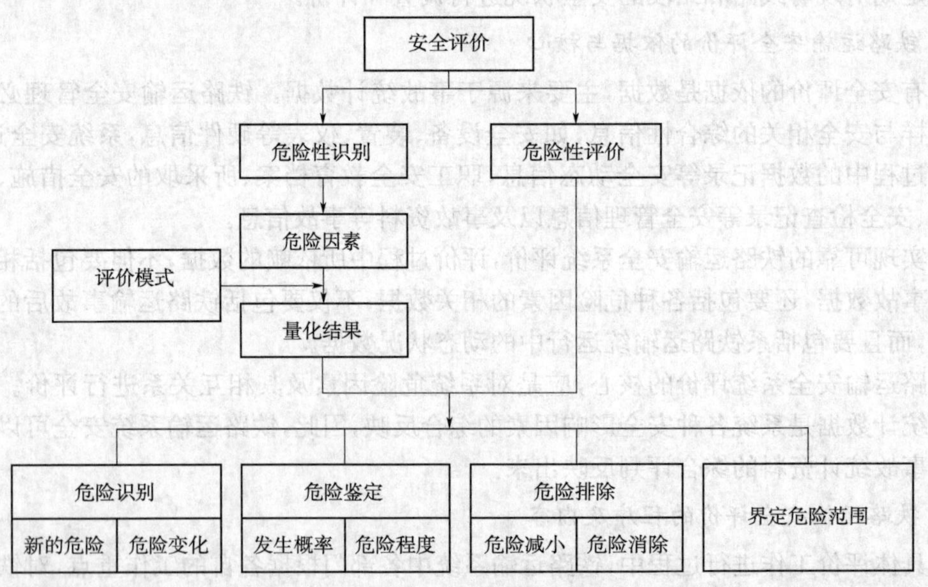

图 1.19 安全评价程序

由此可见,安全评价的最终结果是根据对评价指标的综合计算而得到的,评价指标的内容、范围、计算方法和具体数据则由安全数据决定。

5. 安全评价的意义

铁路运输是国民经济中一个重要的物质生产部门,对推动社会生产力的发展,促进物资和人员的流动，改善人民的生活及巩固国防均具有十分重要的作用。但铁路运输的发展在促进人类文明的同时，也带来了以事故为主的重大灾难。面对危害严重的铁路运输事故情况，世界各国都开展了大范围的铁路运输安全评价的研究，该领域的研究意义主要体现在以下四个大的方面：

(1)能为评价人员提供理论和实践指导。

(2)安全评价体现了“安全第一，预防为主”的方针。

(3)安全评价有助于国家各级安全监察部门对企业安全生产的宏观控制。

(4)安全评价有助于提高铁路运输企业安全管理水平。

(5)安全评价可以为铁路运输企业领导的安全决策提供必要的科学依据。

1.4.2 常用安全评价方法

1. 安全检查表评价法

安全检查表评价法是一种简便易行的评价方法，它根据经验或系统分析的结果，把评价项目自身及周围环境的潜在危险集中起来，列成检查项目的清单，评价时依照清单，逐项检查和评定。该方法适用于工程、系统的各个阶段，是系统安全工程的一种最基础、最简便、广泛应用的系统危险性评价方法。

用安全检查表进行铁路运输安全评价，已被国内外广泛采用，为了使评价工作得到关于系统安全程度方面量的概念，开发了许多行之有效的评价计值方法，根据评价计值方法的不同，安全检查表评价法又分为逐项赋值法、加权平均法、单项定性加权计分法以及单项否定计分法。

(1)逐项赋值法

这种方法应用范围较广。它是针对安全检查表的每一项检查内容，按其重要程度不同，由专家讨论赋予一定的分值。评价时，单项检查完全合格者给满分，部分合格者按规定标准给分，完全不合格者计零分。这样逐项逐条检查评分，最后累计所有各项得分，就得到系统评价总分。根据实际评价得分多少，按标准规定评价系统总体安全等级的高低。

逐项赋值法可由下式表示：

$$L=\sum_{i=1}^{n_1} l_i$$

式中 L——企业安全评价的结果值；

l_i——第 i 个评价项目的输出值；

n_1——总的评价项目个数。

(2)加权平均法

这种安全评价计值方法，是把运输企业的安全评价按专业分成若干评价表，各评价表均采用统一计分体系分别评价计分，如 10 分制或 100 分制等，按照各评价表的内容对系统总体安全评价的重要程度，分别赋予权重系数(各评价表权重系数之和为 1)。按各评价表评价所得的分值，分别乘以各自的权重系数并求和，就可得到企业安全评价的结果值，即：

$$M=\sum_{i=1}^{n_2} k_i m_i \text{，且} \sum_{i=1}^{n_2} k_i=1$$

式中 M——企业安全评价的结果值；

m_i——按某一评价表评价的实际测量值；

k_i——评价表实际测量值的相应权重系数；

n_2——评价表个数。

按照标准规定的分数界限，就可确定企业在安全评价中取得的安全等级。

此外，加权平均法中权重系数可由统计均值法、二项系数法、两两比较法、环比评分法、层次分析法等方法确定。

(3)单项定性加权计分法

这种评价计量方法是把安全检查表的所有检查评价项目都视为同等重要。评价时，对检查表中的几个检查项目分别给予“优”“良”“可”“差”或“可靠”“基本可靠”“基本不可靠”“不可靠”等定性等级的评价，同时赋予不同定性等级以相应的权重值，累计求和，得实际评价值。

$$M' = \sum_{i=1}^{h} s_i w_i$$

式中 M——实际评价值；

s_i——评价等级的权重；

w_i——取得某一评价等级的项数和；

h——评价等级数。

(4)单项否定计分法

一般这种方法不单独使用，而仅适用于企业系统中某些具有特殊危险而又非常敏感的具体系统，如煤气站、锅炉房、起重设备等。这类系统往往有若干危险因素，其中只要有一处处于不安全状态，就有可能导致严重事故的发生。因此，把这类系统的安全评价表中的某些评价项目确定为对该系统安全状况具有否决权的项目，这些项目中只要有一项被判为不合格，则视为该系统总体安全状况不合格。这种方法已在机械工厂和核工业设施以及铁路运输企业的安全评价中采用。

2. 作业条件危险性评价法

作业条件危险性评价法是一种简便易行的衡量人们在某种具有潜在危险的环境中作业危险性的半定量评价方法。该方法以与系统风险率有关的三种因素[发生事故的可能性大小(G)、人体暴露在这种危险环境中的频繁程度(E)、一旦发生事故可能会造成的损失后果(C)]指标值之积 D 来评价系统人员伤亡风险的大小，并将所得作业条件危险性数值与规定的作业条件危险性等级相比较，从而确定作业条件的危险程度。

但是，要获得这三个因素的科学准确的数据，却是相当烦琐的过程。为了简化评价过程，采取了半定量计值法，给三种因素的不同等级分别确定不同的分值，然后，以三个分值的乘积 D 来评价作业条件危险性的大小，即：

$$D = G \cdot E \cdot C$$

三种因素的不同等级取值标准和危险性大小的范围可参考表 1.3～表 1.6。

表 1.3　发生事故的可能性(G)

分数值	事故发生的可能性
10	完全可以预料
6	相当可能
3	可能,但不经常
1	可能性小,完全意外
0.5	很不可能,可以设想
0.2	极不可能
0.1	实际上不可能

表 1.4　暴露于危险环境的频繁程度(E)

分数值	暴露于危险环境的频繁程度
10	连续暴露
6	每天工作时间内暴露
3	每周一次,或偶然暴露
2	每月一次暴露
1	每年几次暴露
0.5	非常罕见地暴露

表 1.5　发生事故可能会造成的损失后果(C)

分数值	暴露于危险环境的频繁程度
10	连续暴露
6	每天工作时间内暴露
3	每周一次,或偶然暴露
2	每月一次暴露
1	每年几次暴露
0.5	非常罕见地暴露

表 1.6　危险等级划分(D)

D 值	危险程度
>320	极其危险,停产整改
160～320	高度危险,立即整改
70～160	显著危险,及时整改
20～70	一般危险,需要观察
<20	稍有危险,注意防止

D 值越大,说明该系统危险性越大,需要增加安全措施,减少发生事故的可能性,或者降低人体暴露的频繁程度,或者减轻事故损失,直至调整到允许范围,D 值越小,说明该系统相对比较安全。

此方法简便易行,对于任何有人作业的具体系统,都可以按照实际情况选取三种因素的分数值,然后计算 D 值,根据 D 值大小,可以判定系统的危险程度高低。

例如,某铁路平交道口工作人员接车时,有时会被列车、汽车撞伤,或被列车坠落物件打伤。从前10年的事故统计资料看,无一人死亡,轻伤仅发生两件。作业时间为每天工作8 h,为了评价该道口岗位作业条件的危险性,首先要确定每种因素的分数值:

①事故发生的可能性(L):属于“可能性小,完全意外”,$G=1$。

②暴露于危险环境的频繁程度(E):道口职工每天都在这样条件下操作,$E=6$。

③发生事故可能会造成的损失后果(C):轻伤,$C=1$。

于是有

$$D=G \cdot E \cdot C=6<20$$

可知,该道口岗位作业条件的危险性等级为“稍有危险,注意防止”。

这种评价方法的特点是简便,可操作性强,有利于掌握企业内部危险点的危险情况,有利于促进整改措施的实施。问题是,三种因素中事故发生的可能性只有定性概念,没有定量标准。评价实施时很可能在取值上因人而异,影响评价结果的准确性。对此,可在评价开始之前确定定量的取值标准。如“完全可以预料”是平均多长时间发生一次,“相当可能”为多长时间一次，等等。这样，就可以按统一标准评价系统内各子系统的危险程度。

3. 多指标综合安全评价方法

对指标体系的安全综合评价方法，叫多指标安全综合评价法，它是把多个描述被评价对象不同方面且量纲不同的定性和定量指标，转化为无量纲的评价值，并综合这些评价值以得出对该评价对象的一个整体评价。多指标安全综合评价法具有多指标、层次特性，能较好地处理大型复杂系统的安全评价问题，因而得到了广泛的应用。

(1)评价步骤

多指标综合评价方法的具体评价步骤包括：

①明确评价对象。

②建立评价指标体系。

③定性与定量指标评价值的确定。

④评价指标权系数的确定。

⑤确定指标间合成关系，求综合评价值。

⑥根据评价过程得到的信息，进行系统分析和决策。

其中，最为关键的问题是指标体系的建立、指标评价值和权系数的确定，以及合成关系的处理。只有解决好上述问题，才能得到较为切合实际的安全评价结果。

(2)指标体系的建立

①指标体系建立的原则

安全评价的核心问题，是确定评价指标体系。指标体系是否科学、合理，直接关系到安全评价的质量。为此，必须按照一定的原则去分析和判断，才有可能较好地解决这一难题。

a. 目的性原则

指标体系要紧紧围绕改进系统安全这一目标来设计，并由代表系统安全各组成部分的典型指标构成，多方位、多角度地反映系统的安全水平。

b. 科学性原则

指标体系结构的拟定、指标的取舍、公式的推导等都要有科学的依据。只有坚持科学性的原则，获取的信息才具有可靠性和客观性，评价的结果才具有可信性。

c. 系统性原则

指标体系要包括系统安全所涉及的众多方面，使其成为一个系统，包括系统的相关性、层次性、整体性、综合性。

d. 可行与实用性原则

指标的设计要求概念明确、定义清楚，能方便地采集数据与收集情况，要考虑现行科技水平，并且有利于系统安全的改进。而且，指标的内容应科学、合理，具有概括性。

e. 时效性原则

指标体系不仅要反映一定时期系统安全的实际情况，还要跟踪其变化情况，以便及时发现问题，防患于未然。此外，指标体系应与时俱进，体现时代性。

f. 政令性原则

指标体系的设计，要体现我国安全生产的方针政策，以便通过评价，引导企业贯彻执行“安全第一，预防为主”的方针以及部门安全生产的规章制度。

g. 突出性原则

指标的选择要全面，但应该区别主次、轻重，要突出当前带全局性而又极为关键的安全问题，以保证重点和集中力量控制住那些发生频率高、后果严重的事件。

h. 可比性原则

指标体系中同一层次的指标，应该满足可比性的原则，即具有相同的计量范围、计量标准和计量方法，指标取值宜采用相对值，尽可能不采用绝对值。

i. 定性与定量相结合的原则

指标体系的设计应当满足定性与定量相结合的原则，即在定性分析的基础上，还要进行量化处理。只有通过量化，才能较为准确地揭示事物的本来面目。

②指标体系的结构

指标体系的结构，是指形成指标组合的逻辑关系和表达形式结构。依靠科学的结构，分散的指标才能排列组合成系统，真实地描述安全系统评价的实质性过程。

由于安全与事故是对立的，但事故并非不安全的全部内容，事故只是在安全与不安全一对矛盾斗争过程中某些瞬间突变结果的外在表现形式。在“无事故”的背后，可能还有许多违章、冒险等不安全因素存在，只是未出事故罢了。因此，单纯的事故指标不足以表征系统的全部安全状况。

隐患指标从系统的整体出发，对系统内的人员、设备、环境、管理等进行的安全综合评价。隐患指标充分体现了事前安全的思想，即预防事故在其发生之前。隐患指标由于综合考虑了影响系统安全的所有因素，可以较为全面地反映系统的潜在危险性。

但是，由于人们在安全问题认识上的局限性与滞后性，在指标的设置、指标的计量以及对指标重要性的认识等方面难以完全做到科学和客观。换言之，隐患指标虽然在理论上可以较为全面地反映系统的安全性，但是在实际应用过程中难免存在偏差，因而必须要以表征系统运行特征的事故指标作为基础。

事故指标与隐患指标相结合，既考察了系统在一定时期内实际安全绩效，又考察了系统要素及其组合中的安全隐患，可以避免单用一类指标评价的片面性，能够较为全面正确地反映系统的安全状况。

(3)确定基础指标评价值

基础指标可分为定性基础指标和定量基础指标，简称定性指标和定量指标。因此，基础指标评价值的确定可分为两部分，即定性指标评价值和定量指标评价值的确定。

在计算基础指标评价值时，有不少文献采用等级论域的方法，将定性指标取值范围按评语等级硬性划分几个分值范围，如“很好”(90～100)、“较好”(80～90)、“一般”(70～80)、“较差”(60～70)、“很差”(0～60)，而对于定量指标，也要确定相应于各评语等级的临界值。

但是上述做法是值得商榷的，建议采用舍弃等级论域的方法来确定基础指标评价值，即将指标取值范围规定为 0～100，相当于将指标评价划分为 100 个等级，如果给定的指标值越大，说明其隶属于安全的程度越高，同时也表明其安全性越好。

①定性指标评价值的确定

对于定性指标，指标值具有模糊和非定量化的特点，很难用精确数字来表示，只能采用模糊数学的方法对模糊信息进行量化处理，主要有等级比重法和专家评分法。

a. 等级比重法(又叫试验统计法)

请一组专家进行试验,每一人次试验时要在表格中打钩,且对每个因素仅打一个钩(即每行打一个钩)。最后统计出各个格子中打钩的频率,得到专家组对于每个单因素的评判结果。最后,将各个单因素评判结果综合成评判矩阵。

$$\boldsymbol{R}=(r_{ij})_{m\times n}$$

式中 m——因素个数;

n——评价等级数;

等级比重法的最大特点是简单、方便、实用,但精确度不高。

b. 专家评分法

请 n 个专家对取定的一组指标 $U_1,U_2,\cdots,U_m$ 分别给出隶属度 $A(U_i)$ 的估计值 $r_{ij}(i=1,2,\cdots,m;j=1,2,\cdots,n)$,则因素 U_i 的隶属度 r_i 可由下式估计:

$$r_i=\frac{1}{n}\sum_{j=1}^{n}r_{ij}$$

式中 r_{ij}——第 j 位专家对第 i 个因素的评价值。

由专家评分法得出的评判矩阵为一列向量:

$$\boldsymbol{R}=\begin{bmatrix}r_1\\r_2\\\vdots\\r_m\end{bmatrix}$$

利用专家评分法得出的判断较等级比重法精确。不同专家对同一问题所给出的判断范围,可以看作是一个随机集的若干独立实现,而利用随机集估计真值,属于集值统计的范畴。因此,可应用集值统计法来确定定性指标评价值。

集值统计不同于经典的概率统计,经典统计样本一般被看作是一个随机变量的若干独立实现,集值统计的样本则被看作是一个随机集的独立实现。具体做法为:

选择 n 位专家,专家选择应视具体情况而定。给出评价指标值的两个极点,为方便专家赋值,取 0、100 两点,然后请专家给出指标 U_i 评价值的区间估计,得到 n 位专家对指标的一个集值统计序列:

$$[r_{11},r_{21}],[r_{12},r_{22}],\cdots,[r_{1n},r_{2n}]$$

将这 n 个区间落影到评价指标值域轴上,可得到样本落影函数 $\bar{X}(r)$:

$$\bar{X}(r)=\frac{1}{n}\sum_{k=1}^{n}X\,[r_{1k},r_{2k}]^{(r)}$$

其中:$X\,[r_{1k},r_{2k}]^{(r)}=\begin{cases}1 & r_{ik}<r<r_{2k}\\0 & \text{其他}\end{cases}$

取 $r_{\max}=\max\{r_{21},r_{22},\cdots,r_{2n}\}$,$r_{\min}=\min\{r_{21},r_{22},\cdots,r_{2n}\}$,则指标 U_i 的评价值 $E(r)$ 为:

$$E(r)=\frac{\int_{r_{\min}}^{r_{\max}}\bar{X}(r)r\mathrm{d}_r}{\int_{r_{\min}}^{r_{\max}}\bar{X}(r)\mathrm{d}_r}=\frac{\sum_{k=1}^{n}[(r_{2k})^2-(r_{1k})^2]}{2\sum_{k=1}^{n}[r_{2k}-r_{1k}]}$$

②定量指标评价值的确定

定量指标即可量化指标，它可以通过一定的技术测量手段确定其量值。由于定量指标的计量单位各不相同，不具有可比性。因此，在确定指标实际值之后，还必须解决指标间的可综合性问题，即进行指标的无量纲化处理，通过一定的数值变换来消除指标之间的量纲影响。

从本质上讲，指标无量纲化过程也就是求解隶属函数的过程，各种无量纲化公式，也就是指标的隶属函数。求定量指标隶属度的无量纲化方法多种多样，应根据各个指标本身的性质确定其隶属函数公式，但依次确定每个指标隶属函数关系式非常困难。为简单起见，可选择直线型无量纲化方法来解决定量指标间的可综合性问题，具体计算如下：

a. 效益型（即指标值越大越好）指标

$$Y=\begin{cases}100 & X>X_{\max} \\ 100\times\dfrac{X-X_{\min}}{X_{\max}-X_{\min}} & X_{\min}\leqslant X\leqslant X_{\max} \\ 0 & X<X_{\min}\end{cases}$$

b. 成本型（即指标值越小越好）指标

$$Y=\begin{cases}100 & X<X_{\min} \\ 100\times\dfrac{X_{\max}-X}{X_{\max}-X_{\min}} & X_{\min}\leqslant X\leqslant X_{\max} \\ 0 & X>X_{\max}\end{cases}$$

c. 适中型（即指标值越接近某一固定值越好）指标

$$Y=\begin{cases}100\times\dfrac{X_m-X_{\min}}{X_{\max}-X_{\min}} & X_{\min}<X\leqslant X_m \\ 100\times\dfrac{X_{\max}-X}{X_{\max}-X_m} & X_m<X\leqslant X_{\max} \\ 0 & X\leqslant X_{\min},X>X_{\max}\end{cases}$$

式中 Y——定量指标评价值；

X——有量纲指标实际值；

$X_{\max}$——有量纲指标最大值；

$X_{\min}$——有量纲指标最小值；

X_m——适中型指标的固定值。

(4)指标体系的赋权处理

指标体系的赋权方法很多，对于带有定性指标的指标体系的赋权方法，主要包括统计均值法、二项系数法、两两比较法、环比评分法、层次分析法等。其中，较为有效的是层次分析法。

层次分析法(Analytic Hierarchy Process，简称 AHP)是对一些较为复杂、较为模糊的问题作出决策的简易方法，它特别适用于那些难于完全定量分析的问题。这种方法的特点是在对复杂的决策问题的本质、影响因素及其内在关系等进行深入分析的基础上，利用较少的定量信息使决策的思维过程数学化，从而为多目标、多准则或无结构特性的复杂决策问题提供简便的决策方法。

①层次分析法建模步骤

运用层次分析法建模，一般可按下面四个步骤进行：

a. 建立递阶层次结构模型。

b. 构造出各层次中的所有判断矩阵。

c. 层次单排序及一致性检验。

d. 层次总排序及一致性检验。

②建模步骤的基本内容

下面简单介绍上述各个步骤的基本内容。

a. 建立递阶层次结构。

这是AHP中最重要的一步，首先要把问题条理化、层次化，构造出一个层次分析的结构模型。每一层次中各元素所支配的下一层元素一般不要超过9个，这是因为支配的元素过多会给两两比较判断带来困难。一个好的层次结构对于解决问题是极为重要的，因而层次结构必须建立在深入分析的基础上。

b. 构造判断矩阵。

层次结构反映了因素之间的关系，但准则层中的各准则在目标衡量中所占的比重并不一定相同，在决策者的心目中，它们各占有一定的比例。在确定影响某因素的诸因子在该因素中所占的比重时，遇到的主要困难是这些比重常常不易定量化。此外，当影响某因素的因子较多时，直接考虑各因子对该因素有多大程度的影响时，常常会因考虑不周全、顾此失彼而使决策者提出与他实际认为的重要性程度不一致的数据，甚至有可能提出一组隐含矛盾的数据。

对于 n 个因子 $X=\{x_1,\cdots,x_n\}$ 对某因素 Z 的影响大小，可以采取对因子进行两两比较建立成对比较矩阵的办法。即每次取两个因子 x_i 和 x_j，以 a_{ij} 表示 x_i 和 x_j 对 Z 的影响大小之比，全部比较结果用矩阵 $\mathbf{A}=(a_{ij})_{n\times n}$ 表示，称 $\mathbf{A}$ 为 $Z—X$ 之间的成对比较判断矩阵(简称判断矩阵)。容易看出，若 x_i 与 x_j 对 Z 的影响之比为 a_{ij}，则 x_j 与 x_i 对 Z 的影响之比应为 $a_{ji}=\dfrac{1}{a_{ij}}$。

关于如何确定 a_{ij} 的值，可以使用数字1～9及其倒数作为标度。表1.7列出了1～9标度的含义。

表1.7　1～9标度的含义

标度	含　义
1	表示两个因素相比，具有相同重要性
3	表示两个因素相比，前者比后者稍重要
5	表示两个因素相比，前者比后者明显重要
7	表示两个因素相比，前者比后者强烈重要
9	表示两个因素相比，前者比后者极端重要
2,4,6,8	表示上述相邻判断的中间值
倒数	若因素 i 与因素 j 的重要性之比为 a_{ij}，那么因素 j 与因素 i 重要性之比为 $a_{ji}=\dfrac{1}{a_{ij}}$

c. 计算单一准则下元素的相对权重并进行一致性检验。

判断矩阵 **A** 对应于最大特征值 $\lambda_{\max}$ 的特征向量 **W**,经归一化后即为同一层次相应因素对于上一层次某因素相对重要性的排序权值,这一过程称为层次单排序。

上述构造成对比较判断矩阵的办法虽能减少其他因素的干扰,较客观地反映出一对因子影响力的差别,但综合全部比较结果时,其中难免包含一定程度的非一致性。如果比较结果是前后完全一致的,则矩阵 **A** 的元素还应当满足:

$$a_{ij}a_{jk}=a_{ik},\quad \forall i,j,k=1,2,\cdots,n$$

接下来需要检验构造出来的(正互反)判断矩阵 **A** 是否严重地非一致,以便确定是否接受 **A**,这里需要使用一些既有的数学定理。

可以由 $\lambda_{\max}$ 是否等于 n 来检验判断矩阵 **A** 是否为一致矩阵。由于特征根连续地依赖于 a_{ij},故 $\lambda_{\max}$ 比 n 大得越多,**A** 的非一致性程度也就越严重,$\lambda_{\max}$ 对应的标准化特征向量也就越不能真实地反映出 $X=\{x_1,\cdots,x_n\}$ 在对因素 Z 的影响中所占的比重。因此,对决策者提供的判断矩阵有必要作一次一致性检验,以决定是否能接受它。

对判断矩阵的一致性检验的步骤如下:

(a)计算一致性指标 CI。

$$\mathrm{CI}=\frac{\lambda_{\max}-n}{n-1}$$

(b)查找相应的平均随机一致性指标 RI。对 $n=1,\cdots,9$,Saaty 给出了 RI 的值,见表 1.8。

表 1.8 Saaty 的 RI 值

n	1	2	3	4	5	6	7	8	9
RI	0	0	0.58	0.90	1.12	1.24	1.32	1.41	1.45

(c)计算一致性比例 CR。

$$\mathrm{CR}=\frac{\mathrm{CI}}{\mathrm{RI}}$$

当 CR<0.10 时,认为判断矩阵的一致性是可以接受的,否则应对判断矩阵作适当修正。

d. 计算组合权重及一致性检验。

上面得到的是一组元素对其上一层中某元素的权重向量,最终要得到各元素,特别是最低层中各方案对于目标的排序权重,从而进行方案选择。总排序权重要自上而下地将单准则下的权重进行合成。

设上一层次(A 层)包含 $A_1,\cdots,A_m$ 共 m 个因素,它们的层次总排序权重分别为 $a_1,\cdots,a_m$。又设其后的下一层次(B 层)包含 n 个因素 $B_1,\cdots,B_n$,它们关于 A_j 的层次单排序权重分别为 $b_{1j},\cdots,b_{nj}$(当 B_i 与 A_j 无关联时,$b_{ij}=0$)。现求 B 层中各因素关于总目标的权重,即求 B 层各因素的层次总排序权重 $b_1,\cdots,b_n$,计算按下表所示方式进行,即 $b_i=\sum_{j=1}^{m}b_{ij}a_j\,(i=1,\cdots,n)$。

对层次总排序也需作一致性检验,检验仍像层次总排序那样由高层到低层逐层进行。

这是因为虽然各层次均已经过层次单排序的一致性检验，各成对比较判断矩阵都已具有较为满意的一致性。但当综合考察时，各层次的非一致性仍有可能积累起来，引起最终分析结果较严重的非一致性。

然而，由于安全问题的复杂性以及人们认识上的局限性，各位专家对指标体系中各指标重要性的认识带有一定程度的不确定性和模糊性，从而无法给出一个确定的值来表示对两两比较中重要程度的判断，鉴于专家判断的不确定性，两两比较中的判断不宜采用确定数。因此，建议采用区间标度表示两两比较的判断，相应的判断矩阵以区间数判断矩阵的形式给出，模糊标度及其含义见表 1.9。

表 1.9　模糊标度及其含义

标度	符号	含　义
1	=	表示两个元素相比，具有同等重要性
[1,3]	>	表示两个元素相比，具有同等重要性
[3,5]	>>	表示两个元素相比，具有同等重要性
[5,7]	>>>	表示两个元素相比，具有同等重要性
[7,9]	>>>>	表示两个元素相比，具有同等重要性
倒数	<,<<,<<<,<<<<	若因素 i 与 j 比较得 a_{ij}，则 j 与 i 比较得到 $1/a_{ij}$，且 $1/a_{ij}$ 为区间长度，[1/3,1]，[1/5,1/3]，[1/7,1/5]，[1/9,1/7]

在表 1.9 所示模糊标度中，将 1～9 标度仅仅划分为五个档次而非九个档次，目的是方便专家的比较判断。由于各个指标的意义和量纲都不一样，专家很难用九个档次表示出各元素的相对重要性程度。而且，即使专家可以给出，也往往容易想当然地给出一两可性的判断，从而使判断结果的可信度下降。此外，当同一层次上的元素较多时，还容易使专家做出矛盾和含混的判断，使判断矩阵出现严重的不一致现象。

根据表中的模糊标度进行两两比较判断，专家只需给出判断矩阵下三角部分的符号表示，这即使是对于那些不熟悉 AHP 的专家来说，判断矩阵的给出也非常方便，因而，表 1.9 的模糊标度也有利于 AHP 专家调查表的编制。

此外，在用 AHP 法进行专家咨询时，对同一问题，将获得多个判断矩阵，因而产生多个判断矩阵的合理综合问题。为了较好地兼顾不同专家的意见，可选用加权算术平均综合向量法来处理多个专家判断矩阵的合理综合问题。

4. 安全综合评价

(1)合成方法分析

在确定了指标体系基础指标评价值及指标体系权系数之后，还要根据指标体系特点确定各级指标的合成方法，亦即将各级下层指标值复合成上层指标值的计算方法。可用于安全综合评价的合成方法很多，主要有加法合成、乘法合成、加乘混合法、代换法等。

①加法合成(加权线性和法)

基本公式为：

$$X=\sum_{i=1}^{n}W_iX_i$$

式中　X——综合评价值；

W_i——指标 i 权重；

X_i——指标 i 评价值；

n——指标个数。

加法合成具有以下特点：

a. 在加法合成中，由于综合运算采用“和”的方式，其现实关系应是“部分之和等于总体”，因而比较适合于各评价指标值对综合评价值的贡献彼此独立的场合。

b. 加法合成的各评价指标间具有线性补偿作用，即某些指标评价值的下降，可以由另外一些指标评价值的提高来补偿，因而这种方法对指标评价值变动反映不太敏感。

c. 加法合成突出了评价值较大且权数较大的指标的作用，因此，加法合成比较接近于主因素突出型的评价合成方法。

d. 加法合成计算简单，便于推广普及。

②乘法合成

计算公式为：

$$X=\prod_{i=1}^{n}(X_i)^{W_i}$$

乘法合成具有以下特点：

a. 乘法合成适用于各评价指标间强烈相关的场合，如同串联结构一样，各指标的乘积表现为整个被评价对象的综合水平。

b. 在乘法合成中，指标权数的作用不如加法合成明显。对乘法合成公式作对数变换，可以得到：

$$\ln X=\sum_{i=1}^{n}W_i\ln X_i$$

可见，乘法合成中，权数是指标评价值对数的倍数，而在加法合成中，权数是指标评价值的倍数。显然，权数的作用在加法合成中更突出一些。

c. 乘法合成强调被评价对象各指标评价值的一致性，它要求被评价对象的各个指标间彼此差异较小，任何一方也不能偏废，只有当各指标评价值保持接近相等的水平时，其整体功能取得最大值。

d. 乘法合成的结果突出了指标评价值中较小数的作用，这是乘积式运算的性质所决定的。

③加乘法混合法

将加法和乘法两种方法混合在一起，可以得到一种兼顾的方法。加乘混合法兼有加法合成和乘法合成两种方法的特点，适用范围比加法和乘法更广一些。

④代换法

计算公式为：

$$X=1-\prod_{i=1}^{n}(1-X_i)\qquad(0\leqslant X_i\leqslant 1)$$

在代换法中，指标间补偿作用远比加法合成充分，是最充分的，不管其他评价指标取值如何，只要有一个评价指标值达到最高水平，整个综合评价值便达到最高水平，这是一种类似于主因素决定型的评价合成方法。由于多指标综合评价不仅要求评价的整体性，而且要求评价的全面性，因此代换法在实质上有悖于综合评价的本质，除非较特殊的场合，否则不宜选用。

将上述四种合成方法的主要特点归纳起来，可以得到表 1.10。

表 1.10　合成方法性质对比

特点	代换法	加法合成	加乘混合	乘法合成
指标间关系	相关	独立	部分相关	相关
补偿作用	完全补偿	线性补偿	部分补偿	甚弱
权数作用	无	较重要	一般	不太重要
合成结果	决定于评价值中最高水平	突出了评价值较大且权数较大者的作用	介于加法和乘法之间	突出较小评价值的作用
方法原则	主因素决定型	主因素突出型	—	因素并列型

从表 1.10 中可以看出，四种合成方法以代换法和乘法为两端，加法与混合法在二者之间，从代换法到乘法，补偿作用和主因素作用依次降低，权数作用从不重要到较重要再到不重要，指标间关系从相关到独立再到相关，明确这些性质更有助于本节指标体系合成方法的选取。

(2)指标体系的安全综合评价

上述就多指标安全综合评价的几种主要合成方法进行分析，多指标安全综合评价究竟选用哪种合成方法更为恰当，要根据问题的性质和特点而定。这里可以借用事故树分析方法的思路来解决这一问题。

事故树分析是按照事故发生的逆过程，以演绎的方法自上向下逐层探讨事故的原因，研究原因事件与结果事件之间的逻辑关系，把结果编制成逻辑图。其逻辑关系包括：与门、或门、条件与门、条件或门、限制门。

显然，事故树的逻辑门与安全综合评价的合成方法是相互对应的，与门类似乘法合成，或门类似加法合成，条件与门类似乘法合成，条件或门类似加乘混合法，限制门类似乘法合成。因此，只要得到指标体系内各级下层指标与其相对应的上层指标之间的逻辑关系，亦即原因事件对结果事件的作用形式，就可方便地确定指标体系内各级指标的合成方法。

复习思考题

1. 何谓安全？何谓事故？二者间有何相互关系？
2. 名词解释：危险、事故、风险、隐患、危险源。
3. 如何理解铁路运输安全系统工程？
4. 列举出常用铁路运输安全系统评价方法。
5. 请简述人因工程理论。

6. 地铁运行高峰期，总会出现乘客挤压车门的情况(初始状态)，如果车站人员及时制止(事件A)，则事故可立刻避免，即处于安全状态，如果没有制止(事件A′)，则处于危险状态。其中当车门感应器失效(事件B)，且处于强制关闭状态(事件C)，则事故就会发生。

(1)请按照上述描述，绘制完整的事件树，并给出唯一的事故连锁。

(2)若事件A、B、C的概率分别为0.4、0.1、0.5，试着计算事故发生的概率，危险状态(未发生事故)的概率。

7. 火车站出现易燃品(初始状态)，如果被及时发现(事件A)，则事故可立刻避免，即处于安全状态，如果没有发现(事件A′)，则处于危险状态。其中当易燃品泄漏(事件B)，且遇到明火时(事件C)，事故就会发生。

(1)请按照上述描述，绘制完整的事件树，并给出唯一的事故连锁。

(2)若事件A、B、C的概率分别为0.3、0.2、0.2，试着计算事故发生的概率，危险状态(未发生事故)的概率。

8. 根据下图中的事故树：

(1)计算最小割集，并指出最安全的最小割集。

(2)分析基本事件的结构重要度。

(3)假设基本事件$X_1 \sim X_7$的概率分别{0.01,0.03,0.02,0.05,0.07,0.03,0.04}，试计算顶事件发生的概率，并计算概率重要度。

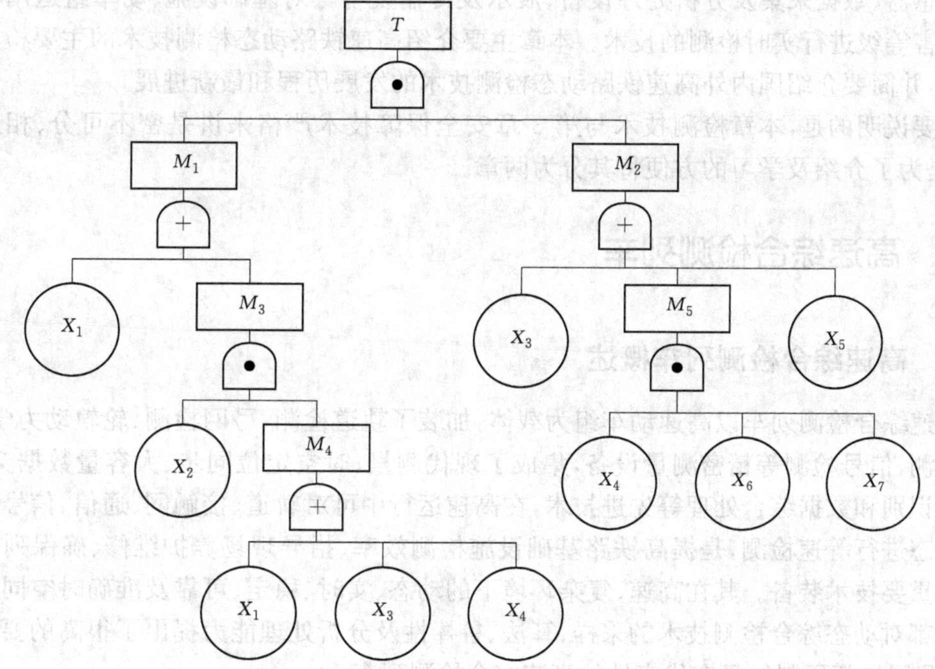

第2章

高速铁路动态检测技术

检测技术是高速铁路安全运营的基础，静态检测以人工为主，动态检测以机器为主，目前高速铁路的各项检测均是以机检为主，人检为辅。通过先进的检测技术准确、及时地对高速铁路基础设施、动车组、自然灾害进行检测，将检测信息实时反馈到列车控制系统、控制中心及相关部门，既可保证营运安全，又能及时发现需要维修处所和确定维修时间。本章的主要内容包括：高速综合检测列车、大型钢轨探伤车技术、隧道及限界检测技术、综合巡检技术、动车组运行安全检测技术和自然灾害检测技术。

高速铁路动态检测技术包括基础设施、动车组、自然灾害的检测。高速铁路基础设施是指铁路沿线的线路（包含道床、路基）系统、桥梁、隧道、接触网系统、通信系统和信号系统等固定设施。高速铁路动态检测技术是指以各种车辆、动车组或者轨边设备为载体，通过安装各类传感器、数据采集及分析处理设备、展示及传输设备等对基础设施、动车组运用状态和自然灾害等级进行实时检测的技术。本章主要介绍高速铁路动态检测技术的主要检测项目和功能，并简要介绍国内外高速铁路动态检测技术的发展历程和最新进展。

需要说明的是，本章检测技术与第 3 章安全保障技术严格来讲是密不可分、相互关联的，只是为了介绍及学习的方便将其分为两章。

2.1 高速综合检测列车

2.1.1 高速综合检测列车概述

高速综合检测列车以高速动车组为载体，加装了轨道检测、弓网检测、轮轨动力学检测、通信检测、信号检测等精密测量设备，集成了现代测量、时空定位同步、大容量数据交换、实时图像识别和数据综合处理等先进技术，在高速运行中可对轨道、接触网、通信、信号等基础设施状态进行等速检测，是提高铁路基础设施检测效率、指导现场养护维修、确保列车运营安全的重要技术装备。其在高速、复杂环境下的动态、实时、稳定、可靠及准确时空同步定位等要求都对动态综合检测技术的采样、算法、鲁棒性及分析处理能力提出了很高的要求。图 2.1 是我国最新研制的具有代表性的高速综合检测列车。

高速综合检测列车可作为一个国家铁路科技实力的综合体现，世界上只有少数高速铁路发达的国家有实力设计与制造高速综合检测列车。日本、意大利、法国、英国等为了满足高速列车开行需要，采用高速综合检测列车对基础设施进行综合检测。德国和美国普遍采用机车牵引方式，没有专门的高速综合检测列车，他们对基础设施的综合检测一般通过加挂综合检测车来实现。

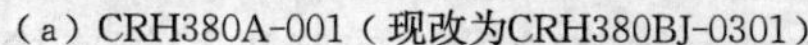

（a）CRH380A-001（现改为CRH380BJ-0301）　（b）CRH380B-002（现改为CRH380AJ-0211）

（c）CRH2-150C（现改为CRH2C-2150）

图 2.1　高速综合检测列车

国际上最早研制和使用综合检测列车的国家是日本。20 世纪 60 年代，随着新干线的开通运营，日本研制了世界上第一列高速综合检测列车“黄色医生”，对新干线保持几十年良好的安全记录发挥了重要的作用。日本最新研制了最高检测速度 275 km/h 的“East-i”，法国研制了最高检测速度 320 km/h 的“IRIS320”，意大利研制了最高检测速度 220 km/h 的“阿基米德”号，英国研制了最高检测速度 200 km/h 的“NMT”等高速综合检测列车，并建立了地面数据分析中心。高速综合检测列车已成为高速铁路安全检测的重要手段。

我国铁路综合检测技术的发展经历了从各种专业检测车到安全综合检测车，再到高速综合检测列车的阶段；检测内容从单一专项检测扩展到高速多专业综合检测的过程；检测速度逐渐达到与列车运行速度等速；检测目的从仅保障运营安全发展到确保运营安全、指导养护维修、动态资产管理的新阶段，如图 2.2 所示。

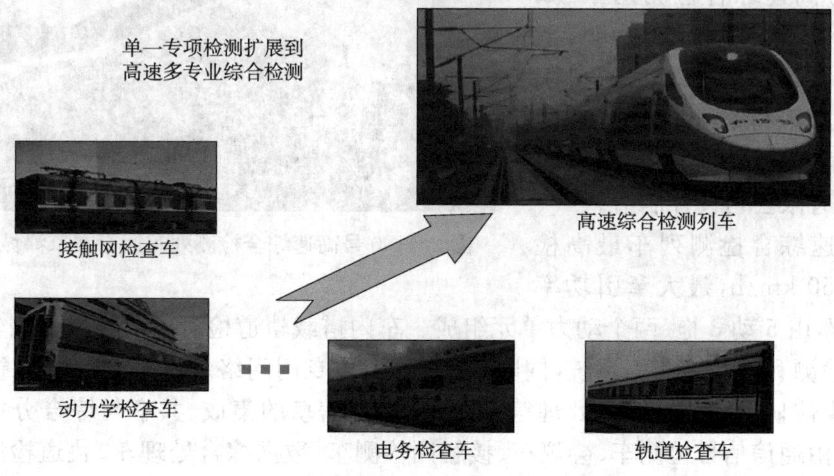

图 2.2　高速综合检测列车的发展经历

专业检测车以单节无动力铁路客车为载体，针对单一基础设施检测的需求，加装轨道检测、弓网检测、动力学检测、通信检测或信号检测等精密测量设备，与带牵引机车的普通客车编组成列，可在运行过程中对轨道、接触网、通信或信号等基础设施状态进行单独检测。专业检测车只具备对某一类基础设施进行检测的能力，且牵引机车的速度不能超过 200 km/h。

2000 年，我国铁路开始设计、制造安全综合检测车，于 2002 年下线。安全综合检测车在对轨道和接触网的检测中发挥了重要的作用，其外形及车内仪表室如图 2.3 所示。该车作为高速综合检测列车的雏形，具备了对某几类基础设施进行同时检测的能力，但无法进行全项目检测，同时受牵引机车运行速度的限制，无法根据线路的设计速度进行等速检测。

（a）外形　（b）车内仪表室

图 2.3　安全综合检测车外形和车内仪表室图

2006 年，中国铁路开始研制真正意义上的高速综合检测列车。高速综合检测列车需要加装多种基础设施检测设备，根据动车组原型车的构造和检测设备的需求，对动车组进行适应性设计及改造，集检测、办公、会议、生活等功能于一体，既装有各种检测设备及操作室，又设有会议车、生活车、卧铺车，需要对列车平面布置、车体、内装结构及制动、辅助供电、网络等所有高速列车结构进行系统规划设计。下面简要介绍由铁科院研制的几种较为典型的高速综合检测列车。

1. 0 号高速综合检测列车

我国首列 250 km/h 高速综合检测列车"0 号高速综合检测列车"如图 2.4 所示，于 2008 年 6 月 6 日下线交付使用。该检测列车由铁科院负责系统集成及综合系统的研制开发，动车组车体由原中国北车长春轨道客车股份有限公司设计制造。

图 2.4　0 号高速综合检测列车运行在京津城际高铁

0 号高速综合检测列车最高检测速度为 250 km/h，最大牵引功率为 5 500 kW，由 5 动 3 拖、两个动力单元组成。车内搭载轨道检测、接触网检测、轮轨动力学检测、通信检测和信号检测等系统，同时，还设置列车专用网络、定位同步、环境视频信息采集处理、多媒体显示和数据综合处理等系统，可实现信息的集成、共享与综合分析。高速综合检测列车由通信信号检测车、会议车、接触网检测车、数据综合处理车、轨道检测车、餐车、卧铺车和信号检测车 8 辆组成，如图 2.5 所示。

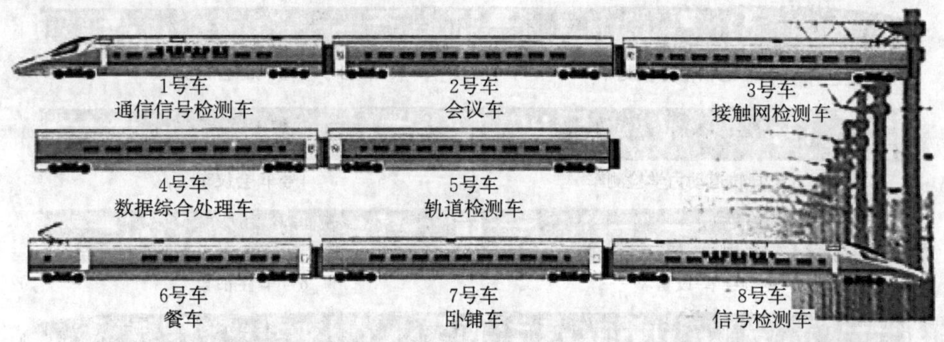

图 2.5　0 号高速综合检测列车编组示意图

0 号高速综合检测列车集成了连续式、非接触式集流测力轮对，毫米级精度的长波长轨道不平顺实时在线检测等最新技术，其综合检测技术填补了我国铁路基础设施综合检测技术的空白，其综合检测能力达到了世界一流水平。

2. CRH380A-001 和 CRH380B-002 高速综合检测列车

2009 年，以国家"十一五"863 计划重点项目"最高试验速度 400 km/h 高速检测列车关键技术研究与装备研制"为依托，铁科院牵头，联合中国南车股份有限公司、中国北车股份有限公司，在 0 号高速综合检测列车检测技术的基础上进一步开展自主创新，分别以 CRH380A 型和 CRH380B 型动车组为平台，研制了 CRH380A-001 和 CRH380B-002 高速综合检测列车，并于 2011 年 3～4 月间在京沪高速铁路先导段进行了全项目的试验验证，试验速度达到 400 km/h。这两辆列车的研发与投入使用标志着我国高速综合检测列车整体技术达到了世界领先水平。

高速综合检测列车加装了我国自主研制的轨道、接触网、轮轨动力学、通信、信号检测和综合系统设备，对车内、车下、车顶的环境及配置进行了专门设计，具备进行高速铁路基础设施状态检测的功能。CRH380A-001 高速综合检测列车由轨道动力学检测车、通信检测车、数据综合处理车、会议车、接触网检测车、生活车、宿营车和信号检测车 8 辆组成，如图 2.6 所示。车内设置操作室、卧铺间和会议室等设施，以满足检测、办公和生活的需要。图 2.7 为 CRH380B-002 高速综合检测列车编组示意图。

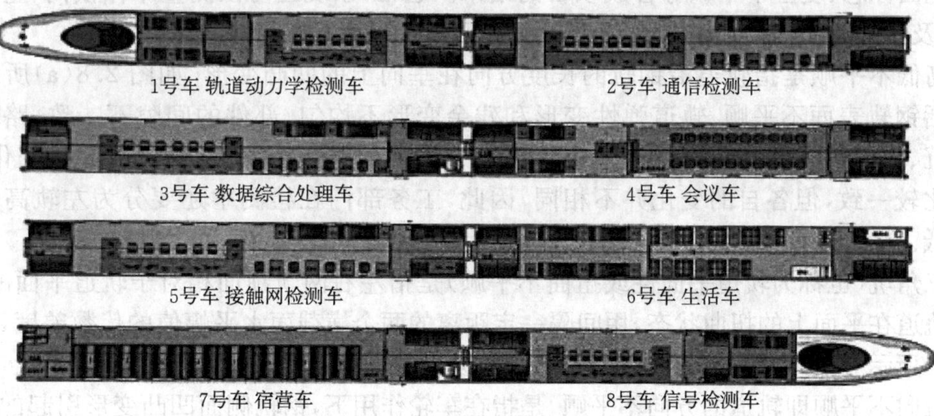

图 2.6　CRH380A-001 高速综合检测列车编组示意图

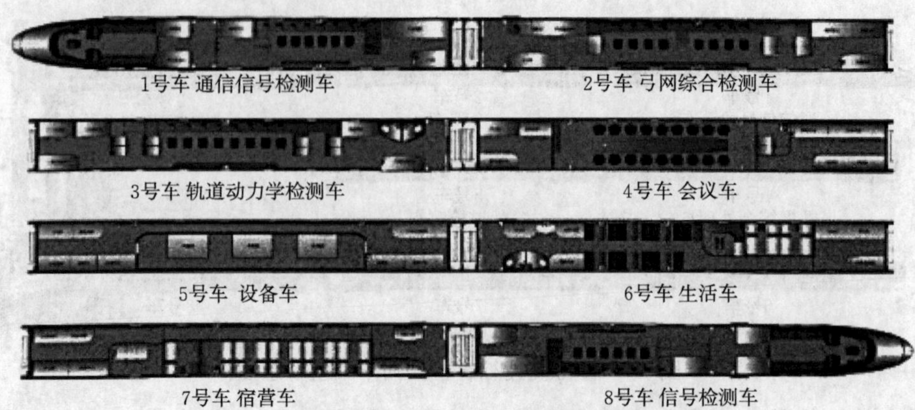

图 2.7　CRH380B-002 高速综合检测列车编组示意图

我国高速综合检测列车具有检测速度高、功能齐全、集成度高、检测技术领先等特点，主要体现在以下四方面：①检测速度最高，截至 2019 年，国外还没有检测速度可达到350 km/h及以上的检测列车，且检测精度不受检测速度的影响；②检测项目齐全，可对高速铁路基础设施进行全项目检测；③系统集成度高，采用光纤通信、惯性导航、宽带网络、数据库、数据综合处理等高新技术，实现列车各检测系统在同一坐标系下的精确定位、同步检测，动态定位精度可达 1 m，检测结果可以进行综合分析和评价；④采用的检测技术领先，满足了高速运行条件下的检测需求，综合检测能力处于世界领先水平。

2.1.2　检测项目及功能

本小节主要介绍几个主要检测系统的检测项目和功能，包括轨道检测、接触网检测、轮轨动力学检测、通信检测和信号检测等。

1. 轨道检测

轨道检测系统用于检测轨道的几何尺寸偏差，主要包括轨距、轨向、高低、水平、三角坑等 7 个几何不平顺项目，如图 2.8 所示。根据需要，系统可以给出曲线半径、轨距变化率、曲率变化率、未平衡超高、未平衡超高变化率、轨道几何单项标准差、轨道质量指数(TQD)、里程及地面标志、复合不平顺等合成项目的结果。通常，系统还可以测量车体横向、垂向加速度，以及转向架构架和轴箱加速度，作为线路几何平顺性状态的辅助评价。

高低不平顺是指轨道沿钢轨的长度方向在垂向上的凹凸变形[如图 2.8(a)所示]，主要包括钢轨表面不平顺、轨道弹性变形和残余变形不均匀、部件的间隙不一致、路基不均匀下沉、各部件之间存在间隙等形成的垂向不平顺。左右两根钢轨高低的起伏变化趋势，有时比较一致，但各自的变化并不相同，因此，工务部门在检测中还要分为左轨高低和右轨高低。

三角坑(也称为轨道平面性或扭曲不平顺)是指左右两轨顶面相对于轨道平面的扭曲，表征轨道在平面上的扭曲状态，用间隔一定距离的两个横截面水平幅值的代数差度量[如图 2.8(b)所示]。存在较大三角坑的地方，往往会出现车辆晃动严重的情况。

轨向不平顺即轨道的方向不平顺，是指在车轮作用下，钢轨侧面凹凸变形引起的线路中心线方向的变化[如图 2.8(c)所示]。它是由轨头侧面磨耗不均匀、轨道横向弹性或阻力不相等、扣件失效等原因造成的。与高低不平顺一样，线路左右轨方向的变化往往不同，尤其在木枕和扣件薄弱的曲线区段差异更大，因此需要区分左轨向不平顺和右轨向不平顺，并将左、右轨向不平顺的平均值作为轨道的中心线方向偏差值。

水平不平顺是指轨道各个截面上左右两轨顶面高差的波动变化[如图 2.8(d)所示]。水平不平顺的幅值，在曲线上是指扣除正常超高值的偏差部分，在直线上是指扣除侧钢轨均匀抬高值后的偏差值。

轨距不平顺值是指在轨道同一截面、钢轨顶面以下 16 mm 处，左右两根钢轨之间的最小内侧距离相对于标准轨距的偏差(欧洲许多铁路规定在轨面以下 14 mm 处测量轨距)[如图 2.8(e)所示]。轨距不平顺值的大小对机车车辆运行的横向稳定性及曲线磨耗影响较大。

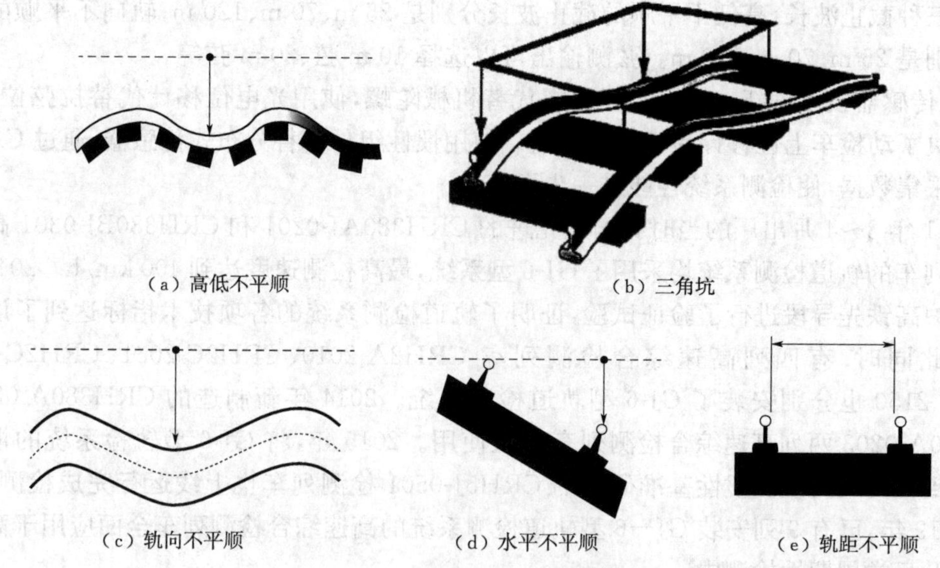

图 2.8　轨道几何不平顺示意图

复合不平顺是指在轨道同一位置或在影响机车车辆系统性能的长度范围内共同存在垂向和横向轨道不平顺而形成的双向不平顺。轨道复合不平顺根据单项几何不平顺的组合具有多种形式，实际线路上的轨道不平顺一般都是复合型的。大量研究和试验已证实，复合不平顺会对车辆平稳运行产生严重的影响，尤其是轨向与水平逆相位复合不平顺。由于轨道鼓曲方向与高轨位置形成反超高状态对行车安全造成的危害，比单项不平顺和其他复合不平顺状态更严重。

通过对轨道几何平顺性的周期性动态检测，能够及时发现危及行车安全的较大不平顺，保障行车安全。同时，通过长期数据的积累和分析，能够掌握线路状态变化，指导维修人员有针对性地养护维修，提高维修效率，降低维修成本；通过科学评价不同区段的线路质量、检验维修作业的效果，可为实施轨道设备的全寿命周期管理提供重要的依据。

我国的轨道检测技术一直在发展进步中，自 20 世纪 50 年代轨检车诞生以来，经历了 6 次重大的技术变革。截至 2019 年，最先进的 GL-6 型轨道检测系统主要有以下创新点：

(1)激光摄像检测技术创新。使用数字摄像机、数字信号传输、数字图像处理等数字技术手段，避免了模拟图像传输和采集过程引起的干扰；图像采集和处理速度超过 450 帧/s，满足 400 km/h 的检测需要，超过现有任何轨道检测系统的处理速度；通过改进算法、提高元器件性能等方法，抗阳光干扰能力大大提高。

(2)合成算法创新。成功建立了检测梁安装在车体上的轨道检测数学模型：成功建立了检测梁安装在构架上、部分传感器安装在车体上、部分传感器安装在检测梁上的轨道检测数学模型；正在开发检测梁安装在构架上、所有传感器安装在检测梁上的轨道检测数学模型。

(3)机械悬挂方式创新。根据不同类型车辆的转向架结构，创新设计了多种组件悬挂方式，使轨检系统可广泛安装于各种车辆，包括多种高速动车组和其他普通车辆。

(4)长波不平顺检测创新。轨道检测输出有两种形式：空间曲线输出和弦测输出。空间曲线有三种截止波长：高低不平顺的截止波长分别是 25 m、70 m、120 m；轨向不平顺的截止波长分别是 25 m、70 m、120 m。弦测输出可以选择 10 m 弦、20 m 弦等。

(5)传感器技术创新。使用光纤陀螺代替机械陀螺，使用光电位移计代替拉弦位移计，彻底解决了动检车上位移计易损坏的问题。使用惯性组件代替分布式传感器，通过 CAN 总线方式采集数据，使检测系统性能进一步提高。

2011 年 3～4 月出厂的当时我国最先进的 CRH380AJ-0201 和 CRH380BJ-0301 高速综合检测列车的轨道检测系统均采用了 GJ-6 型系统，最高检测速度达到 400 km/h。2011 年 4 月在京沪高铁先导段进行了验证试验，证明了轨道检测系统的各项技术指标达到了设计要求。与此同时，有四列高速综合检测列车 CRH2A-2010、CRH2C-2061、CRH2C-2068、CHR2C-2150 也分别安装了 GJ-6 型轨道检测系统。2014 年新制造的 CRH380A-0202 和 CRH380A-0203 两列高速综合检测列车投入使用。2015 年，将 GJ-6 型轨检系统的惯性组件安装到检测梁内改变惯性基准研制的 CRH5J-0501 检测列车也上线运行完成检测任务。截至 2019 年，已有 9 列安装 GJ－6 型轨道检测系统的高速综合检测列车全面应用于高铁联调联试及日常周期性检测中。

2. 接触网检测

铁路接触网检测主要是对接触网的几何参数、弓网动态作用参数及电气参数进行动态检测。检测项目主要包括：弓网接触压力，硬点，拉出值，一跨内接触线高差，接触线高度，定位器坡度，车顶加速度，接触线磨耗，接触网电压、电流，离线燃弧，受电弓运行环境监视等。以下对主要检测参数进行简要介绍。

拉出值定义为接触线和受电弓滑板接触点相对于受电弓中心线的横向偏移量。拉出值呈之字形以确保滑板接触区的磨耗尽可能均匀，且其值不能超过最大允许值。接触线高度(导高)定义为接触线底面到轨顶连线的垂直距离。接触线高度应尽可能保持一个常量以确保良好的弓网关系。图 2.9 为拉出值、导高示意图。

弓网接触压力为受电弓施加于接触线垂直方向上的力。为确保弓网间的可靠受流，受电弓与接触线之间要有一定的接触压力，但若接触网与受电弓间作用力过大，会导致磨耗剧烈增加，缩短弓网的使用寿命；反之，若接触网与受电弓之间的作用力不够，则会导致离线，引起燃弧，烧损接触线。最佳的弓网关系为接触力应连续且尽可能为一个常量。图 1.10 为弓网接触压力示意图。

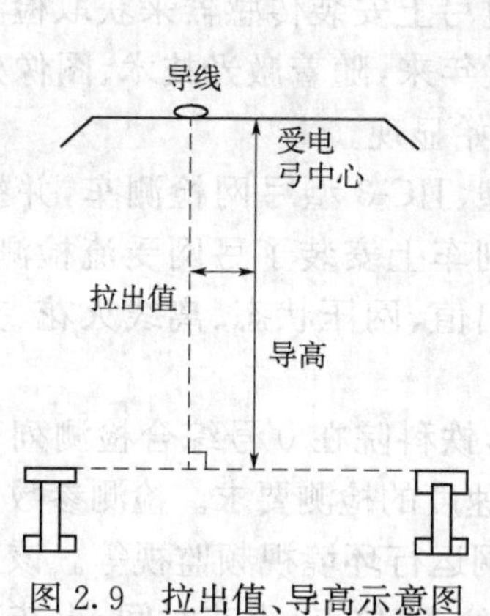

图 2.9　拉出值、导高示意图

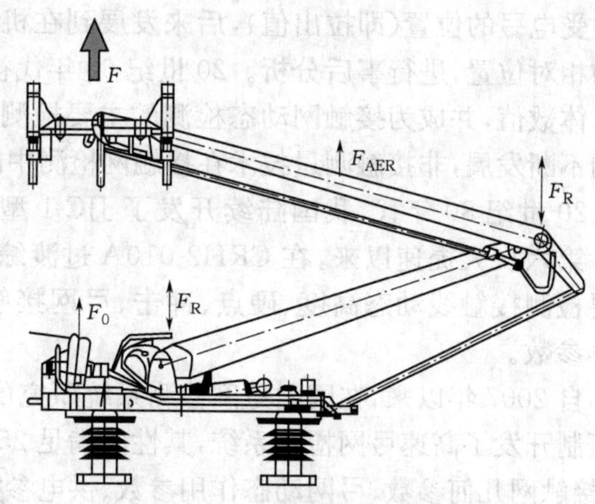

图 2.10　弓网接触压力示意图

硬点是指接触线地面不平顺或接触线铅垂弹性突变的点。通常用受电弓滑板滑行时垂直方向上加速度的最大值来表示。硬点的存在会对受电弓造成冲击，甚至产生离线，影响受流质量及弓网寿命。

定位器坡度定义为定位器连线的延长线相对于两钢轨轨面的斜度。定位器坡度过小，会造成受电弓与定位器的碰撞，引起弓网事故；定位器坡度过大，会形成硬点、V 形接触线等，影响弓网受流质量，如图 2.11 所示。

离线燃弧是指受电弓滑板机械脱离接触线而产生的电火花，通常通过所发出的强光来表示。接触线和受电弓滑板间产生的燃弧可以反映接触网受流的性能。采用安装于检测车上的燃弧监视设备检测，并测量燃弧持续时间。图 2.12 为燃弧检测超限视频截图。

图 2.11　定位器坡度超限

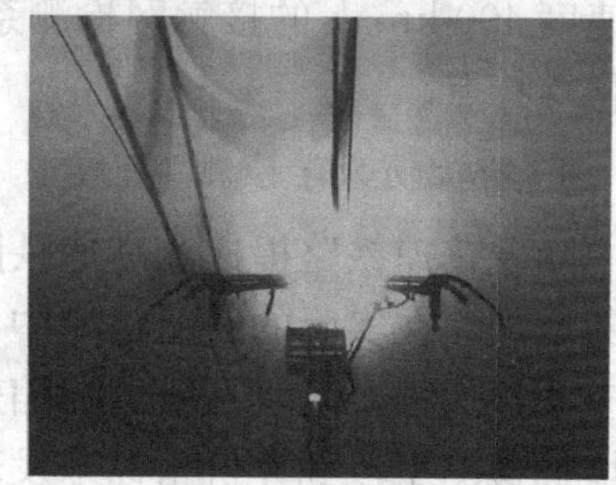
图 2.12　燃弧检测超限视频截图

接触网电压定义为接触线与车辆行走钢轨之间的电压值。为使线路上的列车能正常运行，接触网电压需维持一定的幅值与频率，但允许在一定的范围内波动。采用安装于检测列车测量受电弓处的电压测量设备不仅可以测量接触网电压，还可以记录由于离线引起的电压突降。这也是一种反映弓网相互作用质量的方法。

受电弓处的电流定义为经受电弓流入动车组主变压器的电流。通过安装于检测车受流受电弓上的检测系统可以精确测量和记录电流的变化趋势。

我国的接触网检测技术经历了人工观察、光学摄像人工分析、传感器动态检测、数字图像自动处理等发展过程。最初只是通过在机车顶部开一个“天窗”用于工作人员观察接触线相对受电弓的位置(即拉出值),后来发展到在机车顶部安装摄像机动态拍摄接触线与受电弓的相对位置,进行事后分析。20 世纪 60 年代初,在受电弓上安装传感器来获取检测参数的具体数值,并成为接触网动态检测的主要检测手段。近年来,随着激光技术、图像处理技术的不断发展,非接触测量技术在接触网检测中的优点开始显现。

20 世纪 80 年代,我国陆续开发了 JJC-1 型、JJC-2 型、JJC-3 型弓网检测车,并投入应用。第六次大提速以来,在 CRH2-010A 过渡综合检测列车上安装了弓网受流检测装置,主要检测接触线动态高度、硬点、冲击、弓网接触力、拉出值、网压状态、离线火花、支柱定位等参数。

自 2007 年以来,在国内弓网检测系统研究的基础上,铁科院在 0 号综合检测列车上成功研制开发了高速弓网检测系统,其性能满足 250 km/h 速度的检测要求。检测参数主要包括:接触网几何参数、弓网动态作用参数、供电参数、接触网运行环境视频监视等。该系统检测项目齐全,检测精度高,已达到世界先进水平,其中,线岔、定位点、火花时间、火花次数及接触线抬升量等参数的检测具有独到性。接触网动态检测数据实时处理系统具有处理 300 km/h以上检测速度的能力,能实时完成波形显示、数据存储、数据处理、超限判断与专家诊断,并对检测结果进行修正,可以有效消除车体振动的影响。

2008 年,铁科院自主研发的弓网受流检测系统,在京津城际高铁联调联试时,最高试验速度达到了 390 km/h,检测系统运行正常;上海铁路局科研所研制的接触网几何参数非接触式检测设备在最高 160 km/h 的速度下应用良好,但更高速度的检测设备在国内还没有成熟的产品。

2009 年,以铁科院为首的国内科研单位,开展了国家高技术研究发展计划(863 计划)"最高试验速度 400 km/h 高速检测列车关键技术研究与装备研制"研究,成功研制了最高运行速度 400 km/h 的接触网检测系统。该系统具有检测项目齐全、检测精度高、数据分析智能化等特点。

3. 轮轨动力学检测

随着普速铁路提速和高速铁路的开通,我国列车运行速度达到 200 km/h 及以上的线路不断增加。在实际的线路检测中,发现车辆高速运行对轨道短波不平顺和长波不平顺激励反应明显加强,加速设备老化,缩短设备寿命,严重的还能引发晃车现象。在轨道维护中,需要增加检测手段和评价指标来发现影响行车安全性和舒适性的问题。研究多车辆(头车、尾车和中间车)三断面(轴箱、转向架构架、车体)加速度同步测量方法和车辆动态响应评价方法、分析模型,研究高速检测列车运行加速度动态响应指标,识别轨道缺陷,辅助评价轨道状态。

车辆动态响应主要检测高速列车轴箱、构架和车体三级单元的振动情况。由于轴箱、构架和车体振动特性差异很大,需要采用不同频响特性和精度的加速度传感器,才能准确测量部件的振动状态。另外,系统的测点多,而且分布在列车的不同位置,距离最远达到 200 m,需要构建多通道分布式网络化数据采集装置,才能满足实际应用要求。

随着自动测试技术与计算机网络技术日益紧密的结合,网络技术推动远程、分布式、网络化的测试仪器和系统迅速发展,分布式网络化测试系统成为现代测试技术发展的趋势。分布式网络化测试技术是一项需求非常广的综合技术,广泛应用于军事、航天、石油化工、智能建筑、城市基础设施、气象环境等领域，在铁路上的应用也很广泛，如铁路桥梁的振动监测、铁路线路的状况监测、整列列车运行中的应力监测等。

车辆高速运行中，轨道不平顺激起轴箱、构架和车体各单元振动，各种轨道不平顺引起的车辆振动特性不同。为了研究车辆对轨道不平顺的动态响应，找出轨道不平顺激励规律，以分析评价轨道不平顺状态，更好地辅助评价线路质量。基于分布式网络化测试技术，用计算机远程控制分布在不同地点的测试设备同步工作，并通过网络传输数据和同步信息。因测量数据量大、测点分散及测试的实时性、可靠性以及远距离协同操作的要求，分布式网络化测试系统从体系结构、数据传输、数据处理、人机接口到系统的综合性能已不同于传统的测试系统。

在综合检测列车的头车、尾车和中间车分别布置轴箱、构架、车体加速度传感器，检测中心车布置了远程控制计算机，用来控制分布在上述三个断面的加速度信号同步采集，通过网络传输数据，同时，按照空间里程位置同步输出波形，按照评价分析模型进行数据处理及统计，检测断面可扩展。

4. 通信检测

通信检测系统主要检测列车与地面列车控制中心之间进行通信的无线网络的运用质量。检测项目包括无线场强覆盖、话音通信服务质量和电路域(circuit switched data，CSD)服务质量三大类。不同速度等级线路所采用的无线通信网络及其应用各有不同，因此检测项目及内容也不尽相同。我国 160 km/h 以下的普速铁路线路上，车地无线通信采用 450 MHz的无线通信网络，主要用于运行列车与地面调度台之间的通信，检测项目为无线场强覆盖和调度命令测试；200～250 km/h 高速铁路线路上，车地无线通信采用 GSM-R (global system for mobile communications railway)无线通信网络，主要用于运行列车与地面调度台之间的通信及手持移动终端的无线通信，检测项目为无线场强覆盖和话音通信服务质量；300～350 km/h高速铁路线上，车地无线通信采用 GSM-R 无线通信网络，主要用于运行列车与地面列车控制中心之间的列车控制信息传输，同时用于列车与地面调度台之间的通信及手持移动终端的无线通信，检测项目为无线场强覆盖、话音通信服务质量和 CSD 服务质量。

无线场强覆盖测试主要测试无线网络是否满足线路无线覆盖的要求。对于 450 MHz 的无线场强覆盖，是指在满足机车电台接收机输出端电压信噪比不低于 20 dB 的条件下，按照 95%的地点、时间概率统计，测量接收机天线输入端的最小接收电平。两相邻车站电台的场强覆盖应不小于两相邻电台之间距离的二分之一，且至少有 500 m 的重叠区，覆盖范围内的最小接收电平不低于 0 dB(μ)(非电气化铁路)、6dB(μ)(电气化铁路)，如图 2.13(a)所示。GSM-R 系统的场强覆盖，是在满足系统规定的载干比[载波功率(Carrier)与干扰总功率(Interference)的比值，C/I]和系统服务质量(QoS)的条件下，按 95%的地点、时间概率统计，测量接收机天线输入端的最小接收电平。对于 200～250 km/h 高速铁路线路，一般采用单网非交织 GSM-R 无线网络，单个基站无线信号要求覆盖至相邻基站处，且在有效覆盖范围内，无线场强信号不低于－98 dB(m)，如图 2.13(b)所示。对于 300～350 km/h 高速铁路，一般采用单网交织冗余 GSM-R 无线网络，单个基站无线信号要求覆盖至相邻第二个基站处，且在有效覆盖范围内，无线场强信号不低于－92 dB(m)，如图 2.13(c)所示。

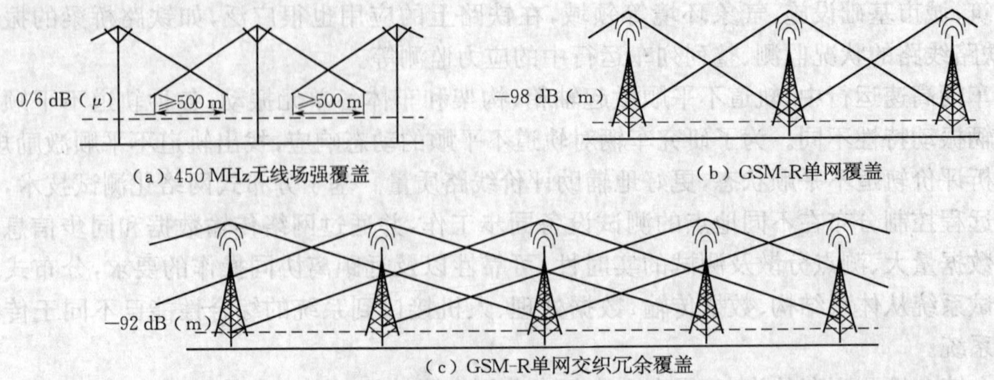

（a）450 MHz无线场强覆盖　（b）GSM-R单网覆盖

（c）GSM-R单网交织冗余覆盖

图 2.13　无线场强覆盖测试

调度命令是铁路行车指挥的重要手段。调度员发出的行车命令由车站设备通过无线网络发送到机车综合通信设备上。调度命令的检测是要检验调度台的发送、地面传输、车站转发和机车通信终端接收等几个环节的工作特性。

话音通信服务质量测试主要测试 GSM-R 无线网络是否能够满足话音通信需求，测试内容包括：移动终端至固定终端/移动终端连接建立时间、连接建立成功率，移动终端与固定终端通信保持过程中的话音质量、小区切换成功率、切换时延和掉话率等。

CSD 服务质量测试通过模拟列控用户通信应用过程，测试 GSM-R 无线网络是否能够满足车地间列车控制信息的传输需求，测试内容包括：数据传输时延、连接建立时延、连接建立成功率和干扰率。

另外，GSM-R 无线网络容易受到网内、网外无线信号的干扰，导致通信质量恶化，甚至引起高铁列车车地通信中断的现象，因此无线干扰的检测和处理已成为 GSM-R 网络维护部门的一项重要任务。频谱扫描测试是干扰检测的基本项目之一，用于查找 GSM-R 网络外部干扰。将频谱分析仪扫描频段设置为 GSM-R 网络应用频段 885～889 MHz（上行）和 930～934 MHz（下行），扫描周期为 100 ms，分辨带宽为 30 kHz，采用峰值检波，使用最大峰值保持的显示模式记录频谱扫描范围内接收电平的最大值，可以直观地反映 GSM-R 频段内的干扰分布和干扰强度。频谱扫描测试的前提是关闭沿线 GSM-R 基站。在不关闭 GSM-R 基站的条件下，可以利用测试手机解码得到的 RxQual、C/I、公网 GSM 使用的跳频序列。通过统计被测区段的 RxQual 和 C/I 分布，结合 GSM-R 无线网络覆盖状况来判断其是否受到干扰。解析公网 GSM 信令得到的跳频序列可以作为查找 GSM 系统干扰的依据。

新中国成立初期，铁路通信建设大力发展架空明线，从 3 路载波发展到 10 路载波，一直到 20 世纪 60 年代末的小同轴 300 路载波，使铁路有线通信得到快速发展，有线通信技术在国内一直走在前列。改革开放后，光纤通信、程控交换、数据数字通信网得到大力发展，ATM、分组交换已覆盖了各个铁路局。

无线通信在 20 世纪 70 年代中期也开始发展，分立元件集成电路的无线通信设备开始使用。初期无线通信的检测主要是人工背负测量接收机和电池，沿铁路线行走，进行无线场强的覆盖测试。

20 世纪 70 年代末，铁路无线通信检测技术也进入发展时期。80 年代初，铁道部克服巴统（巴黎统筹组织）的限制，引进了一些高精度的无线通信检测仪表，如测量接收机、矢量分析仪等，使铁路无线通信检测水平在当时达到国内最先进的水平。国家“七五”计划期间，铁科院配置了第一辆通信检测车 SY97107。使用德国罗德与施瓦茨公司(R&. S公司)的测量接收机，通过配置纸带记录仪和人工打点手段，开始在全路进行移动中连续测试无线场强覆盖。在试验车上通过测量接收机测试无线覆盖，使用纸带记录仪描绘出覆盖曲线，同时，测试人员观察铁路沿线的公里标，每百米在纸带记录仪触发距离标记，然后在图纸上粗略计算中值覆盖概率，测试系统配置如图 2.14 所示。

“七五”计划末期，随着计算机的使用，逐渐开始了场强测试的半自动化研究，1987 年，铁科院研发使用 8 位计算机(80286)进行铁路沿线无线场强的覆盖统计计算，在检测车轴头上安装二极管光电编码器控制，后接整形电路转变为脉冲信号，4 cm 采集一个样本，每百米进行统计。计算机显示统计数值，采用点阵打印机实时打印输出百米统计测试结果。此时由于计算机处理速度慢，只能完成 100 km/h以下的车速测试，测试车速度提高时会发生数据丢失。

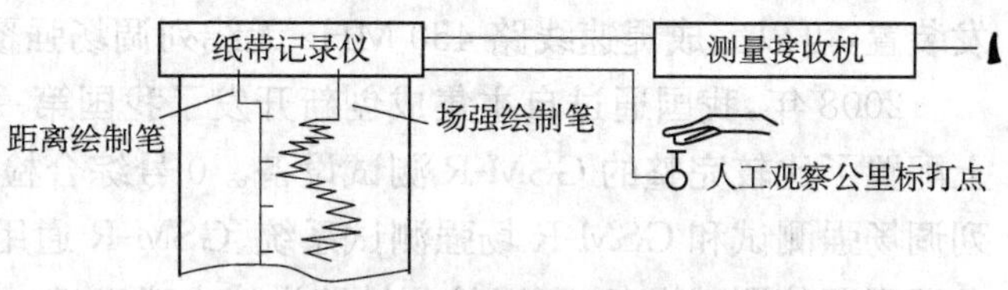

图 2.14 早期的车载场强测试系统组成

1988 年，结合山区组合列车机车同步操控项目的进行，在 SY97109 检测车上装配了无线数据传输测试设备，开始数字无线通信的检测。设备由 900 MHz 无线信道机、数据调制解调器组成，采用多种数字调制方式进行试验分析。在京通线、丰沙线、大秦线、成昆线等山区铁路线进行了同步数据传输试验。在这些测试数据的支撑下，2004 年大秦线引进了美国同步机车操控技术，为铁路重载技术的发展提供了有力的支持。

随着场强自动检测技术的实现，通信系统检测车每年对很多铁路局管内线路的无线列调场强覆盖进行了测试，使管理部门较全面地了解了当时全路的场强覆盖，为铁路无线通信的发展起到了很好的推动作用。场强自动测试系统也推广到一些铁路局的检测车上。

1994 年后，场强测试系统升级到奔腾计算机，可以在计算机上绘出覆盖统计曲线及线路通信设备和地形基本情况。运算速度提高带动测试速度也有很大提高，检测速度可以适应于 140 km/h 的列车运行速度。测试系统采用的计距定位精度达到 2%，并申请了国家专利。由于计算机处理速度提高，有些单片计算机也可以完成检测和统计要求，于是出现了便携方式的测量系统，应用到很多铁路分局的场强维护工作中。

随着检测手段的提高，原铁道部发布了相关的标准和测试规定，各铁路局都逐步配置了场强自动检测系统，定期进行通信检测成为制度。

2000 年后在场强测试系统中逐步使用了 GPS 定位信息和地理信息系统，场强测试和统计处理功能更加完善。由于 GPS 定位技术的采用，无线场强测试可以在任何移动载体上进行，如机车、旅客列车和动车组等，系统检测可靠性得到加强。2002 年，在秦沈客运专线国产动车组上使用 GPS 定位方式的无线场强覆盖测试系统完成了检测任务，检测速度达到 240 km/h。

2003 年，铁道部确立 GSM-R 数字移动通信系统作为铁路通信的发展方向，建设了青藏线、大秦线和胶济线的 GSM-R 通信系统，开始在这些线路进行 GSM-R 服务质量的测试。检测初期主要是引进先进的适合铁路应用的 GSM 通用 QoS 测试系统。2004 年，装备有

GSM 检测手段的检测车在高原铁路青藏线格尔木至不冻泉的试验线路上进行了我国铁路第一次 GSM-R 测试，积累了大量的数据和检测经验。

2005 年，装备有 GSM-R 检测手段的检测车参加了我国第一条客运线路胶济线 GSM-R 试验线的试验，为胶济线 GSM-R 系统的网络优化提供了有力的支持。

2006 年，铁道部在 CRH2 型车的基础上配置了综合检测列车 CRH2A—2010，通信检测系统安装在 2 号车上。通信检测系统包括一台测量接收机和相关采样同步装置以及自动控发装置，可以完成提速线路 450 MHz 无线列调场强覆盖的检测任务。

2008 年，我国通过自主集成创新开发了我国第一列综合检测列车 0 号综合检测列车，车上配置了比较完整的 GSM-R 测试设备。0 号综合检测车通信检测系统包括 450 MHz 无线列调场强测试和 GSM-R 场强测试系统、GSM-R 通用服务质量测试系统、电路域数据检测以及调度通信测试设备，可以检测铁路沿线电磁环境。结合相关标准研究开发了 GSM-R 分组数据通信和列控数据通信的测试设备，测试速度满足 250 km/h 的列车运行速度。

2008 年，为了完成京津城际铁路的联调联试，在 CRH2 型车第 061C 号车上装备了 GSM-R 通信检测系统，可以检测场强覆盖和 GSM-R 系统服务质量，适应运行速度 300 km/h。

2009 年，依托国家 863 项目，进行时速 400 km 检测列车的研究，研制出全新的 400 km/h 高速综合检测列车。此后，通信检测系统可以在 400 km/h 运行环境下检测 GSM-R 通信服务质量，在线检测铁路沿线电磁环境和干扰，并具备综合分析能力，可有效地帮助高速铁路 GSM-R 系统的网络优化，为高速铁路的安全运营提供支持。

5. 信号检测

信号动态检测主要用于发现现场设备存在的故障问题和隐患。信号检测中发现的问题主要包括：轨道电路掉码，轨道电路传输曲线不良，轨道电路邻线、邻区段干扰，50 Hz 干扰，牵引回流不平衡，补偿电容失效，步长不均，应答器报文错误及设备故障以及车载 ATP 相关问题等，见表 2.1。

表 2.1　信号检测中故障类型、故障特点及可能原因

设备名称	故障类型	可能原因	故障特点
轨道电路	调谐区设备故障或机械绝缘节破损	出现邻区段干扰，机车信号及接收设备中，接收到同一行别本区段以外的不正常载频信号	空芯线圈故障，零阻抗端塞钉或端头与钢轨、设备接触不良，调谐单元安装类型错误以及机械绝缘节破损等
	施工、设计及安装中存在问题	出现邻线干扰，机车信号及接收设备中，接收到不同行别本区段以外的不正常载频信号	施工配线图纸错误，电力地线问题，施工没有完全按照设计要求进行
	钢轨对地不平衡	出现 50 Hz 干扰	电力架空安全地线与线路一条钢轨直接相连，单轨接地，扼流或空芯线圈与钢轨连接线其中一端接触不良，线路地锚拉杆(撑杆)对地未加装绝缘或绝缘破损

续上表

设备名称	故障类型	可能原因	故障特点
轨道电路	轨道电路发送单元或室内轨道电路相关设备故障	机车信号无码：接收设备在本区段内瞬间或连续接收不到载频信号或载频信号幅值低于临界值	发送设备故障，室内变压器焊接节点出现脱焊松动、室内隔离盒背板配线问题、联锁机 PIO（programming input/output model）驱采板故障、联锁逻辑不合理等
应答器	应答器报文数据错误	无法收到应答器报文，在组内应答器出现丢失或组件出现链接错误	主要发生在新线开通、大修施工、地面列控中心软件升级或外界电磁干扰
	LEU 与应答器连接或列控中心与 LEU 连接问题	应答器收到默认报文	当收到有源应答器默认报文的报文计数器为 252 时，应检查与 LEU 连接是否存在问题；当收到 LEU 的默认报文的报文计数器为 0 时，应检查与列控中心连接是否存在问题；当收到列控中心的默认报文的报文计数器为 253 时，应检查列控中心是否存在故障
车载 ATP	车载 ATP 运行降级	列车在非正常情况下由 CTCS3 级降为 CTCS2 级且 ATP 报无线超时；列车 ATP 在 RBC 交权点均发生降级	无线通信外网干扰问题，车载单电台问题
	车载 ATP 报级间转换异常	应答器报文对轨道电路信号载频的描述与地面实际轨道电路载频不一致或报文数据与设计不符	运营场景与实际的线路设计不符

我国第一代信号检测设备，始于 1985 第一台电务试验车，受当时条件及水平的限制，只是利用机车信号设备（移频、交流计数）加上一些开关、表头，简单地组成了分散仪表式测试系统。

第二代信号检测设备，利用单板机技术对第一代检测设备进行了改造，把控制开关及表头用单板机管理起来，实现了简单的测试。

第一、二代测试设备只是利用原有的机车信号设备配以分散式仪表完成在试验车上观察机车信号显示的目的。

第三代信号检测设备在 20 世纪 90 年代后，随着单片机技术的迅猛发展，以 51 系列为代表的单片机凭借其强大的功能、方便的使用很快得到了广泛的应用。这也为试验车检测设备的提高拓展了空间。这一时期的信号检测把重点放在了移频参数的测量上，对移频的上下边频及低周的测量和对交流计数的码型长短、间隔大小的测量。

第四代信号检测设备在总结第三代检测设备的基础上，研制的以单片机作为智能管理，以描笔记录仪为核心，能满足四显示检测要求的综合检测系统。该系统突出了描笔记录仪的作用，保留了频率特性的测试，增加了四显示点式信息的测试，当时是国内唯一能对

UM71 轨道电路进行动态测试的设备。

第五代信号检测设备起于 1998 年年初，以计算机、PCI 高速采集卡为基础，以描笔记录仪为基本测试原理，利用现代计算机屏幕的实时刷新，实现了计算机化的“描笔记录仪”功能，完成了测试数据数字化全程存储。其主要特点如下：

(1)以轨道电路传输特性、机车牵引电流干扰为测试重点。

(2)采用专用滤波器芯片，忠实再现原始波形。

(3)引进 GPS 全球定位系统，做到无人值守。

(4)动态组网，规范管理。

第六代检测设备，从充分反映“时域”的传统闭塞制式到法国 UM71 的引进，秦沈客运专线 UM2000 的运用及自主研发的 ZPW-2000A 大量应用，这些全新制式的轨道电路将人们从“时域”时代带到了“频域”时代。第五代检测系统采用专用滤波器芯片完成有关功能，其通用性和可扩展性的问题逐渐被反映出来。加之国产移频的邻线干扰、UM71、ZPW-2000A 的补偿电容丢失等问题，都需要新一代检测系统来解决。其主要特点如下：

(1)解决第五代检测系统的通用性和可扩展性。

(2)解决第五代检测系统“系统运行与数据维护”的矛盾。

(3)全面的检测方式和科学的评判标准。

(4)轨道电路补偿电容的研究。

为适应中国铁路的快速发展，满足新型闭塞制式机车信号测试的需要，1998 年，铁科院立项研究通信信号综合检测车装备方案。根据研究成果，1999 年，铁道部通过外资招标方式引进了通信信号检测车。该车配置了信号检测设备，包括 GPS 卫星定位、移频轨道电路检测、补偿电容检测。

此后，电务试验车在全国干线、支线动态检测及新线联调联试中投入使用，检测设备主要应用在轨道电路检测、应答器设备检测、闭环电码化检测、主体化机车信号检测等工作中。全路各局均配属了电务试验车，并且安装了信号动态检测系统，实现了对普速铁路列控信号设备周期性检测，最高运行速度为 160 km/h，为信号设备维护、维修，保障信号设备始终处于良好的运用状态发挥了重要的作用。

为保障 200～250 km/h 线路列车运行的安全及平稳性，确保提速线路基础设施处于良好的工作状态，利用 CRH2-010A 动车组平台，由铁科院进行系统集成，研制适用于轨道几何状态检测、弓网检测、动力学检测、信号检测、无线场强检测、动应力测试和环境监视的系统，自主集成 200 km/h 过渡综合检测列车。第六次大提速后，对既有提速 200～250 km/h 区段进行每月三次的周期性检测。信号检测系统安装在 1 车和 8 车，可全方位检测或监测车载 ATP、轨道电路传输特性、点式应答器、补偿电容等信息。通过综合分析，对设备运用质量进行统计分析和评定。基于 ATP 车载设备的 CTCS-2 地面数据检测分析系统分别安装在 1 车和 8 车，并与信号检测系统安装在同一个机柜中。动车组运行中，利用检测分析软件通过计算机与 ATP 系统的 DRU Monitor 接口相连，可实时监测 ATP 设备的运行情况。

自京津城际铁路开通运营以来，我国铁路采用综合检测列车进行基础设施安全检测。自主研制的 0 号高速综合检测列车承担了京津城际、武广、郑西、沪宁、京广、京沪等高速铁路和既有提速线路的安全检测任务。高速综合检测列车的开发基于高速动车组技术平台，采用先进的轨道、接触网、通信、信号、轮轨动力学等测试手段，同时运用计算机网络和仿真技术对采集的数据进行综合分析和处理。

0号高速综合检测列车信号检测系统由应答器检测设备、轨道电路检测设备、补偿电容检测设备、ATP信息记录设备、数据处理系统和自诊断系统等组成。具有检测和记录轨道电路信息、补偿电容、不平衡电流及谐波、应答器信息、CTCS-2级ATP工作状态等功能。根据我国高速铁路的特点，信号检测系统主要检测的项目包括轨道电路传输特性及频谱特性、补偿电容、牵引电流及不平衡率、谐波分析、应答器报文信息及位置、CTCS-2级ATP系统运行状态。

CRH380B-0301高速综合检测列车信号检测系统检测项目包括轨道电路检测、补偿电容检测、应答器检测、牵引回流检测、车载ATP运营数据分析、Igsmr(CTCS-3系统与移动终端之间的接口)监测、车载列控运行环境EMC(电磁兼容)检测、车载Um(移动终端与网络之间的接口)无线环境检测。

【典型案例2.1】 2011年8月5日，对某高铁线上行进行检测，在18:51:52时，车载ATP报级间转换失败。由于在18:50:26，司机手动选择了CTCS-2级转CTCS-0级的操作，导致ATP以CTCS-0等级通过等级转换点时，运营场景与实际的线路设计不符，所以车载ATP监测软件根据等级数据进行了分析，给出报警。

【典型案例2.2】 2013年1月14日，某高铁线检测过程中发生车载ATP降级。具体情况为：综合检测列车经过榆林洺河特大桥后，其车载监测系统于21:31:53显示车载ATP与RBC无安全连接，并准备切换至CTCS-2等级，21:32:01产生常用制动，速度由295 km/h降至280 km/h并转至CTCS-2级控车。在本次列车降级的同时间段内，对GSM-R服务质量检测数据进行分析，发现在列车越过邯郸东站以后，载干比和话音质量在450～449 km区间变得很差，话音质量达到7级，载干比接近于0，最终导致掉话，同时，列控数据传输时延测试过程中出现连续数据帧传输错误。

2.2 大型钢轨探伤车技术

本节介绍大型钢轨探伤车的国内外技术发展、超声检测原理、系统结构及功能和检测伤损实例四方面内容。随着技术的进一步发展，大型钢轨探伤车在超声伤损检测上将向更高速化、更智能化、更可靠化发展，检测形式上将补充电磁检测、激光检测、相控阵检测等其他检测形式，并且逐步由单一的伤损检测向综合检测和综合分析发展。

2.2.1 概况

1. 国外钢轨探伤车技术发展

大型钢轨探伤车在发达国家早已替代人工探伤设备，成为检测在役钢轨伤损的主要手段。由于超声波在钢轨中传播的特点——对检测钢轨疲劳裂纹和其他内部缺陷具有灵敏度高、检测速度快、定位准确等优点，目前国内外的探伤车都采用了超声波探伤技术。探伤运行速度一般为25～50 km/h。在信号处理方面，均广泛采用了计算机技术，部分国家的生产厂还应用了伤损类型识别技术。各国探伤车的技术水平及应用状况各有特点。

国外铁路受国情、铁路运输状态的影响和检测技术的制约，探伤车的检测速度均大大低于铁路的正常运输速度。在美国仅少量探伤车检测速度可达到 40 km/h，多数探伤车检测速度为 15～20 km/h；而实际作业时，多数铁路公司或探伤服务采用停顿式作业，平均探测速度更低，只能采用线路封锁、开“天窗”的作业方式，对铁路运输影响较大。欧洲铁路运行速度较快，但探伤车的检测速度一般也不超过 40 km/h。尽管这些发达国家的铁路广泛使用探伤车作为钢轨内部伤损的检测工具，但各国对高速探伤车的投入及关切程度远不如我国。据有关资料显示，仅英国和以色列等少数国家正在开展高速探伤车方面的技术研究，但实际投入使用探伤车的速度并不很高。

(1)北美铁路

由于北美地区冬季气温较低，铁路运输以货运为主，有大量有缝线路，因此北美地区的探伤车均采用轮式超声波传感器。北美地区探伤车的车体主要采用公铁两用车，轮式传感器的支撑伺服系统采用小车形式，悬挂在车下或尾部，不检测时收起小车，车辆可以在公路上正常行驶。系统检测速度为 25～40 km/h，绝大多数探伤车采取停顿式检测方式，实际检测速度为 10 km/h 左右，单车年均检测里程约为 2 000 km。

(2)欧洲铁路

瑞士 SPENO 公司承担的欧洲探伤车采用滑靴式超声波传感器，一般检测速度为 40 km/h，标称最高检测速度可达 90 km/h。探伤车车体采用自带动力的铁路标准车辆，车体腹部安装独立可收放的检测小车。

英国 EURAILSCOUT 公司承担的欧洲探伤车采用滑靴式传感器，标称检测速度可达 100 km/h。探伤车车体采用自带动力的铁路标准车辆。该公司新研发的 UST2 型探伤车将传感器安装在非动力转向架的两轴中间。

美国 SPERRY 公司承担的欧洲探伤车先采用滑靴式传感器，后来逐渐过渡到轮式传感器，检测速度达到 80 km/h。探伤车车体采用自带动力的铁路标准车辆，并采用转向架安装方式。

(3)日本铁路

日本探伤车车体采用自带动力的铁路标准车辆，具有探伤和轨形测量(测定磨耗等)双重功能。日本自产的探伤车采用滑靴式传感器，检测速度达到 40 km/h。自澳大利亚进口的探伤车采用轮式传感器，最高检测速度为 33 km/h。单车年均检测里程约 5 000 km。

(4)其他国家和地区

俄罗斯及东欧地区主要采用超声波及电磁感应方式进行钢轨探伤。大型探伤设备有电磁感应探伤车、大型超声波探伤车，标称检测速度为 70 km/h，实际检测时，速度要低一些。

澳大利亚探伤车采用轮式及滑靴式，检测速度为 25～40 km/h，单车年检测里程为 2 000～3 000 km。

以色列 SANMASTER 公司生产的 SFB-100 型探伤车检测速度为 70 km/h，采用滑靴式超声波传感器，并采用变轨距小车模式。

2. 我国钢轨探伤车技术发展

钢轨探伤车是我国铁路安全保证体系的重要一环，用于检测钢轨的内部缺陷，保证铁路的行车安全，具有检测速度快、可靠性高、重复性好等优点。我国从 1989 年开始运用速度为 40 km/h 的钢轨探伤车，使用 SYS-1000 型超声波自动检测系统。自 2000 年以来，探伤车在我国铁路的应用日益成熟，检测效果和检测里程逐年上升。2014 年，钢轨探伤检测完成总里程 544 255 km，钢轨探伤检测报告三级伤损 1 440 处，复核确认 692 处，二级伤损 8 428 处，复核确认 5 292 处，一级伤损 11 817 处，复核确认 3 871 处。探伤车运用效率大大超过欧美铁路，已经成为检测钢轨伤损、保障铁路运输安全的重要手段。

我国钢轨探伤车的发展经历了 GTC-40 型、GTC-60 型、GTC-80 型，其中 GTC-40 型探伤车的检测速度为 40 km/h，GTC-60 型探伤车的检测速度为 60 km/h，GTC-40 型和 GTC-60 型探伤车仅具有超声检测功能，采用探伤小车的安装方式。GTC-80 型钢轨探伤车应用了新的车辆系统，配备有超声波探伤检测系统、轨道巡检系统和钢轨轮廓检测系统，最高检测速度达到 80 km/h，采用转向架的安装方式，可以对钢轨内部伤损、钢轨表面擦伤、扣件缺陷、钢轨垂直磨耗、钢轨廓形等进行在线检测。

近几年，我国正在进行全新一代探伤车技术的自主化开发，设计检测速度超过 80 km/h。

2.2.2 检测原理

1. 超声波探伤技术原理

超声波检测方法分为脉冲反射法、脉冲透射法、共振法等几种，但在实际的探伤过程中，脉冲反射法的应用最为广泛。一般在均匀的材料中，缺陷的存在将造成材料的不连续，这种不连续往往又造成声阻抗的不一致。由反射定理可知，超声波在两种不同声阻抗介质的交界面上将会发生反射，反射回来能量的大小与交界面两边介质声阻抗的差异和交界面的取向、大小有关。脉冲反射式超声波探伤仪就是根据这个原理设计的。

如图 2.15 所示，探头放置在探测面上，电脉冲激励的超声脉冲进入钢轨。当钢轨中无缺陷时，接收波形如图 2.15(a)所示，屏上只有始波 T 和底波 B；当有小于声束截面的缺陷时，有缺陷波 F 出现。F 波在时基轴上的位置取决于缺陷声程 L_f，由此可确定缺陷在试件中的位置。缺陷回波的高度取决于缺陷的反射面积和方向角的大小，借此可评价缺陷的当量大小。由于缺陷使部分声能反射，底波高度下降，如图 2.15(b)所示，当有大于声束截面的大缺陷时，全部声能将被缺陷反射，届时将仅有始波和大的缺陷波出现在屏上，可以利用始波、缺陷波、底波之间的距离关系对缺陷进行精确定位。

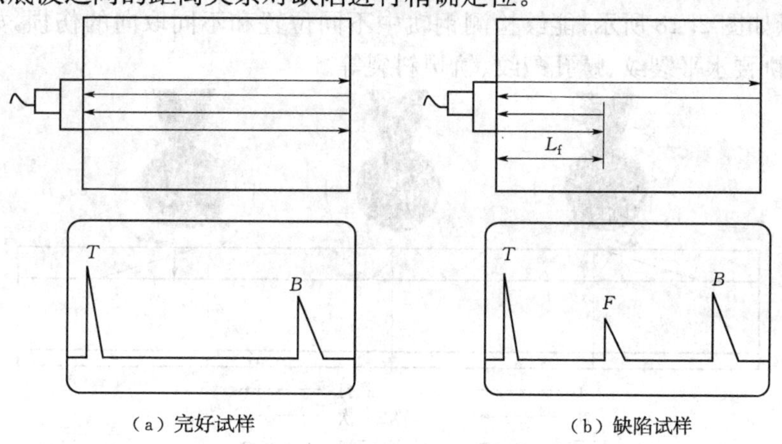

(a) 完好试样　　(b) 缺陷试样

图 2.15　超声波探伤原理

2. 钢轨超声波探伤技术原理

(1)超声发射、接收及其含义

我国的探伤车超声检测系统均采用轮式结构,这里以轮式超声探伤系统为例进行介绍。探轮外包橡胶外膜,内充耦合液,A 型探轮中有六个超声换能器(简称"探头"),B 型探轮中有三个超声探头。探头受高电压激发发出超声波,并通过探轮耦合液进入钢轨,之后再监听自钢轨返回的回波信号,同时系统向钢轨表面喷水,以便超声波能量可耦合至钢轨中(因为超声波即使是很薄的空气间隙也不能通过)。

当探头发射超声信号后,超声回波显示在示波器的屏幕上,系统测量计算回波的时间(脉冲距离)和能量(脉冲幅度),用来判别钢轨内是否存在伤损。在示波器上,时间用横轴显示,幅度用纵轴显示,如图 2.16 所示,对应表示的含义如图 2.17 所示。图 2.16 中显示的第三个超声脉冲就是图 2.17 中钢轨轨腰处的伤损回波。

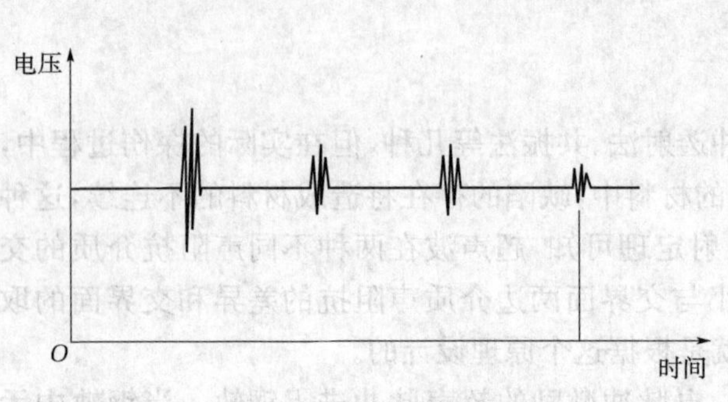

图 2.16　示波器显示

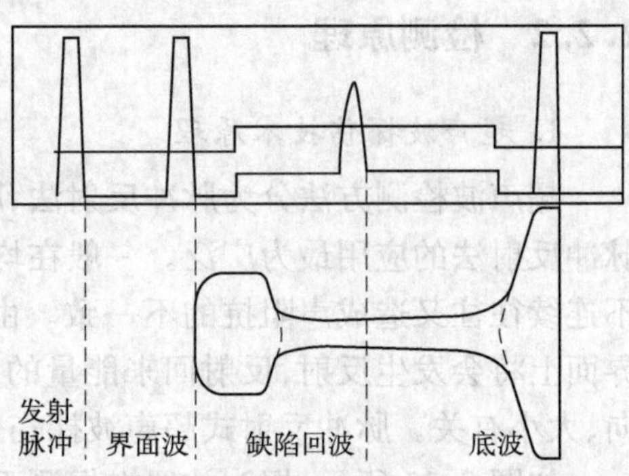

图 2.17　钢轨上各部分的超声回波和在示波器上的显示

(2)钢轨探伤车超声检测原理

系统配备四个 A 型探轮和两个 B 型探轮,即每股钢轨两个 A 型探轮和一个 B 型探轮,对称安装在转向架探轮支持机构上。A 型探轮内配有六个探头,即 0°、37.5°、70°三探头阵列及侧打探头;B 型探轮内配有两个偏斜 70°的探头(简称 XF)和一个 0°探头。每股钢轨上的探轮安装布置如图 2.18 所示,能够检测钢轨中不同位置和不同取向的伤损,如钢轨轨头横向裂纹、轨头轨腰水平裂纹、螺孔裂纹、轨腰斜裂等。

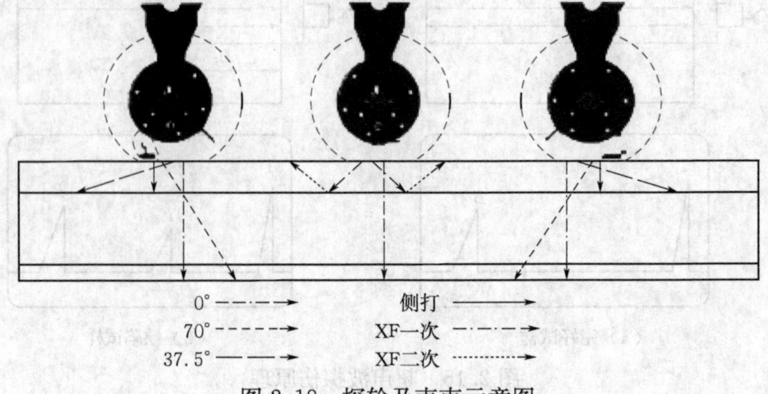

图 2.18　探轮及声束示意图

当探头中的超声压电晶片(简称"晶片")受到系统发出的超声发射信号(即"高电压脉冲")激励之后,会按照自身固有的振动频率振动,如 2.25 MHz。超声在钢轨中传播,一旦钢轨中存在缺陷或空洞,部分超声波能量将被反射回来,反射回来的能量被晶片接收后即为回波。各种不同的超声探头得到的回波在超声换能器中转化成电信号,再经过模拟处理、数字处理、空间转换、伤损识别,最终在显示控制计算机上以 B 型图显示出来,完成钢轨不同部位、不同形态伤损的检测过程。超声检测系统的控制及超声数据处理流程如图 2.19 所示。

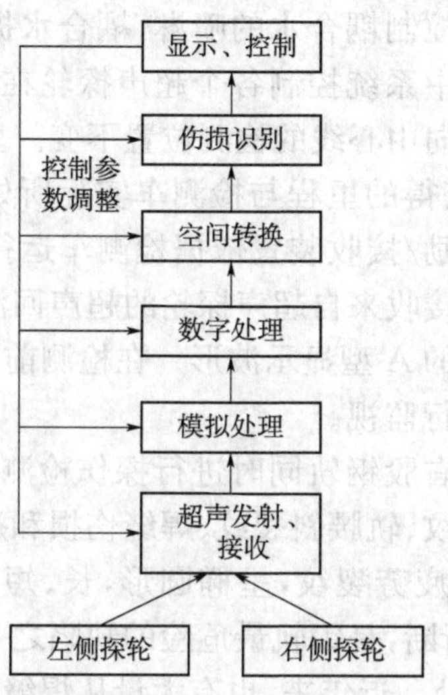

图 2.19　伤损数据处理及参数调整控制示意图

2.2.3　系统总体结构及功能

超声检测系统是典型的传感器—检测系统—控制计算机结构,其系统结构如图 2.20 所示,主要由控制计算机及其附件、机柜系统、超声探轮、耦合水系统、自动对中系统、编码器等组成。

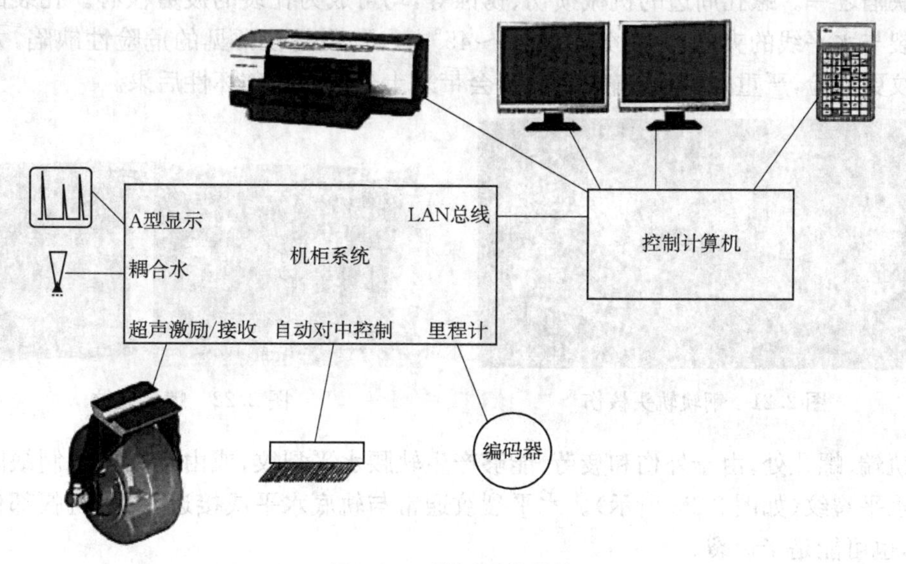

图 2.20　检测系统结构

控制计算机提供超声检测系统的人机交互界面，其附件包括里程矫正键盘、双显示器、打印机等。里程矫正键盘安装在司机室，采用人工对标的方式对检测里程进行矫正；双显示器中的一个显示器用来显示超声检测控制界面，对超声检测过程中各个超声闸门的闸门延迟、闸门增益、闸门阈值进行设置，另一个显示器用来实时动态地显示检测得到的B型显示结果。

机柜系统包括耦合水控制系统、自动对中控制系统、里程计、超声激励/接收装置、A型显示装置等。耦合水控制系统控制耦合水的喷淋，耦合水提供超声波从超声探轮外表面至钢轨表面的耦合通道。自动对中系统控制各个超声探轮在钢轨上的位置，确保检测过程中各个超声通道中心相对钢轨纵向中心线的检测位置不变。里程计通过装在车轮上的编码器自动获得检测车的里程，自动获得的里程与检测车实际所处地标位置不一致时可以通过里程矫正键盘进行矫正。超声激励/接收装置依据检测车运行速度调整超声脉冲的重复发射频率，并产生超声波激励信号，接收来自超声探轮的超声回波信号。A型显示装置用来实时动态观察各个通道超显示声波的A型显示波形。在检测前调整各个探轮状态时也可以通过A型显示对探轮的对中状态进行监视。

大型钢轨探伤车能够对左右股钢轨同时进行探伤检测，能够检测的钢轨伤损有钢轨轨头核伤、螺孔裂纹、轨腰水平裂纹、轨腰斜裂纹、焊缝伤损和疲劳伤损等。

钢轨轨头核伤是轨头横向疲劳裂纹，呈椭圆形，长、短轴之比约为3∶2(如图2.21所示)。核伤可导致钢轨的横向折断，是钢轨最危险的缺陷之一。核伤疲劳源一般位于距踏面8～12 mm、距内侧5～10 mm处。近年来，也有大量从焊缝或擦伤处产生的位于轨头中部的核伤；在一些复用轨上，甚至出现了轨头外侧核伤。核伤方向与轨头侧面近乎垂直，与踏面多呈10°～25°夹角(单行线上)或近乎垂直(复行线上)。核伤在未发展到外表面时肉眼不可见，称为“白核”；已扩展到外表面时，因氧化变为黑色，称为“黑核”。

螺孔裂纹是从螺孔周边开裂发展而成的疲劳缺陷(如图2.22所示)，在有缝线路上是最常见的缺陷之一。螺孔周边的机械损伤、锈蚀等，均可成为孔裂的疲劳核心。孔裂的倾角为α，即孔裂与水平线的夹角，一般分布在0°～45°内。孔裂是较常见的危险性缺陷，尤其是第一孔裂纹更危险，严重时可导致轨端揭盖，会带来十分严重的破坏性后果。

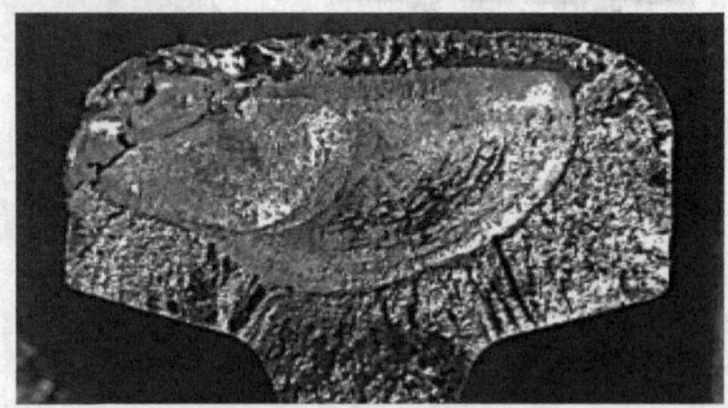

图2.21　钢轨轨头核伤

图2.22　螺孔裂纹

在轨端、螺孔处，由于外伤和疲劳，能够产生轨腰水平裂纹，或由于钢厂轧制缺陷也能产生轨腰水平裂纹(如图2.23所示)。水平裂纹通常与轨底水平或接近水平，轨腰部位可能完全裂通，也可能是半边裂。

钢轨焊缝伤损不仅数量多，而且探测劳动强度大，因此在探测技术上还存在较大难度。

焊缝中的缺陷和各种轮廓反射面都集中在一个很小的区域内，反射波相互干扰，不易分辨，很容易造成误判。焊缝中的许多缺陷，如光斑和灰斑等，反射很弱，探测十分困难，很容易造成漏检。焊缝类伤损可以继续发展成疲劳伤损，如轨头核伤、轨腰斜裂纹等(如图 2.24 所示)。

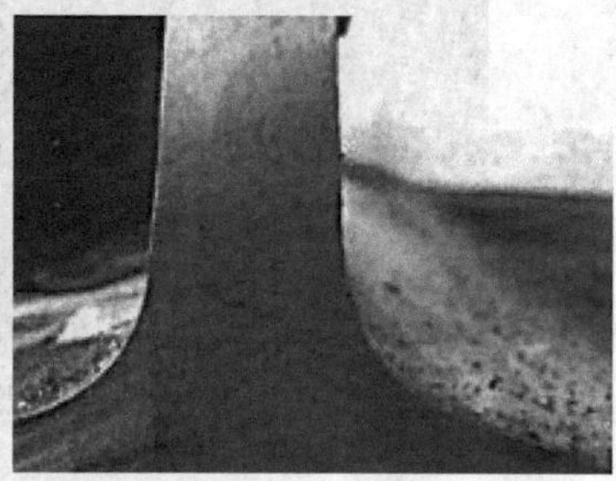

图 2.23　轨腰水平裂纹

图 2.24　钢轨焊缝伤损

2.2.4　应用实例

1. 焊接夹杂焊缝伤损

某车站道岔一处 C70°在伤损区域形成较短连续伤损反射，报告为一级报警，复核确认此处在距离轨面 11.2 mm 处有约 2 mm 夹杂，判定为轻伤，现场照片如图 2.25 所示。

图 2.25　现场复核照片

2. 焊接表面缩孔焊缝伤损

某道岔岔心处焊缝 F70°连续反射形成有效伤损走势，判定为一级伤损，经复核确认轨头外侧距轨面下 10 mm 处，铝热焊缝中心有一道长 15 mm、宽 1 mm 的垂直凹痕，现场实物图如图 2.26 所示。

3. 钢轨轨头横向裂纹

探伤车检测出位于某线路的轨头核伤，十天后断轨，断轨时核伤尺寸约为 25 mm×30 mm。探伤车 GC70°有效检测，C70°有八点反射，G70°有四点反射。从伤损分级上看，该伤损为在应出伤损的位置有多通道伤损波的反射报警，并且确认不是干扰波和特殊钢轨内部形态形成的非伤损波，可以判定为三级报警，现场照片如图 2.27 所示。

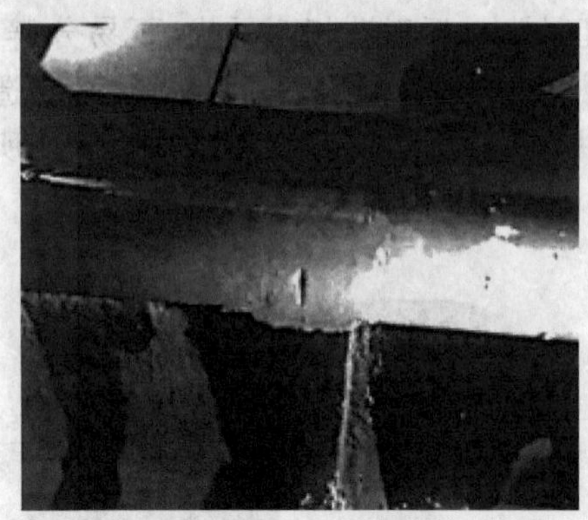

图 2.26　现场实物图

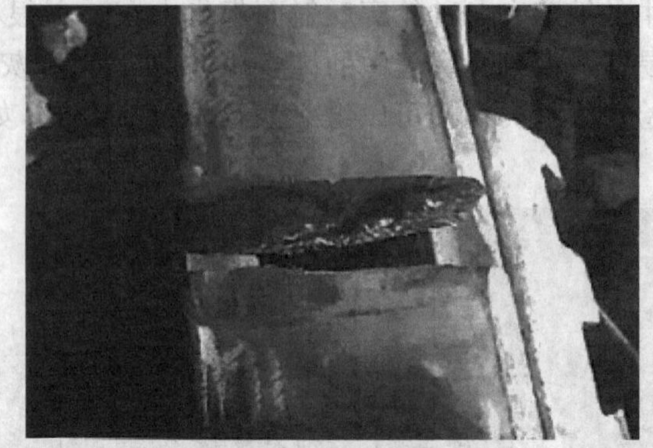

图 2.27　轨头核伤断轨时的照片（检测时没有这么大）

2.3 隧道及限界检测技术

2.3.1　隧道状态检测技术

1. 隧道状态检测常用方法

我国各时期分别建设了数目众多、技术标准不同、衬砌材料各异、施工方法不一的铁路隧道，其复杂多变的地质条件世界少有。隧道的建设与维护离不开检测，各种各样的检查、检测方法随着铁路隧道建设的发展逐步得到应用。表 2.2 归纳了隧道衬砌（含隧底）检测采用的常规方法。

表 2.2　隧道检测项目及常用方法

<table>
<tr><th>检测部位</th><th>检查/检测项目</th><th>手段</th><th>方法</th></tr>
<tr><td rowspan="2">衬砌表面</td><td rowspan="2">衬砌裂缝，衬砌渗、漏水，衬砌腐蚀，衬砌压溃，衬砌剥落</td><td>目视</td><td>目视观察
裂缝检测仪</td></tr>
<tr><td>摄像</td><td>CCD 摄像
红外摄像
激光摄像</td></tr>
<tr><td>衬砌结构构造</td><td>厚度、混凝土强度、混凝土蜂窝、钢筋及钢拱架</td><td rowspan="3">无损检测</td><td rowspan="3">地质雷达法
声波法
瞬变电磁法
超声回弹综合法
瑞雷波法
高密度电法
地震映像法
地震负视速法
红外线探测
多频电磁法</td></tr>
<tr><td>衬砌背后</td><td>空洞、回填不密实、支护</td></tr>
<tr><td>衬砌地质环境</td><td>围岩等级，围岩松动、破碎或断裂，含水情况</td></tr>
</table>

续上表

检测部位	检查/检测项目	手段	方法
隧底	道床厚度、道床充泥充水、仰拱或底板裂损、与围岩连接状态、岩溶陷穴	破坏性检查	钻探、挖掘

在表 2.2 所列方法中，地质雷达法、超声回弹综合法等无损检测技术已广泛应用于隧道超前地质预报、施工质量控制和竣工验收等铁路建设过程中，但在运营隧道状态评定中只有局部、个别应用。发达国家的运营隧道衬砌检测（采用表面成像进行衬砌表面检测，采用地质雷达进行衬砌和隧底检测）已得到了普遍应用。

2. *隧道衬砌表面成像检测技术*

表面成像技术利用 CCD 摄像、红外摄像或激光摄像技术取代目视观察，获得隧道衬砌表面图像，然后利用图像处理软件对衬砌表面裂缝等病害进行识别。国外较成熟的衬砌表面成像系统有瑞士 Amberg 公司的隧道表面激光成像系统、日本隧道衬砌表面摄影车、韩国隧道裂缝检测车。

(1)瑞士隧道表面激光成像系统

瑞士相关公司在 2003 年开发出激光隧道衬砌结构表面成像检测仪，现命名为 LSRIS 系统，如图 2.28 所示。LSRIS 采用了高速旋转的激光发射装置，可以对隧道限界信息和表面图像进行连续采集。与 LSRIS 配套的智能隧道表面图像处理软件系统 Tunnel Map，用于对隧道表面的各种病害进行管理和量化统计。

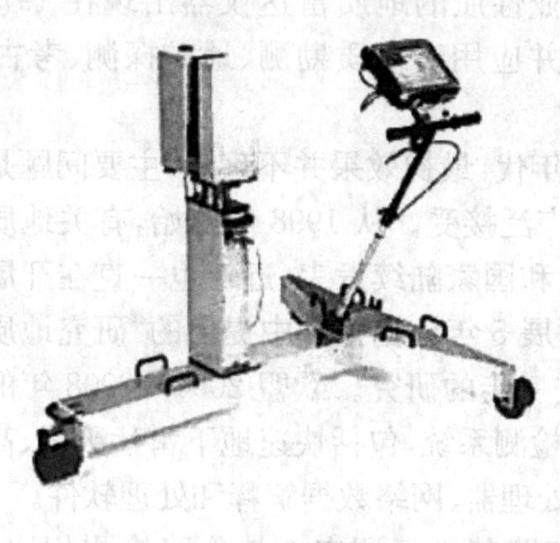
(a) 硬件组成

(b) 扫面原理示意

图 2.28　LSRIS 示意图

LSRIS 系统主要硬件由以下几部分组成：①轨道测量车，用于里程、轨距、高低、弯道外侧超高以及定位测量。②超高速相位式激光扫描仪，每秒可扫描高达五十万个点，对于每一个已测点，该设备都可产生三维坐标和反射率信息。在激光扫描仪转速达 50 Hz，扫描分辨率为 5 mm×5 mm 的情况下，连续测量走行速度为 0.9 km/h，可识别 0.3 mm 以上的裂缝；扫描分辨率为 2 cm×2 cm 的情况下，连续测量走行速度为 3.6 km/h，可以识别 1.5 mm 的裂缝。③高可靠性的笔记本电脑，该系统采用激光扫描获得隧道衬砌表面图像，分辨率优于 600 万像素的数码相机，可以直观识别衬砌表面缺陷、设施及结构特征。

Tunnel Map 是数字化的隧道表面病害采集和评价系统，借助该软件，可以很容易由隧道表面图像，通过人工判识，将表面病害矢量化并将病害信息存入数据库，并进行统计分析。隧道表面图像既可通过 LSRIS 获得，也可通过其他摄像方式获得。Tunnel Map 系统采用模块式设计技术，包括隧道管理、数据采集、统计分析和 DXF 报告等四个主要的子系统。

(2)日本隧道衬砌表面摄影车

日本于 2000 年开发出隧道衬砌表面扫描摄影车，采用公铁两用车模式，在新干线投入使用。该车摄影系统主要由激光扫描成像、图像处理及图像分析三部分组成。利用激光扫描方式对隧道衬砌表面进行电子摄像，不会受到隧道内明暗的影响，可以检查出 1 mm 以上的衬砌裂缝，能够对衬砌所有表面进行拍摄成像，并对拍摄图像进行分析，自动生成表面裂缝、剥落、漏水等分布状态展开图。该车检测时的走行速度为 3.5～8.5 km/h。

(3)韩国隧道裂缝检测车

该车主要是将数码相机、照明装置、发电机、摄像固定装置等集成在车辆上，可以 10～50 km/h的速度行驶而摄像，同时将检测结果记录下来。对摄录好的影视资料可用专门的图像软件(如 image processing)进行处理，最终获得自动标记的用户所需数据，可检测出表面 0.1 mm 以上的裂缝。其缺点是在隧道内摄像时，对照度有特殊要求。

3. 地质雷达检测技术

雷达较早用于军事，后来广泛用于社会经济发展和科学研究，如气象预报中的云层雷达回波图、电离层的结构研究、遥感技术中应用的对地雷达、洪水监测、土壤湿度调查、森林资源清查、考古、地质调查等领域。

地质雷达以地下目标为探测对象，第一台商业性质的地质雷达仪器出现在 1970 年，此后地质雷达作为新的方法进入了工程物探领域，并应用于地质勘测、地矿探测、考古和各种工程结构的检测。

地质雷达应用于铁路的试验始于 20 世纪 80 年代，最初效果并不理想，主要问题是数据采集和数据处理，直到 90 年代才开始被铁路工程师广泛接受。从 1998 年开始，有关地质雷达应用于铁路的文章在北美洲、欧洲、中国、韩国等地区和国家陆续发表，近年也一直在开展持续的研究。美国联邦铁路管理局 2002 年的铁路研究发展 5 年计划报告中提出的“研究地质雷达方法，发展路基自动检测技术”于 2009 年立项并作进一步的研究。欧盟 2004～2008 年的安全铁路项目(SAFE-RAIL)研制的创新的铁路基础条件检测系统，包括快速地下雷达天线、高性能的雷达控制单元、创新的铁路定位单元、创新的车载处理器、网络数据解释和处理软件。

地质雷达早期主要应用于铁路的道砟测试和路基土工调查。与公路检测相比，要得到高质量的铁路地质雷达数据，相对要困难些，必须克服钢轨、轨枕，尤其是混凝土轨枕的干扰，轨道、通信设施也会对地质雷达数据采集产生干扰，天线安装在空间上也受到限制。此外，铁路检测要求很高的采样密度，导致许多系统数据采集速度很低，干扰运输。基于不同的铁路检测目的，其选择的天线中心频率也随之变化，一般地，采用 1.0 GHz 的喇叭形天线(空气耦合型)检测道砟厚度，采用 400 MHz 天线检测路基结构层质量。

在后处理软件方面，从 20 世纪 90 年代开始，各国在地质雷达用于公路路面检测方面做了大量的研究工作，并在检测方法、软硬件方面基本取得一致。随着地质雷达在铁路上的应用逐步增多，用于公路的地质雷达数据处理和解释软件开始向铁路方面拓展。国外用于铁路的地质雷达系统及数据处理软件主要有加拿大的 Rail-radar 系统、德国的 Georail 系统、意大利 IDS 公司的铁路安全系统、芬兰 Roadscanners 公司的铁路数据管理系统和美国 GSSI 公司的 Radan 软件。

在国内，1982 年铁道部从美国 GSSI 公司引进了我国第一台 SIR-8 型地质雷达，采用模拟线路，没有资料分析软件；1990 年引入第一台 SIR-10 型数字化地质雷达，并于 1992 年应用在隧道超前预报中，随后地质雷达逐步进入了隧道衬砌、路基、支挡工程及桩基质量检测等领域。

国内应用较为广泛的地质雷达主要有美国 GSSI 公司的 SIR 系列、瑞典 MALA 公司的 RAMAC 系列和意大利 IDS 公司的 RIS 系列等。国内同类产品也较多，如中国电波传播研究所生产的 LTD 系列、中国科学院电子学研究所生产的 CAS 系列和中国矿业大学(北京)生产的 GR 系列地质雷达等。

4. 铁路隧道检测技术发展趋势

(1)隧道衬砌质量检测技术由接触式向非接触式快速检测发展。

(2)由于激光兼具成像和测量功能，随着设备精度不断提高，衬砌表面裂缝、渗漏水病害以及内轮廓变形检测会以三维激光扫描为主要方式。

(3)由单一检测技术向综合检测技术发展，设备高度集成化成为趋势。

(4)检测自动化程度将不断提高，不仅隧道质量检测过程自动化，拍照图像、雷达检测、激光点云等检测数据的后处理也将逐渐自动化。

(5)铁路隧道检测车应区分普速铁路和高速铁路，考虑采用综合检测技术和专用轨道车辆。

2.3.2 铁路建筑限界检测技术

铁路限界(railway clearance)是与铁路线路纵向中心线垂直的横断面轮廓，包括机车车辆限界和建筑限界。机车车辆限界是机车车辆本身及其装载的货物不得超越的轮廓线；建筑限界是除机车车辆以及同它有相互作用的设备(如电气化铁路接触网、车辆减速器等)以外，其他设备和建筑物不得侵入的轮廓线。这两种轮廓线之间在垂直方向和水平方向上的间隙，是为确保行车安全的预留空间。

随着我国现代化工业的发展，特别是电力、钢铁及化工工业的发展，出现了越来越多、超限等级越来越高的超限货物，这些超限货物具有重量和尺寸较大、外形复杂、价值较高等特点，多为国家重点建设工程的关键设备。这些设备的运输安全和运输效率对保证国家基础设施建设和促进国民经济的发展具有非常重要的意义。

准确可靠的限界资料是确保铁路超限货物运输安全的根本前提和基础。限界的动态变化情况不能及时反映，势必给超限货物运输带来不良影响。某条通道能否组织超限货物运输，铁路建筑限界是一个决定性因素。在组织超限货物运输之前就必须对其运输径路的铁路建筑限界进行考察。由于以前的铁路建筑限界检测手段落后，限界数据时效性差，线间距管理存在漏洞等，这些问题使超限货物运输部门很难了解现场真实限界情况，给超限货物运输组织工作带来很大的困难，给行车安全也构成了重大的隐患。因此，加强和规范限界管理工作也是一个待解决的问题。

加强限界管理首先要求具有高效、准确的限界检测设备，在尽可能不影响正常运营秩序的基础上，及时、准确检测线路建筑限界。然而，以前国内铁路建筑限界一般采取日常检测、定期普查和少量关键设备定点测量相结合的方式，运用断面测量仪、隧道检查车对线路全断面进行检测。例如，在线路或隧道运营中的定期检查工作，采用摄影测量原理、激光测距仪配合全站仪，或直接使用旋转式激光断面测量仪等静态测量手段获取线路全断面轮廓尺寸，也有用手推式限界检测小车的动态测量方法。但这些方法检测速度慢、测量精度较低、占用线路时间长、耗费人工和时间，难以及时掌握铁路建筑限界的实际变化情况，不适合对大量线路进行全面的全断面测量。

1. 国外铁路建筑限界检测技术研究动态

奥地利和瑞士于 1980 年推出了激光限界检测车。该检测车可以 18 km/h 的速度对纵断面进行检测，测距精度为±10 mm，检测车静止时可转动激光头测量一个横断面。由于采用点光源，要形成断面必须进行扫描，很难适应高速检测。

法国于 1983 年开发出激光摄像限界检测车。该车利用激光光源沿隧道横断面扫出一条数厘米宽的光带，再按一定时间间隔摄影，可实时显示里程和方向等线路特征，经计算处理数据后绘出断面图，施测速度为 3 km/h，测量精度能达到厘米级，但对列车运行干扰太大。后来，法国 CYBERNETIX 公司又开发了限界检测设备 OESERVER，采用多个激光扫描传感器，形成完整断面，动态检测速度为 120 km/h，最高检测精度达±10 mm，但受环境光干扰影响较大。

英国于 1986 年开发出电视摄像式隧道限界检测车。该设备工作原理为摄影测量原理，能以 70 km/h 的速度进行连续测量，将测量结果存入车载式计算机，并对各种测量误差进行实时修正计算后绘出 1∶20 横断面轮廓图，该车测量精度高，且不单独占用区间，在电气化区间和非电气化区间均能使用，但造价昂贵，测量速度偏低。

瑞士于 20 世纪 90 年代中期推出 TS360 隧道扫描设备。该设备是专门为测量新建隧道的施工质量监测、运营前限界的管理和改造隧道所需的各种限界数据而设计研制的。数据采集系统可安装在检测车，其扫描头伸出于车辆的前端，形成一个垂直于隧道中心的 360°全断面扫描范围。探头高速旋转时，发射光束并同时接收反射光，随着检测车的前进，获取整个隧道表面连续的(包括底部、边墙、拱顶)全部测量数据。该测量系统只适应测量隧道限界，并且由于有机械高速旋转，施测速度很难提高。

加拿大技术研究中心研制了激光限界测量车，在激光限界测量车上设有一个安装测量仪器的平台，它可以在铁路上以 70 km/h 的速度运行，测量精度为±20 mm，限界测量系统能够以数字、极坐标的形式直接获得限界横断面的测量数据，并直接存储到计算机中，该系统主要由旋转扫描仪和控制计算机组成，扫描仪使用连续不断的激光源和一台摄像机来测量距离，控制计算机可将扫描仪送来的信息以图表的形式显示出最小限界轮廓，而且还附加上其他数据，如轨道位置、操作者的记录和说明，以及扫描仪对每个新限界表的标定信息等。

德国限界检测车的测量系统使用传感器进行距离测量，在测量运行结束时把信息输入管理计算机或在磁盘中存储，管理计算机不仅能进行可能发生的错误或干扰的分析，也能在运行后快速地计算数据，这些数据反映了建筑限界的符合情况或关于它们侵入限界的位置和量值，显示具体区段横断面的最小综合限界轮廓尺寸；连续测量在距轨面一定高度处标准限界与实际建筑物之间的距离。测量数据，特别是侵入限界的数据分析结果可以用显示屏幕、打印机或绘图仪来得到，在限界测量车以外还要对数据进行更进一步的处理，为此，在地面使用了第二台数据处理计算机，它具有更准确的绘图系统装置，数据从车辆传输到地面，在地面根据具体用户需求对这些数据进行处理分析，并按照用户要求给予相应的输出。

日本的建筑限界检测车在铁路国有化的时代是接触式的，从1998年以后改为用CCD摄像机方式的非接触式，能够在隧道和夜间进行高灵敏度的摄像测量处理，但局限性比较大。

2. 国内铁路建筑限界检测技术研究动态

在建筑限界动态检测方面，我国于1998年由铁道部立项研制了SJC－1型隧道限界检测车，该隧道限界检测车采用电视摄像法进行隧道限界动态检测。电视摄像法进行隧道断面尺寸测量的基本原理是，在同一画面上测量两物体的相对尺寸，测量隧道洞壁相对钢轨的距离。例如，沈阳局隧道限界检测车，该车系统设计精度为±16 mm，当隧道检测车以70 km/h的速度测量时，检测断面间距为0.78 m，最高测量速度不大于120 km/h。兰州局也有一辆隧道限界检测车，该检测车使用年限较长，现除对管内的隧道进行检测外，已基本不承担其他路局的隧道检测任务。这两辆检测车由于受检测原理的限制，检测受环境光干扰时无法检测，即只能用于隧道内部检测，而对于隧道以外的建筑限界无法检测，且检测速度较低，影响线路通过能力，这也对获取实时的铁路建筑限界、组织超限货物运输形成了极大的瓶颈。北京交通大学对限界检测设备做过研制，对铁路隧道限界检测设备进行了初步研究和探讨，其设备也是基于隧道的限界检测，同样受检测原理的限制，不能对隧道以外的建筑限界进行检测，并且最好在夜间进行，否则会受太阳光的影响，在隧道洞口处存在较大干扰。

2000年以后，随着激光技术的快速发展，我国致力于以激光扫描技术为基础的铁路建筑限界检测系统的研究。2010年呼和浩特铁路局在轨检车上首次安装了铁路建筑限界检测系统，至2019年实际运用超过2万km，运用状态良好，在日常检测和新线开通运用中发挥了重要的作用，节省了大量的人工和材料费用。系统不受载具限制，同样可以应用于城市轨道交通领域。2012年该系统安装使用于上海铁路局高铁巡检车，应用效果良好。此后，大准铁路轨道状态检查车、大准铁路接触网检测车、朔黄铁路综合检测列车、国铁集团隧道状态检查车、沈阳地铁轨检车均先后安装了该系统。同时，在限界检测系统的基础上，通过采用更强的传感器，还扩展成"隧道表面成像检测装置"，并已取得北京和武汉高铁维修基地两项应用实例。当然，电子产品的不断发展，技术水平更先进、精度更高、成本更低的激光扫描仪和组合导航设备的使用，将会使限界检测系统更加精确、稳定。

3. 铁路建筑限界检测系统简介

限界检测系统可以采用多台激光扫描传感器同步工作，实时采集建筑物数据，通过对钢轨轨面点(距下部传感器最近的钢轨点)的捕捉，经过空间坐标变换等数学计算，以钢轨顶面及轨道中心线作为测量基准，实时准确地检测线路两侧建筑物的限界轮廓，同时集成速度、里程等信息来进行位置的准确定位，以二维及三维的方式来显示建筑物轮廓，输出基于轨道中心线的建筑物轮廓数据，并能够实现建筑轮廓超限自动判断，同时根据限界台账数据库在线切换限界标准，实现限界动态分析。

限界检测系统主要由测量子系统、前端数据采集子系统和后端数据分析子系统组成。

(1)测量子系统包含机械安装部件、电气模块和连续测距模块三部分，主要用于数据采集与测量。其中，连续测距模块包含三台激光扫描传感器，电气模块封装于设备采集箱内部，用于设备的电气供电、控制与数据传输。机械安装部件由传感器安装板、传感器安装组件、快装组件、设备采集箱和加热罩组成，主要用于固定安装激光扫描传感器，通过传感器安装组件将传感器安装板、传感器与设备采集箱固定于一体，并通过快装组件与车体紧密连接。

(2)前端数据采集子系统用于前端现场数据的实时采集、处理和整合存储。它经由测量子系统实时采集处理三台激光扫描传感器的数据信息，整合速度、里程等信息，进行实时存储，并对采集的数据进行图像处理，以二维和三维的方式实时显示线路周边建筑物的轮廓，实现以钢轨顶面及轨道中心线作为测量基准的建筑限界快速自动检测。

(3)后端数据分析子系统用于数据后端分析、处理、展示和报表生成等。它针对前端数据采集子系统整合存储的数据进行预处理，以全息图的方式来形象展示线路两侧建筑物的实际轮廓，依靠快速的数据分析算法对数据进行详细分析，自动输出侵限数据、检测数据和综合最小建筑限界信息，最终生成侵限和综合最小建筑限界相关报表。

2.4 综合巡检技术

2.4.1 概况

线路综合巡检是指通过设计和制造自动化装备来替代人工视觉对线路关键目标特征可能出现的外观异常进行巡视检测的应用技术。该技术以机器视觉检测理论为支撑，通过设计视觉产品(即图像摄取装置)将被测目标转换成图像信号并传送给专用的图像处理系统，处理系统根据像素分布、亮度、边缘、形状、颜色等信息进行各种运算抽取描述特征，进而根据特征生成判别结果，实现对被测目标外观状态的检查。

近年来，机器视觉检测以其非接触式的高柔性度、高自动化程度以及信息管理的高集成度，在一些环境危险、大批量检测作业或人工检查难以满足要求的场合，已逐渐成为替代人工视觉的主流检测手段。随着我国铁路建设的高速发展，应用机器视觉检测理论研制的综合检测设备已作为一项新兴的检测手段获得了长足的发展，检测对象已涵盖轨道、接触网、轨道电路、信号机等主要线路设备。

轨道巡检主要是对钢轨的表面擦伤、扣件破损、道床开裂等现象进行检测，属于典型的高强度、大批量检测作业任务。日本、美国等发达国家 20 世纪 90 年代已经对轨道智能化的巡检设备进行研究。澳大利亚开发的轨道扫描系统(raisman)对线路进行视频录像，然后通过回放录像进行故障判断的方式对目标进行检测。德国研制的轨道巡检系统(raincheck)采用高清数字成像和图像处理技术，实现了对主要轨道异常结构的自动检测。美国开发的轨道视觉检查系统(track vision inspection system，TVIS)，能比较全面地检查钢轨裂纹及锈蚀、扣件状态及道床形状尺寸等。另外，意大利等国也都基于视觉检测原理研制了轨道巡检设备并获得了较为成功的应用。我国于 2007 年首次从国外引进轨道巡检系统，并在高原区青藏铁路应用该系统替代人工对线路进行巡检。该系统可对钢轨表面擦伤扣件破损、接头夹板及轨枕开裂等线路病害进行检测，基本满足了高原环境下线路巡查的需求。铁科院基础设施检测研究所从 2008 年开始着手研究轨道巡检技术，历经 4 年努力，于 2012 年成功研制了轨道巡检系统，实现了轨道巡检技术的国产化。

钢轨轮廓检测技术主要是通过线结构光检测的方式，对钢轨的廓形及磨耗进行高精度定量检测。随着近年来中国铁路的高速发展，高速铁路和大运量铁路大量开通运营，列车车轮对钢轨表面的磨损日益加快，寻找一种高效率高精度的钢轨轮廓自动检测技术已经成为一种十分迫切的需求。国外铁路发达国家从 20 世纪 90 年代开始对钢轨廓形自动检测进行研究，当前检测速度可达 200 km/h 以上并可进行全断面钢轨廓形检测数据的输出，检测重复性精度可达到 0.2 mm。在国内，部分高校早期探索并完成了钢轨磨耗检测及半断面廓形检测部分功能，但没有工程化运用。直至 2013 年年底，国内成功研制出了钢轨轮廓检测系统。

接触网巡检系统基于高速铁路供电设备综合检测监测系统中对接触网悬挂状态的自动检测功能要求，通过高精度图像采集系统实时采集接触网接触悬挂系统关键设备及零部件的高清图像，并针对接触网零部件状态进行智能图像处理，分析接触网部件状态的特征，通过图像信息挖掘实现对线夹脱落、绝缘子破损、吊弦偏斜等常见接触网零部件缺陷的智能识别和状态评判，实现天窗时间对高速铁路接触网的高效巡检。德国研制了一套光学检测系统，安装于速度为 80 km/h 的检测车上，检测车的车顶安装有多个光学系统，能在检测车行驶的过程中拍摄接触悬挂以及横向支撑装置的高分辨率图像。检测结束后，检测人员在系统辅助下对图像进行处理分析，并指导接触网零部件状态的养护维修。就国内情况来看，为促进供电设备检测监测技术的发展和应用，铁道部于 2012 年 7 月颁布了《高速铁路供电安全检测监测系统(6C 系统)总体技术规范》，其中的 4C 装置——“接触网悬挂状态检测监测装置”，可针对接触网设备外观状态进行高清成像检测。2014 年 8 月，中国铁路总公司颁布了《接触网悬挂状态检测监测装置(4C)暂行技术条件》(TJ/G D 06—2014)，进一步明确了对 4C 装置的各项技术要求。技术实现上，由于接触网巡检的检测对象覆盖支持装置、接触悬挂、附加悬挂、支柱(吊柱)、补偿装置等，涉及几十种接触网零部件，缺陷类型更是多种多样，这些都对接触网巡检提出了独特的技术要求。

随着高铁线路运营里程的快速增长，轨旁信号设备的巡检工作量也大大增加，现有的巡检方式主要是人工上道巡检，存在以下问题：检测项目繁多，巡检工作量大；检测准确性低；检测效率低；故障处理时间短；危险性高；受外界环境因素影响明显等。

轨旁信号设备巡检技术基于图像采集技术，利用巡检列车的检测平台，获取轨旁信号设备工作状态的图像信息，并对图像信息进行存储分析处理，提供轨旁信号设备故障状态的报警和预警信息。

轨旁信号设备巡检技术旨在代替人工上道巡检，提供轨旁设备高效、快速、可靠、安全的巡检方式。轨旁信号设备巡检技术利用巡检列车的速度优势，在巡检列车上安装图像采集装置、大功率照明装置、触发控制装置等硬件装置，获取轨旁信号设备工作状态的图像信息；同时对图像信息进行存储分析处理，利用图像信息的对比分析等技术手段，及时发现轨旁信号设备的故障状态，并借助检测列车综合系统提供的综合里程信息和轨旁信号设备台账数据信息，准确提供故障设备的设备类型、里程信息、故障类型等报警信息。此外，轨旁信号设备巡检技术还可以通过图像对比分析等技术手段，对某些类型的故障提供预警功能，如信号机灯罩裂痕、线缆破损等。

2.4.2 轨道巡检

轨道巡检主要针对轨道中存在的钢轨表面擦伤、扣件异常、轨枕掉块、轨道板裂纹及线路异物等现象进行检测。

系统的基本设计原理为：采用六路相机（每股钢轨三路）对轨道进行连续拍摄得到可见光图像，并通过与里程定位系统连接将数据与空间里程关联，获得完整的轨道图像数据。数据分析系统采用机器识别为主、人工确认为辅的方式对典型轨道病害进行检测。检测结果以固定的数据格式进行存储，并可基于检测结果生成数据报表。从功能上可将该检测技术划分为数据采集、数据分析和信息管理三个模块，模块之间的数据传递关系如图 2.29 所示。

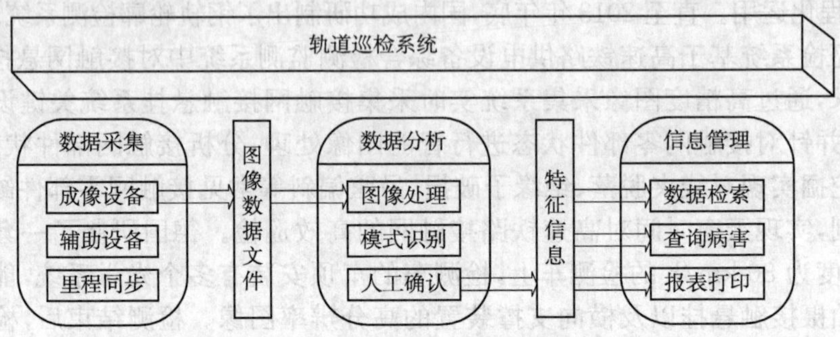

图 2.29　系统整体方案设计框图

轨道巡检技术无论从检测效率还是从检查质量上看，均体现出优于传统人工步行巡道检查的优势，在高速铁路工务设备养护维修中发挥的重要作用已初见成效。随着轨道巡检技术在全路的成功应用推广，对于改变工务巡检的作业模式，提升轨道设备检查和维护的工作效率，有着开拓创新的重要意义。

2.4.3　钢轨轮廓检测

钢轨轮廓检测技术是基于激光摄像结构光测量和图像处理的钢轨外形测量技术，它被用于测量从轨底到钢轨顶面的整个钢轨轮廓，并计算钢轨垂直磨耗、侧面磨耗、总磨耗，可以针对经钢轨轮廓面调制的光条纹高分辨率图像，进行实时采集、处理并快速高效识别特征值。该技术由图像采集模块、图像处理数据分析模块和处理结果展示模块等模块组成，如图 2.30 所示。

钢轨轮廓检测技术已经开始在工务部门的日常检测中发挥作用，对于钢轨磨耗的定期监测、安全预警、换轨备轨计划都具有非常重要的参考意义。随着下一步应用模式的逐步成熟，相信会逐步替代原有的人工测量模式，形成高效率、高精度的周期普查性检测模式。

2.4.4　接触网巡检

接触网巡检系统基于高速铁路供电设备综合检测监测系统中对接触网悬挂状态的自动检测功能要求，研究针对接触网部件状态的智能图像处理技术，实时采集接触网接触悬挂系统关键设备及零部件的高清图像，分析接触网部件状态的特征，通过图像信息挖掘实现对线夹脱落、绝缘子破损、吊弦偏斜等常见接触网零部件缺陷的智能识别和状态评判，识别接触网部件状态变化、损伤和异物；实现对拉出值、接触线高度等接触网几何参数以及定位器坡度的检测。最终形成一套接触网悬挂状态检测监测系统，通过对接触网零部件实施高清成像检测，实现对接触网的高效巡检，全面掌握接触网状态，指导消除接触网故障隐患。

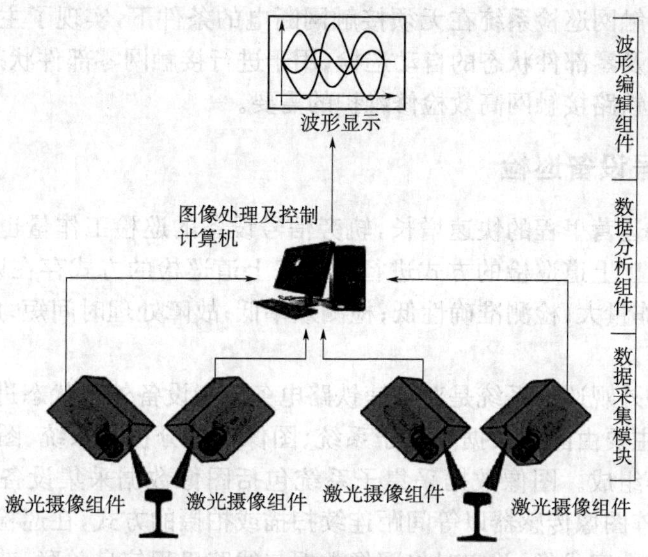

图 2.30　钢轨轮廓检测模块结构图

接触网零部件状态巡检系统基于精确定位、触发抓拍、多相机同步采集等技术，使用多个高帧、高清摄像组件，对接触网设备进行多视角、高清成像。

(1)高速激光定位触发装置：使用高性能激光定位传感器，准确检测支柱(或吊柱)位置，触发摄像系统进行高清图像采集。

(2)支持装置高清摄像组件：使用高清工业面阵相机，对腕臂、定位管、定位器、绝缘子及其他零部件进行高清图像采集，成像范围为轨顶连线以上 4 800～8 100 mm 范围与轨顶连线的垂直中心线左侧 3 500 mm 至右侧 3 500 mm 范围相交叉区域，正反面拍摄。

(3)吊柱座高清摄像组件：使用高清工业面阵相机，对吊柱座区域设备进行高清图像采集，成像范围为吊柱座 2 700 mm×2 700 mm 区域，正反面拍摄。

(4)接触悬挂高清摄像组件：使用高清、高帧工业面阵相机，对承力索、接触线、吊弦、线夹及中心锚结等设备进行高清图像连续采集，成像范围为轨顶连线以上 4 800～8 100 mm 范围区域，左右侧拍摄。

(5)附加悬挂高清摄像组件：使用高清、高帧工业面阵相机，对加强线、回流线、AF 线、保护线、避雷线或架空地线等附加悬挂区域设备进行高清图像连续采集，成像范围为附加悬挂区域，正反面、左右侧拍摄。

(6)补偿装置高清摄像组件：使用高清工业面阵相机，对张力补偿装置进行高清图像采集，正反面拍摄。

(7)接触悬挂高清视频摄像组件：使用高清、高帧工业面阵相机，对接触悬挂设备进行高清图像连续采集，成像范围为轨顶连线以上 4 800～8 100 mm 范围区域，正反面拍摄。

(8)接触网全景高清视频摄像组件：使用高清、高帧工业面阵相机，对接触悬挂、支持装置、附加悬挂等设备进行高清图像连续采集。

(9)一体化大功率光源组件：对摄像系统进行补光。

系统实现上，各高清摄像组件普遍使用了 1 600 万像素以上甚至高达 2 900 万像素分辨率的高性能工业面阵摄像头，实现了更高的图像分辨率和清晰度，以便于后续图像的分析处理和智能识别。接触网巡检系统在无须接触网断电的条件下,实现了主要针对接触网接触悬挂系统关键设备及零部件状态的自动巡检,用于进行接触网零部件状态缺陷检测及分析,基本满足了对高速铁路接触网高效检修维护的需要。

2.4.5 轨旁信号设备巡检

随着高铁线路运营里程的快速增长,轨旁信号设备的巡检工作量也大大增加。以往的巡检方式主要以人工上道巡检的方式进行。人工上道巡检的方式存在以下问题:检测项目繁多,人工巡检工作量大;检测准确性低;检测效率低;故障处理时间短;危险性高;受外界环境因素影响明显等。

电务轨旁设备外观巡检系统是对高速铁路电务轨旁设备外观状态进行检测的车载式视觉检测系统,系统主要由图像数据采集子系统、图像数据分析子系统、图像数据管理子系统和同步定位装置等组成。图像数据采集子系统包括图像数据采集设备和图像数据采集软件,采用线阵或面阵图像传感器以等间距连续扫描或拍摄的方式,在巡检车运行状态下完成对电务轨旁设备的数字成像,并实时将图像数据与线路里程信息关联,获得完整的电务轨旁设备图像数据。图像数据分析子系统包括图像数据分析设备和图像数据分析软件,基于机器学习理论和模式识别技术,设计相应算法对电务轨旁设备进行自动识别,将电务轨旁设备图像数据从大量背景图像数据中筛选出来。图像数据管理子系统包括图像数据管理设备和图像数据管理软件,构建实时同步信息与地面台相结合的数据管理机制,实现电务轨旁设备巡检的图像采集、分析、报告发布及复核验证的闭环管理体系。

轨旁信号设备巡检系统主要包括图像采集单元,补光光源单元,数据采集、传输和存储单元以及同步触发单元几个部分。轨旁信号设备巡检系统结构如图 2.31 所示。

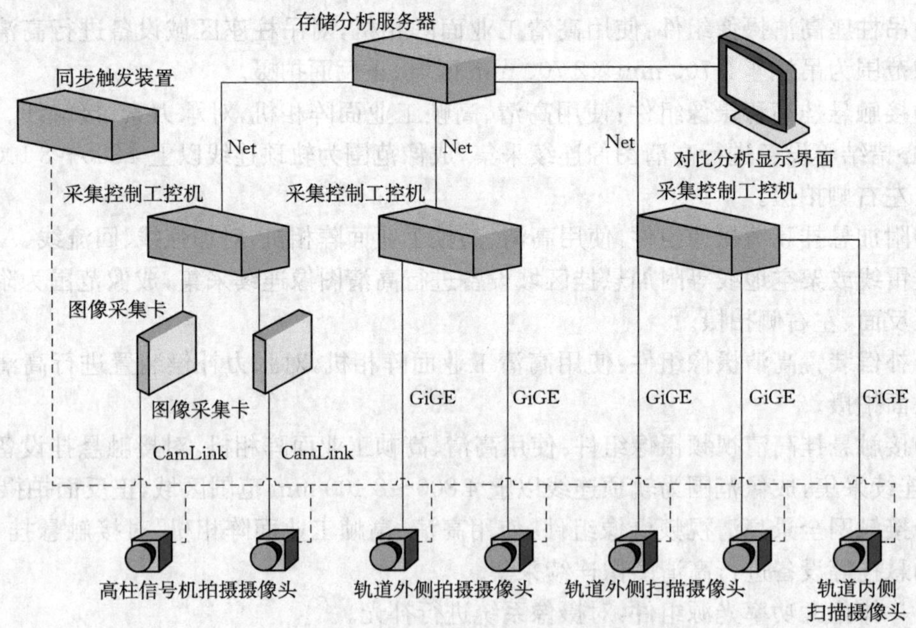

图 2.31 轨旁信号设备巡检系统结构

2.5 动车组运行安全检测技术

动车组运行安全检测包括车载安全检测设备和地面安全检测设备。车载设备主要是指故障预测与健康管理(prognostic and health management,PHM)系统,对运行中的高速列车系统及关键部件健康监测、在线故障诊断、预测及健康管理,是提升高速列车安全保障能力、降低运维成本、提高运营效率的重要途径,也是智能动车组持续发展的主流趋势;地面设备是在货车5T技术成功应用的基础上发展起来的,对运行中的动车关键部件进行动态检测,主要指动车组运行故障图像检测系统(trouble of moving EMU detection system,TEDS)。

2.5.1 车辆运行安全检测技术简介

1. 红外线轴温探测设备

车辆轴温智能探测系统(简称THDS)利用安装在铁路两侧的红外线轴温探测设备探测通过车辆的轴承温度,通过和车号设备结合,达到较高的测温精度和热轴预报准确率,有效防范了热切轴故障的发生。既有THDS设备安装在货运线路、客货混跑线路。

2. 高速摄像设备

高速摄像设备包括货车故障轨边图像检测系统(简称TFDS)、客车故障轨旁图像检测系统(简称TVDS)和动车组运行故障图像检测系统(简称TEDS)。TFDS、TVDS、TEDS利用轨边高速摄像头实时监测通过列车的侧面和底部图像,监测危及行车安全的故障,并利用图像自动识别,对异常情况进行自动报警。

3. 力学监测设备

货车运行品质轨边动态监测系统(简称TPDS)利用设在轨道上的测试平台,动态检测运行中车辆轮轨间的动力学参数,实现对车辆运行状态的识别,对运行状态不良、车轮踏面损伤和超偏载车辆进行报警、追踪、处理。

4. 声学诊断设备

货车滚动轴承故障轨边声学诊断系统(简称TADS)是在轨边安装声学传感器阵列,对车辆轴承的振动声音信号进行采集,分析判断轴承故障类型和故障缺陷程度,实现对滚动轴承早期故障的预警、防范。

5. 车载安全监测设备

客车运行安全监控系统(简称TCDS)实现了对轴温、供电、车门、车下电源、火灾、空调、防滑器、制动系统和转向架的全面监测,重点对客车热轴事故、火灾事故、供电故障及制动系统和走行部故障进行监控;动车组故障预测与健康管理(prognostic and health management,PHM)系统对动车组的走行部、车门系统、牵引和制动系统、列车控制网络等各个系统进行故障诊断、故障预测、设备监控及预警。

2.5.2 故障预测与健康管理(PHM)系统

1. 高速列车智能诊断与故障预测系统架构

高速列车的异常状态往往涉及列车集群、系统集群、部件集群等多个层次,各个层次之间的状态特征相互关联,使得故障预测和定位变得极为复杂。因此,开展高速列车智能诊断和故障预测的研究,需要对实时状态数据进行特征提取和预处理,深入挖掘列车运行积累的历史数据,建立系统的故障预测数学模型,对部件、系统和列车层次的特征数据及关联关系进行监测和逻辑推导。高速列车智能诊断与故障预测系统主要由车载 PHM 系统、车地数据传输系统、地面感知系统、地面 PHM 系统四个要素组成,系统架构如图 2.32 所示。

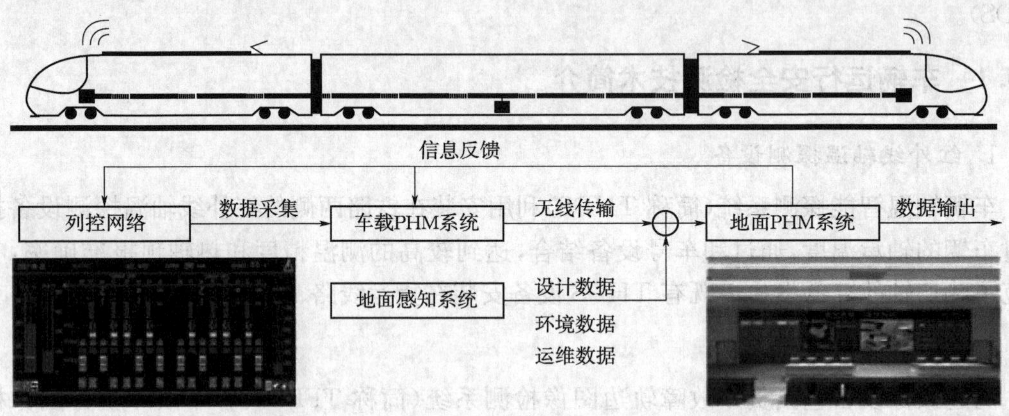

图 2.32 高速列车智能诊断与故障预测系统架构

车载 PHM 系统采用分布式结构,用于感知从零部件级到子系统级及整车不同层次的状态信息,完成实时数据融合、清洗、特征提取及存储等工作。根据数据处理后的状态特征,车载 PHM 系统对列车状态进行预处理,包括故障诊断、健康评估和智能决策,并将状态特征和预处理结果通过车地数据传输系统反馈到地面 PHM 系统。地面 PHM 系统接收来自列车集群的运行数据,对列车集群进行差异性评估与分析,对运行数据中的相关性和因果性等关系进行挖掘,进而训练和优化车载 PHM 系统中的分析模型。

车地数据传输系统利用无线网络将车载 PHM 的实时诊断结果和车辆关键状态数据发送至地面 PHM 系统。

信息感知系统用于感知地面设施、车辆状态、环境气候等信息并发送至地面 PHM 系统,主要包括:

(1)反映部件自身状态的物理信息,如轴承的温度、振动及牵引电机的电压、电流等物理量。

(2)反映车辆状态或性能,如平稳性、舒适性等的物理信息和车辆的位置及环境信息。

(3)反映部分地面设施的信息,如轨道、电网及轨道环境的物理信息。

(4)反映车辆设计、试验或检修相关参数的数据。

地面 PHM 系统接收来自信息感知系统的车辆状态数据、运维环境数据、设计和制造数据等,进行清洗、转换、存储之后,基于已构建的分析模型对实时数据流进行处理,实现从列车集群到关键零部件的精确故障预测与健康管理。同时通过大数据分析对非实时数据进行知识挖掘,作为优化 PHM 模型的依据。地面 PHM 应用平台包含可视化展示及决策支持等，能够及时实现与运营管理层面的信息交互，将地面 PHM 系统分析结果反馈给车载 PHM 系统，同时指导列车的设计改进、智能制造和检修维护环节。

2. 智能诊断与故障预测模型

高速列车整车、子系统或部件的智能诊断和故障预测模型是根据其自身固有属性、逻辑和功能，通过数学方法进行抽象表达建立的可分析模型。建立模型后，通过不断完善和改进模型的关联参数，最终能够实现对整个轨道交通装备制造领域从产品设计到运营维护等各个环节的优化。

高速列车智能诊断与故障预测技术通过感知关键部件、核心系统、整车以及地面设施、外部环境等各类信息，利用特定的通信手段将数据进行传输，完成数据转换、存储、特征提取等分析工作。然后车载和地面 PHM 模型按照不同的流程分类处理实时数据和历史数据，完成列车集群、车辆、子系统和关键部件不同层次的故障诊断、预测与健康管理，进而形成运维决策。最后，利用可视化手段显示诊断结果，推送相关信息，完成故障管理的闭环，具体流程如图 2.33 所示。其中，图 2.33(a)与高速列车智能诊断和故障预测系统整体架构相对应，是建立智能诊断和故障预模型的一般流程，提取该流程的关键节点可以得到图 2.33(b)。由图 2.33(b)可知，根据整车、子系统或部件的各自特点建立智能诊断和故障预测模型需要考虑的环节包括数据采集、数据分析、综合诊断和信息反馈。高速列车智能诊断与故障预测模型通过传感器网络以规定频率和参数采集相应数据后，对数据进行特征提取和预处理，对列车单一或一组异常特征进行实时应急响应。数据分析提取的特征同时作为历史数据和关联数据为列车的综合诊断提供数据支撑。列车综合诊断内容包括列车部件剩余寿命预测、潜在故障信息推导、潜在故障源定位、问题原因分析等。故障预测流程的最后环节是形成决策，并反馈至相关责任方，直到潜在故障关闭。

当前基于高速列车平台开展的智能诊断与故障预测研究已经涵盖了走行部、车门系统、牵引和制动系统、列车控制网络等各个系统。车辆状态数据由监测主机实时监测高速列车运行过程产生，数据经过车载 PHM 系统分析和预处理后，分析结果传递到包括动车运用所、地面 PHM 中心等在内的地面维护中心。高速列车服役期间长期跟踪监测采集到了大量运行历史数据，这些数据具有增加速度快、价值密度低等特征。处理这些庞大的数据并挖掘出能反映高速列车运行状态的模型与特征，利用传统的故障分析方法在诊断速度和处理能力上很难满足需要。基于此，将高速列车智能诊断与故障预测技术与云计算相结合起来，利用 Apache Hadoop 开发出了一套跨集群的云计算平台，允许分布式处理大型数据集。依托大数据分析技术和云平台架构，列车智能诊断与故障预测系统通过搭建关键部件健康度及剩余寿命等关联模型，挖掘轨道交通装备全寿命周期数据，并将计算结果反馈至传感器布置和车辆设计，优化智能诊断模型和车辆维修计划，提高车辆维修效率。

3. 智能诊断与故障预测技术的应用

中国高速列车设置的各类传感器及状态反馈器件的监测范围基本涵盖了列车的关键系统和主要设备，按照功能可以分为安全保障、系统控制保护和服务设施状态监视三大类，通过采集压力、温度、继电器状态等信息，实现故障预警、设备监控、数据记录等功能，保障列车和子系统的安全运营。

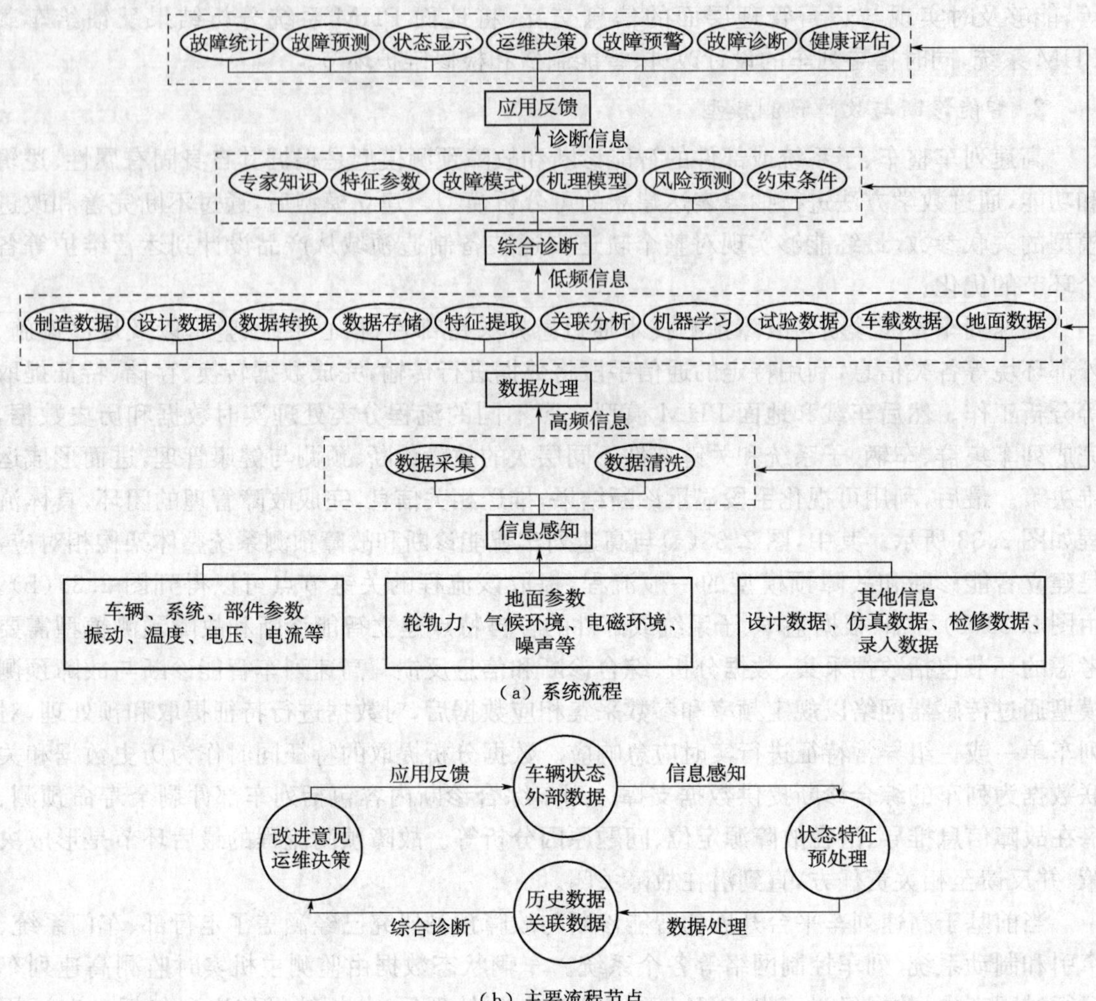

（a）系统流程

（b）主要流程节点

图 2.33　高速列车智能诊断和故障预测分析流程

2.5.3　动车组运行故障图像检测系统(TEDS)

动车组运行故障图像检测系统是动车组运用安全保障的重要辅助设备，利用轨边高速摄像头对运行动车组车体底部、侧部裙板、车端连接及转向架等部位进行图像采集，通过数据传输、集中处理、自动识别等信息化技术手段，将动车组检测图像数据实时传输至铁路局监控中心，进而对动车组底部及侧下部运行技术状态进行实时检查分析，对异常情况进行及早判断并处理。

1. TEDS 设备组成

TEDS 由探测站设备、监控复示中心设备和网络传输设备三部分组成，其设备组成示意如图 2.34 所示。

(1)探测站设备：探测站设备主要包括轨边设备和机房设备。

轨边设备分别安装于轨道轨内及轨外，用于对动车组运行信息及图像进行采集，结构布置如图 2.35 所示，动车组通过时，由高速摄像头对动车组车底及两侧进行图像采集，工作示意图如图 2.36 所示。

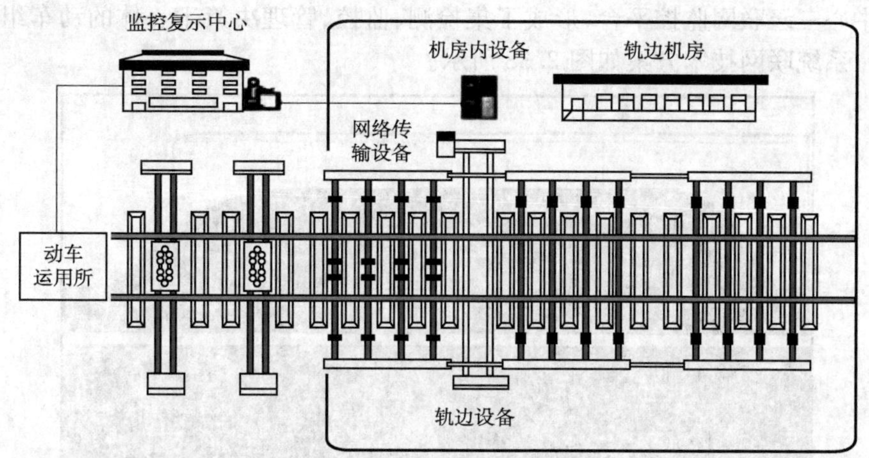

图 2.34　TEDS 设备组成示意图

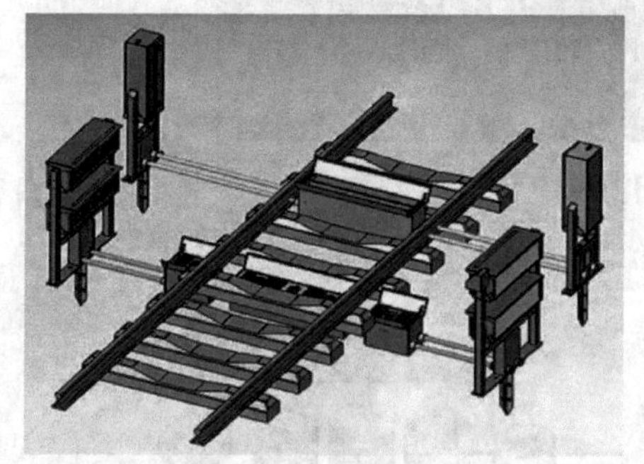

图 2.35　轨边设备布置示意图

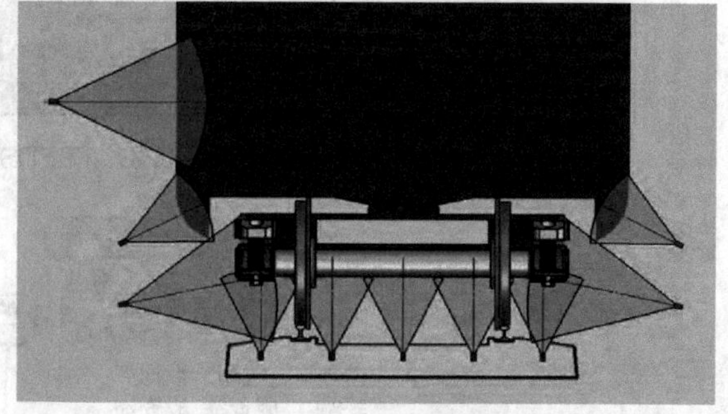

图 2.36　图像采集示意图

机房设备安装于轨旁机房内，主要用于对轨边设备采集的图像进行识别、增强及处理工作，形成动车组两侧及底部检查图像信息、过车信息和检测设备本身状态信息等，如图 2.37 所示。

(2)监控复示中心设备

监控复示中心设备安装于铁路局动车(车辆)段监控中心，通过网络传输设备将探测站采集、处理数据传输至监控复示中心运用管理平台，分析人员通过对所辖 TEDS 监控图像数据进行人工分析判别，并将经复核确认的异常问题通过系统向上级部门报告并进行处置。系统有完整的监控流程，实现动车组故障的报警跟踪、联动响应；同时通过与动车组管理信息系统等外部系统建立接口，和动车组运用检修工作有机结合，将问题报警信息共享至配属铁路局动车(车辆)段，实现 TEDS 问题报警信息的有效复核及闭合管理，此外，系统还具有完善的数据统计和分析功能，可对过车数量、作业情况及系统本身数据进行统计分析。

(3)联网技术方案

单机 TEDS 设备在加强综合联动监控、提高故障实时监测与处理方面表现略显不足。为使全路各 TEDS 作用发挥最大化，加强 TEDS 数据集中统一管理，在统一各型 TEDS 设备接口、应用界面和预报处置流程的基础上，中国国家铁路集团有限公司（以下简称国铁集团）对全路 TEDS 设备进行联网应用、集中监控，建成了国铁集团、铁路局集团有限公司、动车段监控中心三级联网监控平台，形成了集检测、监控、管理决策于一体的动车组行车安全监控系统。系统联网技术方案如图 2.38 所示。

图 2.37　TEDS 成像图

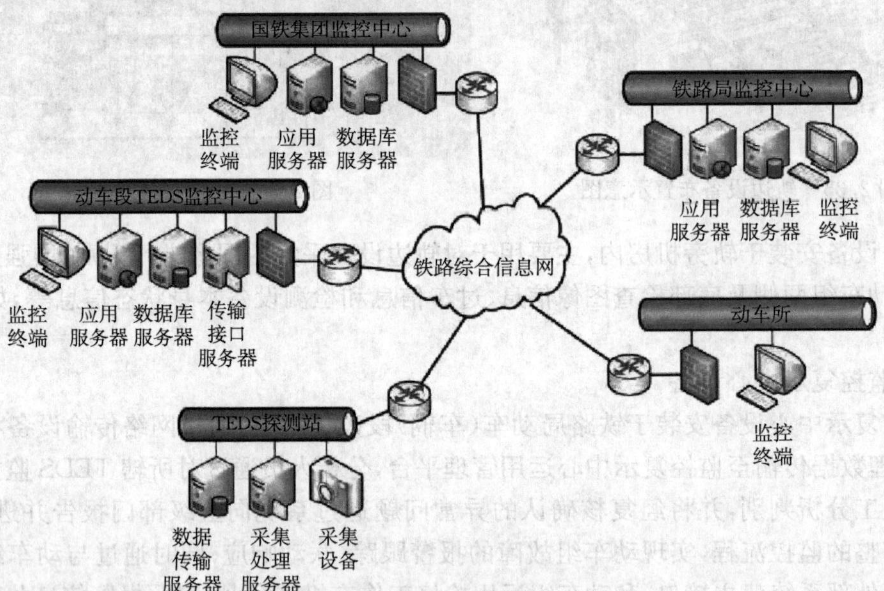

图 2.38　TEDS 联网技术方案

2. TEDS 功能

TEDS 能实现地面设备检测运行中动车组底部可视部件（车体底部及转向架制动装置、传动装置、牵引装置、轮轴、车钩装置、电务车载设备车底部件及车底部其他可视部位）、侧部可视部件（侧部裙板、转向架及轴箱、车端连接部等可视部位）。自动对采集到的动车组图像进行分析和故障识别，对图像中异常的部位进行分级报警提示，满足国铁集团、铁路局、车辆段、动车所各级管理部门对系统采集的数据进行实时查询、分析和统计，实现多台设备集中复示功能。

2.6 自然灾害检测技术

到2019年底，我国高速铁路运营里程达到3.5万km，居世界第一，占世界高速铁路总里程的2/3以上。我国高速铁路与其他铁路共同构成了快速客运网，形成了高速铁路网络，而世界上其他国家和地区高速铁路基本上是单线运行。特别是随着“复兴号”的运行，我国高速铁路进入了新的发展时期。2016年7月，中国修订了《中长期铁路网规划》，勾画了新时期“八纵八横”和“四大跨国干线”高速铁路网络。到2025年，铁路网规模将达到17.5万km左右，其中高速铁路3.8万km左右，网络覆盖进一步扩大，路网结构更加优化，骨干作用更加显著，更好发挥铁路对经济、社会发展的保障作用。展望到2030年，基本实现内外互联互通、区际多路畅通、省会高铁连通、地市快速通达、县域基本覆盖，连接所有省会城市和50万人口以上城市，覆盖全国90%以上人口，实现“人便其行、货畅其流”的目标。但高速铁路在快速发展的同时，安全问题也越来越引起大家的关注，特别是自然环境复杂背景下的高速铁路安全运营问题。

我国地域辽阔，地形地质复杂，气候类型多样，致使自然灾害较为严重，灾害的种类多，发生频率高，且分布地域广。特别是横风、暴雨、地震、泥石流、雷电等灾害一直是影响我国高速铁路行车安全的重要因素，基本上凡有高速铁路经过的地方均受不同程度的自然灾害侵袭，且往往在一种诱发因素作用下形成群发性的灾情。自然灾害平均每年造成铁路运输中断100余次，累计1 000～2 000 h，最高峰曾达到年断道211次，如我国西北地区，高速铁路运营面临横风和沙尘暴问题；东北地区，高速铁路运营面对暴雪问题；西南地区，高速铁路运营面临泥石流问题；东南地区，高速铁路运营面临暴雨问题等。图2.39显示了从2009年至2017年铁路交通事故10亿吨公里事故率的变化趋势。

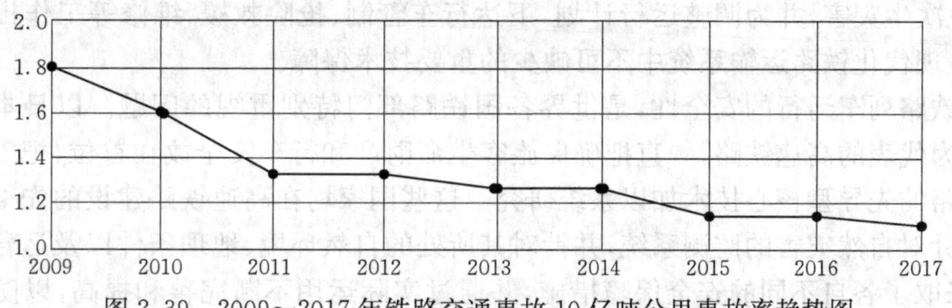

图2.39 2009～2017年铁路交通事故10亿吨公里事故率趋势图

随着高速铁路运营速度的不断提高，发车密度不断加大，除了要求机车车辆、线路、供电以及通信信号设备等可靠性高外，还要对各种可能发生的自然灾害(横风、暴雨、地震、泥石流、雷电、温度等)事故以及设备故障等进行全面有效的预警和监测，这样才能保证高速铁路的安全运营。

各种自然灾害给我国铁路部门造成了巨大损失，也对高速铁路安全、正点运行构成了极大的威胁。例如，2011年7月23日，雷击造成温州南站附近沿线铁路牵引供电接触网故障，由北京南站开往福州站的D301次动车组与由杭州站开往福州南站的D3115次动车组列车发生追尾事故，造成40人死亡，约200人受伤。2014年5月13日，因受暴雨灾害影响，广州南站至深圳北站区段内发生泥石流灾害，导致该区段内动车组列车停运约9 h。2015年5月31日，因风灾导致供电网接触网停电，哈尔滨至大连高铁沈阳至大连区段内10多趟高铁列车不能正常通行。由此可见，自然灾害给高速铁路的安全运营造成了很大危害。

由于高速铁路上列车运营速度极快，一旦遇上灾害环境，就极易发生特大交通事故。特别是在近几年来自然灾害频繁出现的情况下，随之而来的高速铁路安全问题也日益突出，灾害环境诱导的交通事故已造成了严重的社会影响和经济损失。因此，如何应用交通工程理论及现代科学技术，在现有铁路系统的基础上，通过对灾害环境下高速铁路安全的风险界定、预警监测和应急管理的研究，提高高速铁路安全管理水平，减少交通事故，几乎是所有国家面临的重要问题。

引发高速铁路安全风险的自然灾害主要是极端天气，如暴雨、大风、地震、沙尘、冰雹、雷电和大雾等。因此，自然灾害环境下高速铁路安全的风险界定与应急管理研究是指通过对过去已经发生自然灾害环境下高速铁路事故的资料进行统计分析和处理提炼，结合现场模拟实验，掌握各种自然灾害影响下各类事故发生的作用机理，发展变化规律，在此基础上，建立科学评估系统，然后根据评估模型以及实时现状对还不明确的事故预先做出合乎逻辑的推断，进而根据危害程度进行及时地超前预测、预报，并定出相应的预警级别，最后依据预警级别提出相应的管理措施。

2.6.1 国外高速铁路自然灾害预警系统

高速铁路安全运营的自然灾害预警系统是保证高速铁路行车安全的主要系统。自然灾害预警系统对危及高速列车运行安全的自然灾害（风、雨、雪、地震、地质、温度等）、异物侵限以及突发事件等进行实时监测采集和汇总各类监测设备的监测信息，实现监测信息的分布获取、集中管理、综合运用，全面掌握灾害动态，提供及时准确的灾害报警和预警功能。自然灾害预警系统依据灾害严重程度立即采取相应的紧急处置措施，防止或减轻因灾害引发的损失，避免次生灾害，并为调整运行计划，下达行车管制、抢险救援、维修等工作提供数据基础依据，是现代化铁路运输系统中不可缺少的重要技术保障。

高速铁路列车运行的安全性，是世界各国铁路部门特别重视的问题。以日本、法国、德国等国家为代表的高速铁路，一直把确保旅客生命财产和行车安全放在首位，把安全技术作为高速铁路的先导型核心技术加以系统研究。这些国家均在高速铁路建设的先期就开始规划并建设针对自然灾害的监测系统，并针对其所处的自然环境、地理条件以及运营条件的不同，分别采取了各自不同的安全保障措施，并通过实际运用不断完善和提高，以防止或减轻自然灾害或突发事件对高速铁路行车安全的危害。

1. 日本高速铁路的自然灾害预警系统

日本是一个台风、暴雨、地震、滑坡及大雪等自然灾害频繁发生的国家，铁路经常遭受自然灾害的侵袭。据统计，日本铁路大约有1/3的行车事故是由各类自然灾害引发的。自然灾害严重威胁着日本高速铁路的行车安全，特别是其引发的次生灾害（也称二次灾害），不但导致重大行车事故，而且造成了重大的经济损失。因此，日本铁路部门非常重视对自然灾害的研究、防治工作。日本自新干线建成运营以来，经过50余年的不断研究和开发，已经从简单的观测、报警、防护等逐步构建形成整套完善的自然灾害预测系统，可对地震、强风、暴雨和大雪等自然灾害进行监测，确保日本铁路的安全运营。按照灾害信息的种类和系统功能划分，日本铁路的自然灾害监测系统分为自然灾害预测系统和自然灾害监测系统。日本自然灾害预测系统是根据监测数据对灾害发生的可能性进行预测，通过采取灾害前的预警措施和行车规定，保障行车安全；日本自然灾害监测系统是针对已经发生的灾害，通过监测判断，阻止列车进入灾害区段，避免次生灾害的发生。日本铁路还制定了灾害情况下相应的行车安全规则，以降低灾害对行车的影响，并已研究开发了很多针对不同自然灾害的自动监控系统，如地震紧急检测报警系统、防灾管理控制系统、气象信息系统、河流信息系统、轨温监测系统等。

日本新干线采用的是综合自然灾害监测系统（如图 2.40 所示），它是通过设置在沿线的雨量计、风向风速仪、水位计和相应地点的地震仪等观测装置和落石、滑坡、泥石流等沿线灾害检测装置，以及轨温及异物入侵检测设备，基础设施、大型建筑物和车站灾害监测设备，沿线防护开关和防护电话等，将沿线的各类灾害信息全部送到中央调度控制室并严密监视线路的状态，一旦发生灾害，系统自动发出警报，阻止列车运行，确保新干线行车安全。

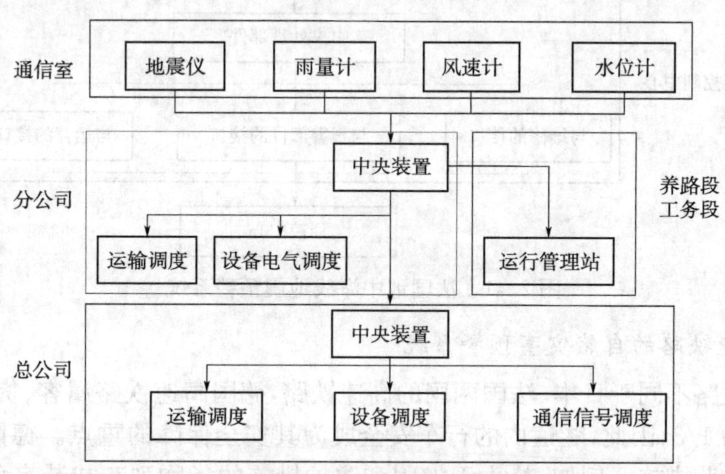

图 2.40　北海道综合防灾信息系统结构示意图

日本防灾信息系统采用自动控制、自动监测、自动检测、自动报警及卫星通信、数据通信、微机处理等先进技术，使得新干线的防灾能力有了很大提高。所以，日本新干线运行50多年来，事故率极低。日本高速铁路系统不仅从技术上对设备本身状态和自然灾害进行实时监测，设置保证安全的防护工程，建立严格的管理体制，制定严密的异常状况下的列车运行管理规则，还制定和颁布了保证高速铁路安全运营的国家法律。事实证明，日本铁路采用的自然灾害监测系统效果十分明显，铁路行车事故大大降低，基本上能够控制次生灾害的发生。

2. *法国高速铁路的自然灾害预警系统*

法国地中海高速铁路为有砟轨道结构，运营速度达到 300～320 km/h，其自然灾害预警系统中心设在马赛，沿线设置大风、地震、异物侵限和防护开关等安全防灾监测设备，通过法国国家铁路的通信网络将监测点和监控中心相连。在法国列车自动控制系统（automatic train control,ATC)中,除完成速度自动控制外,还增加了设备状态和自然环境检测、报警子系统,进一步强化了列车安全运行的保障功能。

法国自然灾害监测系统包括列车自动检测(轮轴不转或防滑系统双重故障、万向节的失衡和断裂、转向架的稳定性能检测)、接触网电压检测、热轴检测、降雨监测、降雪监测、大风监测、立交桥下落物监测等 7 个子系统装置。法国高速铁路沿线设有防护开关和应急电话,还和国家地震局在地中海线设置了地震监测系统。法国铁路和国家地震局在地中海沿线联合设置了 24 个无人值守地震监测站。监测站间拥有光缆和卫星两套通信系统,保证信息可靠传输,同时监测系统(如图 2.41 所示)还连接到法国国家地震验证中心。地震监测系统由铁路出资、使用,国家地震局设计、建造。地震发生后的强度级别确认及灾后救援由国家地震局验证中心和法国铁路共同进行。

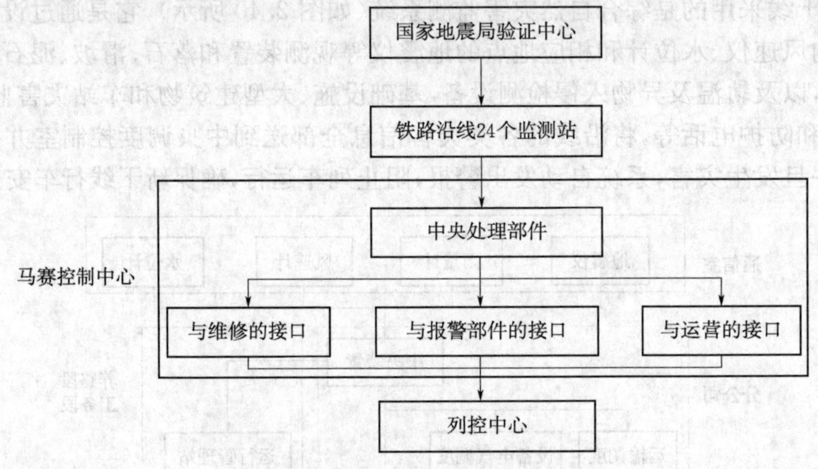

图 2.41　法国地中海线地震预警系统

3. 德国高速铁路的自然灾害预警系统

德国高速铁路不同于日本、法国两国的高速铁路,德国高速铁路属客、货混运型,且隧道约占线路总长的 1/3,因此,隧道内的行车安全成为其安全保障的重点。德国高速铁路制定了严格有效的防范措施。例如,禁止无加固和防护措施的货物列车或装有危险货物的列车驶入隧道;尽可能减少客、货列车在隧道内交会,并要求限速运行;专门制造了两列隧道救援列车,随车带有医疗卫生救助设备,并同地方政府共同组织消防、救援队,当出现意外事故时,能及时进行救援。

德国高速铁路也采用了新型防灾报警系统(如图 2.42 所示),除可监督线路装备的运用状况外,还可识别和及时报告环境对行车安全的影响,以及移动设备发生破损的情况。该警报系统在全线南、北、中段设有中央控制单元,相互连通;每个中央控制单元又连接若干设在沿线总站信号楼内的各种报警和记录单元,并与之进行信息和命令交换。记录单元接收安装在沿线的探测报警仪器采集的信息。这些探测报警仪器主要有:热轴探测器、隧道气流报警设备(在长度大于 1.5 km 的隧道内安装)、风测量仪(在所有桥梁上安装)、火灾报警仪、道岔加热设备、沿线设置防护开关、隧道口塌方报警仪。隧道两端及隧道内每 1 000 m 设置应急电话,仅需扳动手柄就可打开电话箱,紧急呼叫的信息具有绝对优先权。

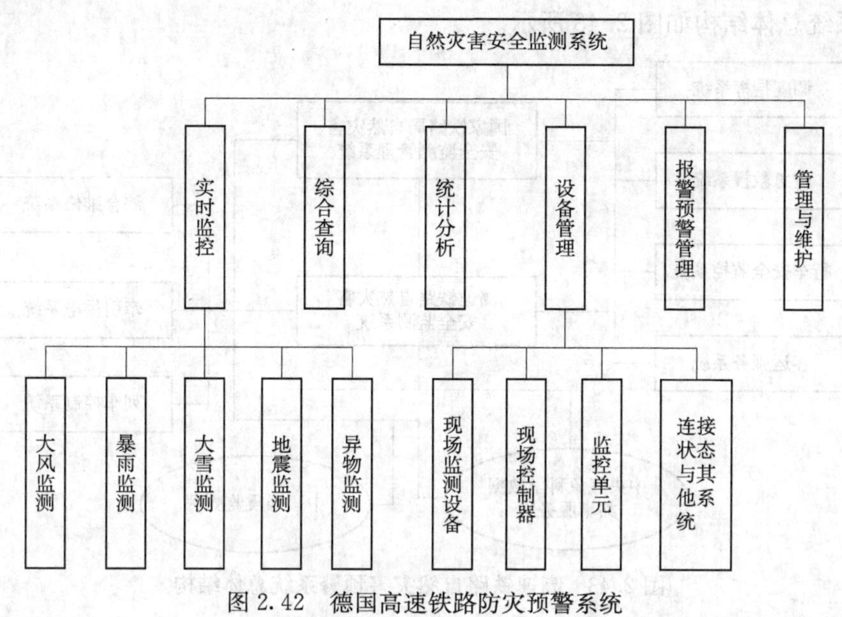

图 2.42　德国高速铁路防灾预警系统

2.6.2　我国高速铁路的自然灾害预警系统

1. 自然灾害对我国高速铁路的影响

我国国土面积辽阔,地区自然条件差异较大,自然灾害呈现种类多、频率高、区域性和季节强等特点。高速铁路具有跨区域的特点,各种自然灾害都可能对高速铁路运输造成不利影响。自然灾害对我国高速铁路的主要影响有:

(1)气象灾害对高速铁路的影响:春季西北地区的沙尘暴及新疆地区的大风、夏季东南沿海地区的台风、冬季北方地区的冰雪等给高速铁路运输带来不便。

(2)地质灾害对高速铁路的影响:西南地区地质结构复杂,容易产生塌方、泥石流等,影响高速铁路安全运营。

(3)地震灾害对高速铁路的影响:我国部分地区地震灾害呈活跃趋势,而且突发性和破坏性极强,防范难度较大,因此给高速铁路的安全运营带来很大不便。

我国高速铁路自然灾害监测系统由风、雨、雪以及异物入侵等现场监测设备,沿线GSM-R(global system for mobile communications railway)基站设置的现场监控单元、各站监控数据处理设备、各站综合工区工务值班室工务终端、各站调度所设备以及传输网络等组成。其中风、雨监测设备由风向风速仪、雨量计及相应的采集传输单元组成,异物侵限监测设备由双电网传感器和轨旁控制器以及异物监测模块组成。高密度的监测点提高了高速铁路自然灾害监测系统的可靠性,是保障我国高速铁路系统安全运行的重要技术手段。

2. 自然灾害的预警系统

高速铁路自然灾害预警系统由防灾安全管理和高速铁路防灾安全监控两级系统构成,并与调度指挥、应急救援、行车安全监控、客运服务、综合维修、牵引供电、列车控制、中国气象科学数据共享服务网和国家强震监测网等相关系统进行信息交换和共享。高速铁路自然灾害预警系统总体结构如图 2.43 所示。

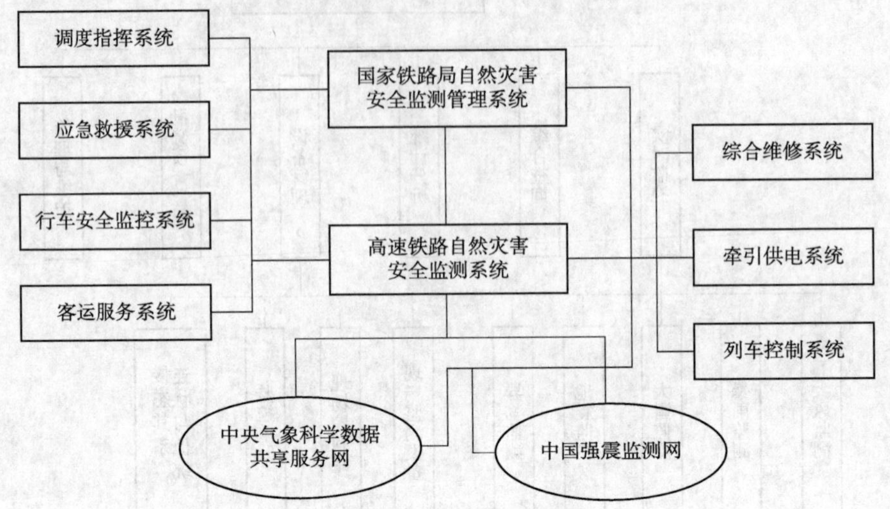

图 2.43　高速铁路自然灾害预警系统总体结构

我国高速铁路自然灾害预警系统充分利用铁路既有计算机网络通道资源，自然灾害监测系统总体联网结构如图 2.44 所示。

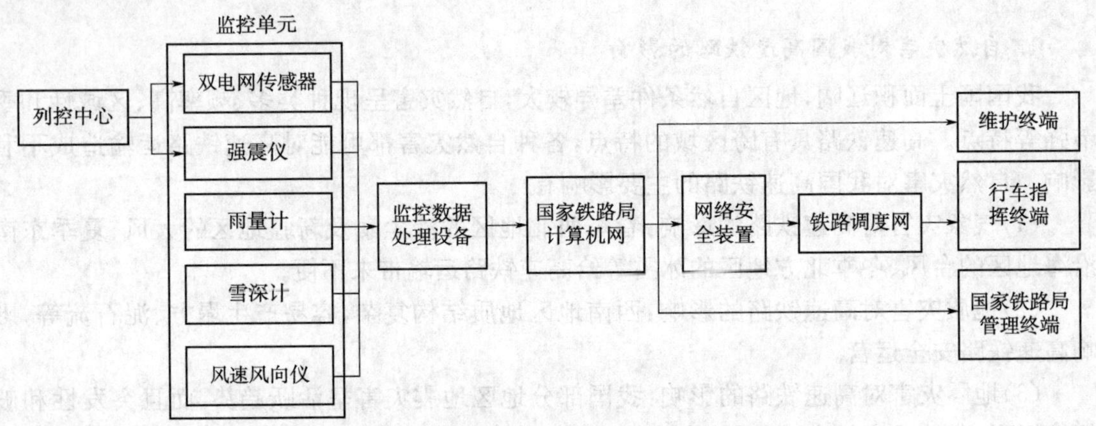

图 2.44　高速铁路自然灾害预警系统联网结构

由图 2.44 可知，我国高速铁路自然灾害预警系统工作过程如下：

(1)风、雨、雪、地震及异物等入侵现场监测点经由相邻 GSM-R 基站、车站通信机械室通过 2 Mb/s 专线通道接入铁路计算机网络，实现与国家铁路局和高速铁路公司的网络连通。

(2)国家铁路局防灾安全管理系统和高速铁路自然灾害监测系统分别接入本地生产局域网。

(3)中国气象科学数据共享服务网和国家强震监测网通过 Internet 接入铁路安全信息平台，实现与国家铁路局和高速铁路公司的网络连通。

3. 自然灾害的预警功能

国家铁路局灾害安全管理系统构建全路防灾安全管理统一平台，提供灾害安全的宏观管理、信息共享、决策支持分析等，主要功能包括全路监测网布局、报警阈值设定、紧急处置措施、监测设备选型、运用情况和应急预案管理等，提供相关基础数据和监测数据等，并掌握灾害监测报警和设备运用状态，对各高速铁路自然灾害监测系统的运行情况进行监督和指导，通过对全线路灾害监测数据的分析，为铁路自然灾害监测系统建设提供决策支持服务。高速铁路自然灾害预警系统功能如图 2.45 所示。

高速铁路自然灾害预警系统由沿线现场监测点(风、雨、雪、地震灾害及异物入侵监测设备)、监控单元、监控中心和相关系统接口等四部分构成，提供自然灾害及突发事件的实时监测、报警和预警功能，实现灾害报警紧急处置，最大限度地减少因灾害导致的损失，防止次生灾害发生。

4. 主要预警内容

我国自然灾害种类多，但对高速铁路安全运营影响最大的自然灾害有：横风、雷电、地震、地质、温度、暴雨等。因此，自然灾害下要保证高速铁路行车安全运营，就必须对自然灾害进行风险识别和预警管理研究。本书在总结横风、雷电、地震、地质、温度、暴雨等自然灾害发生机理的基础上，通过研究国内外高速铁路安全运营监控系统，提出了一套适合我国高速铁路的自然灾害预警系统。该预警系统能够在自然灾害发生之前，提前对高速铁路采取控车模式，控制列车减速或者停车，降低灾害损失，实现实时监测与预警。该预警系统在获取自然灾害数据之后，对数据进行分析，获取灾害安全风险阈值，若超过所设定的安全阈值，则开始进行预警。高速铁路自然灾害预警系统架构如图 2.45 所示。

由图 2.45 可知，构建自然灾害下高速铁路安全运营预警系统的目的在于：在灾害发生之前，提前对高速铁路采取控车模式，控制列车减速或者停车，降低灾害损失，实现实时监测与预警，其预警流程如图 2.46 所示。

高速铁路安全运营的自然灾害预警系统在获取自然灾害数据之后，对数据进行分析，获取自然灾害安全风险阈值，若超过所设定的安全阈值，则开始进行预警。

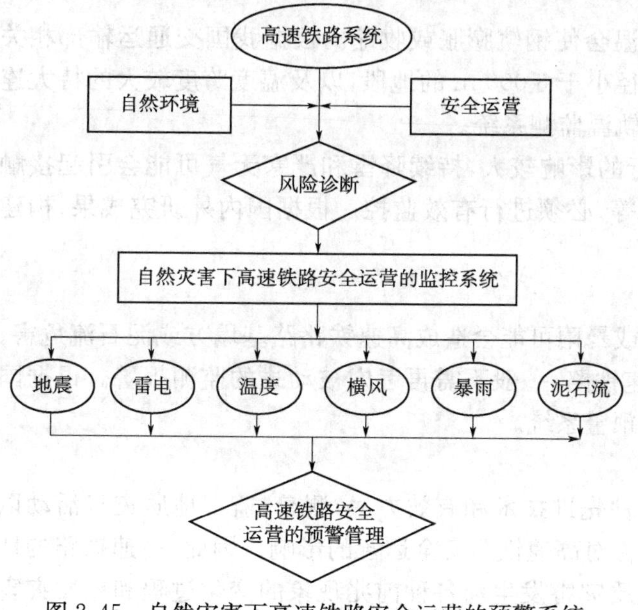

图 2.45　自然灾害下高速铁路安全运营的预警系统

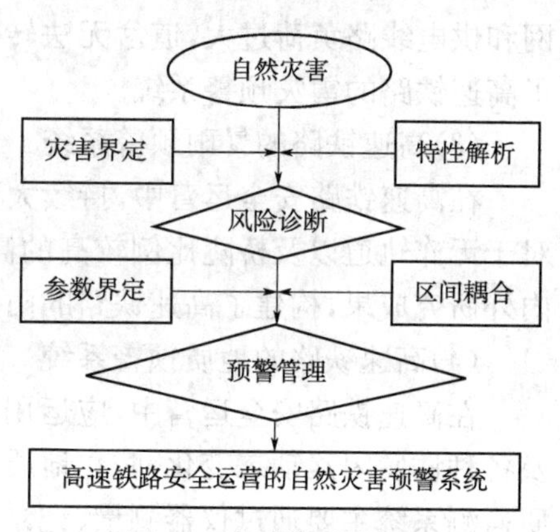

图 2.46　预警系统架构

(1)高速铁路的大风预警系统

在高速铁路安全运营中，高速列车行驶在高速线路上时，在侧向风作用下，高速列车的动力学参数包括脱轨系数、减载率、倾覆系数及轮轨横向力均显著增大，从而导致高速列车运行安全性、可靠性降低。其中，曲线上高速运行的列车的脱轨系数和减载率受曲线轨道内侧的侧向风作用而急剧增大，是高速列车运行中相对危险的工况。根据国内外研究成果，构建了高速铁路的大风预警系统，如图 2.47 所示。其余自然灾害预警系统图与图 2.48 类似，不再列出。

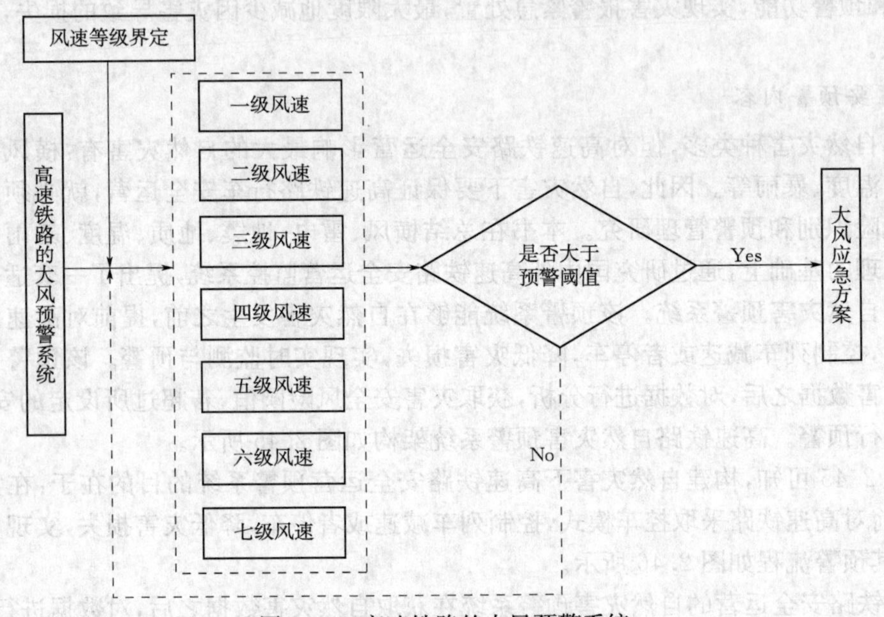

图 2.47　高速铁路的大风预警系统

(2)高速铁路的温度预警系统

在高速铁路安全运营中，高温或低温会使钢轨膨胀或收缩。根据我国交通运输部相关研究成果，高速铁路在有砟轨道曲线半径小于 6 000 m 的地段，以及温度跨度较大的特大连续桥梁端或桥梁较多的地段，需要设置轨温监测系统。

我国东北地区雪灾对高速列车运行的影响较大，持续降雪和严寒天气可能会引起接触网和供电线路负荷过大，道岔无法转换等，必须进行有效监控。根据国内外研究成果，构建了高速铁路的雪灾预警系统。

(3)高速铁路的暴雨预警系统

在高速铁路安全运营中，持续大雨或暴雨可能会造成高速铁路路基塌方或泥石流危害。对于无砟轨道以及桥隧比例较高的高速铁路，一般不需再考虑被动式的监测报警。根据国内外研究成果，构建了高速铁路的雨量预警系统。

(4)高速铁路的地质预警系统

在高速铁路安全运营中，应运用各种先进技术和有效方法，测量、监视地质灾害活动以及各种诱发因素动态变化，防止地质灾害对高速铁路安全运营的影响。因此，高速铁路的地质监测系统主要通过仪器测量、记录地质灾害发生前各种前兆现象的变化过程和地质灾害发生后的活动过程，达到有效监控高速铁路安全运营的目的。通过定期监测地质灾害隐患点有无异常变化，了解地质灾害演变特征，及时发现斜坡地面开裂、剥脱落、地面鼓胀、泉水突然浑浊、流量增减变化、树木歪斜、墙体开裂等微观变化，及时捕捉地质灾害前兆信息，提前预警地质灾害发生。根据国内外研究成果，构建了高速铁路的地质预警系统。

(5)高速铁路的地震预警系统

在高速铁路安全运营中，地震破坏高速线路、桥梁和隧道等结构，易使高速行驶的高速列车发生车毁人亡事故。根据京沪高速铁路相关研究报告，当地震动峰值加速度等于或大于 $0.1g$ 时，高速列车必须停驶。因此，在一定程度上需要对高速铁路运行线路重点地段辅助采取实时监测的手段加以弥补。根据国内外研究成果，构建了高速铁路的地震预警系统。

(6)高速铁路的雷电预警系统

在高速铁路安全运营中，高速铁路的雷电监测系统由中心站和分布在不同地方的数个在线时差探测站组成。当被监视的区域内发生雷云对地放电时，高速铁路的雷电监测中心站根据各时差探测站获得的闪电放电电磁信号时差，便可运用专用程序计算和确定雷击点位置。经过一段时间的积累，可获得被监测高速铁路区域地面落雷的次数和落雷密度，同时也可获得每次雷击的发生时间、位置、雷电流幅值和极性等信息。根据国内外研究成果，构建了高速铁路的雷电预警系统。

复习思考题

1. 简述高速综合检测列车的发展历程。
2. 高速综合检测列车能检测哪些项目？
3. 轨道检测的检测内容主要有哪些？
4. 接触网检测的检测内容主要有哪些？
5. 试述钢轨超声波探伤的技术原理。
6. 大型钢轨探伤车能探测钢轨的哪些损伤？
7. 隧道检测的检测项目主要有哪些？
8. 为何要进行轨道巡检？如何巡检？
9. 为何要进行接触网巡检？如何巡检？
10. 车辆运行安全检测技术主要有哪些？
11. 简述 TEDS 的功能。
12. 高速铁路安全运营预警系统的目的是什么？预警流程如何？
13. 试述高速铁路的大风预警系统工作流程。
14. 试述高速铁路的地震预警系统工作流程。

第3章 高速铁路运营安全保障技术

安全是铁路运输永恒的主题，高速铁路系统涉及车务、机务、车辆、供电、调度、通信、客运等多个部门和多项设备，必须相互协调统一，才能保证高速铁路的正常运行。因此，建立科学可靠的安全保障系统是高速铁路建设的首要任务之一。本章从列车运行控制系统（CTCS）、环境与设备监控系统、综合监控系统及高速铁路控制中心系统等方面介绍高速铁路运营安全保障技术，并以京沪高速铁路"复兴号"列车安全保障为例介绍我国典型的高速铁路安全保障系统。

3.1 列车运行控制系统

列车运行自动控制系统是高速度、高密度铁路运输的安全保证。为适应铁路面临的激烈市场竞争，中国列车运行控制系统（Chinese train control system，CTCS）应运而生。CTCS是既有体系上概念的更新、装备的升级、系统的完善和管理的科学化。CTCS的基本功能是在不干扰机车乘务员正常驾驶的前提下有效地保证列车运行安全。

CTCS的目标是保障行车安全，主要体现在防止列车超过进路允许速度、防止列车超过线路结构规定的速度、防止列车超过机车车辆构造速度、防止列车超过临时限速及紧急限速和防止列车超过铁路有关运行设备的限速等方面。CTCS具有以下特点：

(1)地面子系统和车载子系统规范化设计，系统集成符合故障导向安全原则，提高列车运行控制的安全等级。

(2)提高列车运行速度，缩短列车追踪间隔时间。

(3)使新技术的应用逐步成为可能，从而为用户提供更高品质的服务。

(4)促进铁路运营管理及相关领域的和谐发展。

3.1.1 CTCS体系结构

CTCS的体系结构按铁路运输管理层、网络传输层、地面设备层和车载设备层配置。

铁路运输管理层是铁路运输管理系统，是行车指挥中心，以CTCS为行车安全保障基础，通过通信网络实现对列车运行的控制和管理。CTCS网络分布在系统的各个层面，通过有线和无线通信方式实现数据传输。地面设备层主要包括列控中心、轨道电路和点式设备、接口单元、无线通信模块等。列控中心是地面设备的核心，根据行车命令、列车进路、列车运行状况和设备状态，通过安全逻辑运算，产生控车命令，实现对运行列车的控制。车载设备层是对列车进行操纵和控制的主体，具有多种控制模式，并能够适应轨道电路、点式传输和无线传输方式。车载设备层主要包括车载安全计算机、连续信息接收模块、点式信息接收模块、无线通信模块、测速模块、人机界面和记录单元等。

CTCS 体系的构建原则是以地面设备为基础，车载与地面设备统一设计。系统结构如图 3.1 所示。

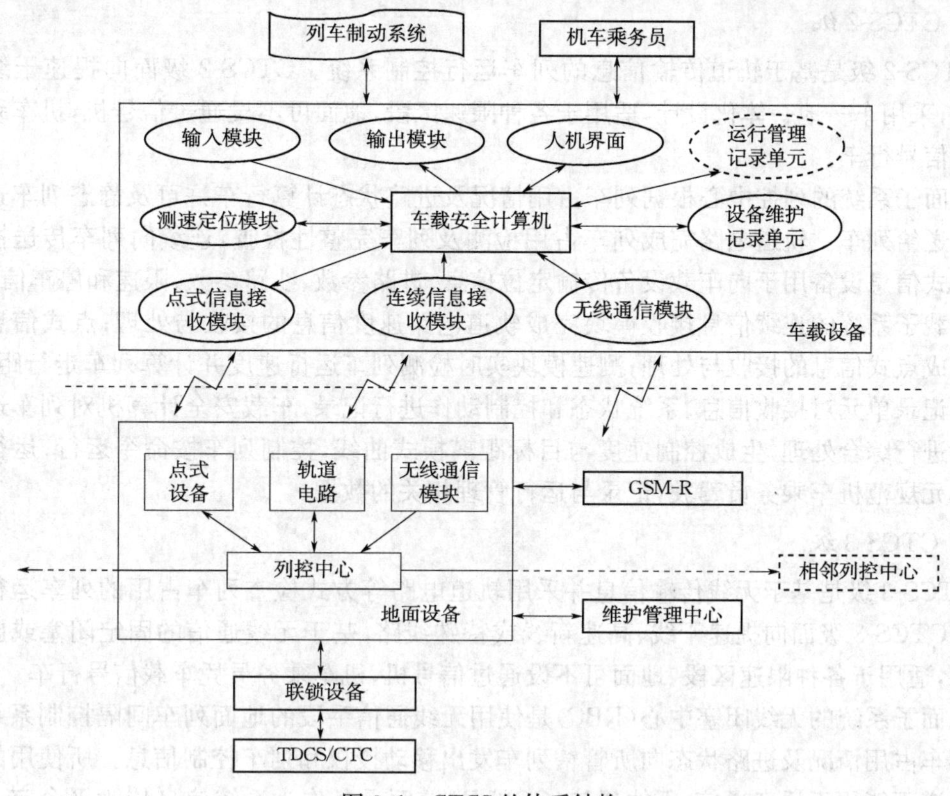

图 3.1　CTCS 的体系结构

3.1.2　CTCS 的分级

CTCS 包括地面设备和车载设备，根据系统配置按功能划分为五级，依次为 CTCS-0 级、CTCS-1 级、CTCS-2 级、CTCS-3 级、CTCS-4 级。

1. CTCS-0 级

CTCS-0 级为普速铁路的列车控制系统，地面设备为国产轨道电路、车载设备，由通用机车信号和运行控制记录装置构成。

2. CTCS-1 级

CTCS-1 级地面由 UM71 或 ZPW-2000 轨道电路、车载设备由主体机车信号和安全型运行监控记录装置组成。面向 160 km/h 以下的区段，在既有设备基础上强化改造，达到机车信号主体化要求，加点式设备，实现列车运行安全监控功能。地面子系统的轨道电路完成列车占用检测及列车完整性检查，连续向列车传送控制信息。车站正线采用与区间同制式的轨道电路，侧线采用与区间同制式的叠加电码化设备。点式信息设备一般设置在车站附近，主要用于向车载设备传输定位信息。

车载子系统的主体机车信号完成轨道电路信息的接收与处理；点式信息接收模块完成点式信息的接收与处理。安全型运行监控记录装置实现实时检测列车运行速度，对列车运行控制信息进行综合处理，控制列车按命令运行。

3. CTCS-2 级

CTCS-2 级是基于轨道传输信息的列车运行控制系统。CTCS-2 级面向提速干线和高速新线，采用车—地一体化设计，适用于各种限速区段，地面可不设通过信号机，机车乘务员凭车载信号行车。

地面子系统的列控中心根据列车占用情况及进路状态计算行车许可及静态列车速度曲线并传送给列车。轨道电路完成列车占用检测及列车完整性检查，连续向列车传送控制信息。点式信息设备用于向车载设备传输定位信息、进路参数、线路参数、限速和停车信息等。

车载子系统的连续信息接收模块完成轨道电路速度信息的接收与处理；点式信息接收模块完成点式信息的接收与处理；测速模块实时检测列车运行速度并计算列车走行距离；设备维护记录单元对接收信息、系统状态和控制动作进行记录；车载安全计算机对列车运行控制信息进行综合处理，生成控制速度与目标距离模式曲线，控制列车按命令运行；运行管理记录单元规范机车乘务员驾驶，记录与运行管理相关的数据。

4. CTCS-3 级

CTCS-3 级是基于无线传输信息并采用轨道电路等方式检查列车占用的列车运行控制系统。CTCS-3 级面向提速干线、高速新线或特殊线路，基于无线通信的固定闭塞或虚拟自动闭塞，适用于各种限速区段，地面可不设通过信号机，机车乘务员凭车载信号行车。

地面子系统的无线闭塞中心(RBC)是使用无线通信手段的地面列车间隔控制系统。它根据列车占用情况及进路状态向所管辖列车发出移动授权和列车控制信息。所使用的安全数据通道不能用于话音通信；无线通信(GSM-R)地面设备作为系统信息传输平台完成地—车间大容量的信息交换；点式设备主要提供列车定位信息；轨道电路主要用于列车占用检测及列车完整性检查。

车载子系统的无线通信(GSM-R)车载设备作为系统信息传输平台完成车—地间大容量的信息交换；点式信息接收模块完成点式信息的接收与处理；测速模块实时检测列车运行速度并计算列车走行距离；设备维护记录单元对接收信息、系统状态和控制动作进行记录；车载安全计算机对列车运行控制信息进行综合处理，生成目标距离模式曲线，控制列车按命令运行；运行管理记录单元规范机车乘务员驾驶，记录与运行管理相关的数据。

5. CTCS-4 级

CTCS-4 级是基于无线传输信息的列车运行控制系统，面向高速新线或特殊线路，基于无线通信传输平台，可实现虚拟闭塞或移动闭塞。CTCS-4 级可取消轨道电路，由 RBC 和车载验证系统共同完成列车定位和列车完整性检查，地面不设通过信号机，机车乘务员凭车载信号行车。

地面子系统组成的无线闭塞中心与 CTCS-3 级相同。

车载子系统的无线通信(GSM-R)车载设备作为系统信息传输平台完成车—地间大容

量的信息交换；实时检测列车运行速度并计算列车走行距离；设备维护记录单元对接收信息、系统状态和控制动作进行记录；车载安全计算机对列车运行控制信息进行综合处理，生成目标距离模式曲线，控制列车按命令运行；运行管理记录单元规范机车乘务员驾驶，记录与运行管理相关的数据。

6. CTCS级间关系

五个级别的CTCS系统之间满足以下关系：

(1)符合CTCS规范的列车超速防护系统应能满足一套车载设备全程控制的运用要求。

(2)系统车载设备向下兼容。

(3)系统级间转换应自动完成。

(4)系统地面、车载配置如具备条件，在系统故障条件下应允许降级使用。

(5)系统级间转换应不影响列车正常运行。

(6)系统各级状态应有清晰的表示。

3.1.3 CTCS-3级列控系统简介

我国新建200～250 km/h高速铁路采用CTCS-2级列控系统，300～350 km/h高速铁路的列控系统采用CTCS-3级功能，兼容CTCS-2级功能。CTCS-3级列控系统满足运营速度350 km/h、最小追踪间隔3 min的要求；满足正向按自动闭塞追踪运行，反向按区间追踪运行的要求；满足跨线运行的运营要求。CTCS-3级列控系统车载设备采用目标距离连续速度控制模式、设备制动优先的方式监控列车安全运行，其结构原理如图3.2所示。

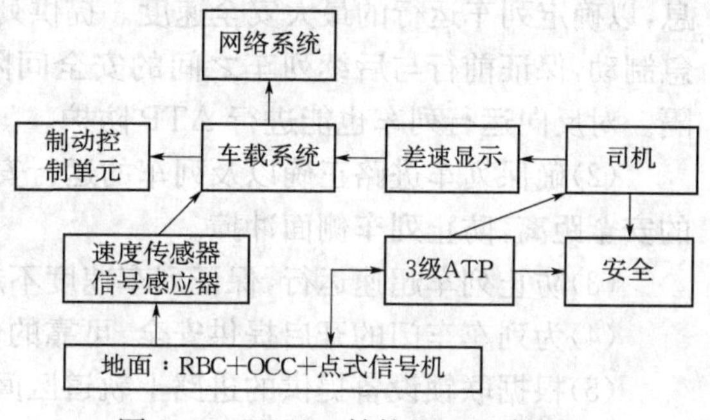

图3.2 CTCS-3结构原理示意图

列车是按地面传送的速度(或距离)信息，自动地控制列车运行的信号设备。后续列车根据与先行列车的距离和进路条件，连续地接收由地面传送的“目标速度”或“目标距离”等信息，自动控制列车的运行速度，并与实时采集的车速相比较，在超过规定的允许速度时，根据列车制动能力、实际载重及前方进路条件，获取最佳降速方案减速，必要时进行制动，实现超速防护，以确保列车高效、安全地运行。列车自动控制系统(automatic train control，ATC)应包括列车自动防护系统(automatic train protection，ATP)、列车自动监控系统(automatic train supervision，ATS)和列车自动运行系统(automatic train operation，ATO)三个子系统。装备列车自动控制系统的列车，按调度人员设置的行车时刻表，实现自动运行、自动折返、自动调整停站时分以及列车在车站的程序定位停车控制，也可以实现无人驾驶。

1. 列车自动防护系统(ATP系统)

随着时代的进步，列车速度也在日益提高，靠地面信号的行车已不能保证行车的安全，必须靠车载信号对列车实施运行控制，所以列车自动防护系统成为保证行车安全的重要技术装备。可以说，列车自动防护系统是一种带速度控制的系统，它用于补充原来线路上的信息。列车自动防护系统在保证列车高速、安全运行中起着举足轻重的作用。除此之外，它还是一种可以实现以车载设备为主的行车方式。ATP 系统是确保列车安全运行的关键设备，它的主要作用是防止列车在任何区间运行中超过机车车辆的构造速度、线路允许速度和对应于不同岔道的限制速度。

ATP 的主要工作原理是将信息不断地从地面传到车上，从而得到列车当前允许的安全速度，以此来实现对列车的监督及管理。

高速铁路的一个显著的特点就是列车间隔时间短。在如此短的列车间隔条件下，作为确保列车安全的信号系统已经不能以地面信号显示作为控制列车速度的主要手段，而必须有一个高度可靠的、连续不断的实现速度显示和速度监督的防护系统。

ATP 是一个关键的列车自动防护系统，它的主要作用是对列车进行自动防护，负责列车的安全运行，控制列车运行的间隔。在列车的运行中，尤其是在十分注重设备的列车运行控制当中，ATP 的安全决定了整个列车的安全，因此在列车运行控制中起着不可忽视的作用。

ATP 系统在高速铁路中承担着确保行车安全的重要职责，是 ATC 系统中最重要的一环。在评价 ATP 系统时，总是把可靠性和安全性放在首位。

ATP 系统具有以下功能：

(1)自动连续地对列车位置进行检测，并向列车发送必要的速度、距离、线路条件等信息，以确定列车运行的最大安全速度。提供列车速度保护，在列车超速时提供常用制动或紧急制动，保证前行与后续列车之间的安全间隔，满足正向行车时的设计行车间隔和折返间隔。对反向运行列车也能进行 ATP 防护。

(2)确保列车进路正确以及列车的运行安全；确保同一路径上的不同列车之间具有足够的安全距离，防止列车侧面冲撞。

(3)防止列车超速运行，保证列车速度不超过线路、道岔、车辆等规定的允许速度。

(4)为列车车门的开启提供安全、可靠的信息。

(5)根据联锁设备提供的进路上轨道区间运行方向，确定相应轨道电路发码方向。

(6)任何车—地通信中断以及列车的非预期移动(含退行)、任何列车完整性电路的中断、列车超速(含临时限速)、车载设备故障等均将产生安全性制动。

(7)实现与 ATS 的接口和有关的信息交换。

(8)系统自诊断、故障报警和记录。

(9)列车的实际速度、推荐速度、目标速度、目标距离等信息的记录和显示。具有人工或自动轮径磨耗补偿功能。

2. 列车自动运行系统(ATO 系统)

ATO 装置让列车可以在无人驾驶(有时有司机监控)下，自动开停车，自动开关门。当驾驶室有司机的时候，可以由司机负责开门和关门，关好门后按下启动按钮，列车便自动开车，并根据信号系统的指示来行车，到达停车站时自动停车。ATO 装置可以根据自动列车控制装置(ATC)或列车自动保护装置(ATP)等信号系统所提供的信号自动加减速，使用 ATO 装置可以令列车减少加减速的时间和长度，从而增加列车的班次。

ATO 装置的好处，在某种程度上可以减少人为的失误，不过在香港高速铁路列车上的 ATO 装置(因使用空气制动)，有时亦出现因制动系统的气压偏差或路轨湿滑而导致列车过

早停下来或超过停车位置的情况，需要司机用人手模式(RM-Mode)修正停车位置。

列车自动运行系统主要实现"地对车的控制"，即用地面信息实现对列车驱动、制动控制。由于使用ATO，列车可以经常处于最佳运行状态，避免过于剧烈的加速和减速，因此可以显著的提高旅客的舒适度，提高列车的准点率及减少轮轨磨损。通过与列车自动再生制动配合，还可以减少列车能耗。此外，ATO还可以缩短列车间隔，提高线路利用率和行车安全可靠性。

ATO系统主要具备以下功能：

(1)自动完成对列车的起动、牵引、巡航、惰行和制动控制，以较高的速度进行追踪运行和折返作业，确保达到设计间隔及运行速度。

(2)在ATS监控范围的人口及各站停车区域(含折返线、停车线)进行车—地通信，将列车有关信息传送至ATS系统，以便于ATS系统对在线列车进行监控。

(3)控制列车按照运行图进行运行，达到节能及自动调整列车运行的目的。

(4)ATO自动驾驶时实现车站站台定点停车控制、舒适度控制及节省能源控制。

(5)根据停车站台的位置及停车精度，自动对车门进行控制。

(6)与ATS和ATP结合，实现列车自动驾驶、有人或无人驾驶。

3. *列车自动监控系统(ATS)*

列车自动监控系统主要是实现对列车运行的监督，辅助行车调度人员对全线列车运行进行管理。它可以显示全线列车的运行状态，监督和记录运行图的执行情况，为行车调度人员调度指挥和运行调整提供依据，如列车偏离运行图时及时做出反应等。通过ATO接口，ATS还可以向旅客提供运行信息通报，包括列车到达时间、出发时间、列车运行方向、中途停靠点信息等。

ATS系统能够实现以下基本功能：

(1)通过ATS车站设备，能够采集轨旁及车载ATP提供的轨道占用状态、进路状态、列车运行状态以及信号设备故障等控制和监督列车运行的基础信息。

(2)根据联锁表、计划运行图及列车位置，可自动生成输出进路控制命令，并传送至车站联锁设备，设置列车进路、控制列车停站时分。

(3)列车识别跟踪、传递和显示功能。系统能自动完成正线区段内列车识别号(服务号、目的地号、车体号)跟踪。列车识别号可由中央ATS自动生成或调度员人工设定和修改，也可由列车经车—地通信向ATS发送识别号等信息。

(4)列车计划与实绩运行图的比较和计算机辅助调度功能。能根据列车运行实际的偏离情况，自动生成调整计划供调度员参考或自动调整列车停站时分，控制发车时间。

(5)ATS中央故障情况下的降级处理，由调度员人工介入设置进路，对列车运行进行调整，由ATS车站完成自动进路或根据列车识别信号进行自动信号控制，由车站人工进行进路控制。

(6)在计算机辅助下完成对列车基本运行图的编制及管理，并具有较强的人工介入能力。通过设在车辆段的终端，向车辆段管理及行车人员提供必要的信息，以便编制车辆运用计划和行车计划。

(7)列车运行显示屏及调度台显示器，能对轨道区段、道岔、信号机和在线运行列车等进行监视，能在行调工作站上给出设备故障报警及故障源提示。

(8)能在中央专用设备上提供模拟和演示功能，用于培训及参观。能自动进行运行报表统计，并根据要求进行显示打印。

(9)能在车站控制模式下与计算机联锁设备结合，将部分或所有信号机置于自动模式状态。

(10)向无线通信、广播、旅客向导系统提供必要的信息。

3.2 环境与设备监控系统

高速铁路具有高速、安全、准时和载客量大的特点，是现代城市解决交通拥堵最有效的手段。高速铁路车站及沿线分布着众多各类机电设备，它们为高速铁路的安全运营和营造舒适的乘车环境提供了保证。但由于机电设备种类和数量众多，分布广，控制要求复杂，因此需要用一套专门的监控系统，采用现代计算机控制和网络技术对高速铁路车站的隧道通风系统、空调通风系统、空调水系统、车站给排水系统、车站照明系统、电扶梯系统和车站导向标志系统等机电设备进行自动化管理和控制，通过优化控制实现高速铁路的安全高效运行。这套系统就是高速铁路环境与设备监控系统，即 BAS(building automation system)。

3.2.1 BAS 的功能

BAS 的控制范围包括车站空调通风及防排烟系统，区间隧道通风及防排烟系统等环控系统及高速铁路建筑附属机电设备等。

一般来说，BAS 由两级(中央级和车站级)管理体系组成，实现三级(控制中心、车站控制室和就地控制面板)控制功能，监控、管理车站和区间隧道的机电设备。按设置功能、系统运行工况、高速铁路环境标准等要求进行自动化管理，实现程序自动、实时、定时控制开启和关停，监视设备运行状态；采集和处理有关信息，进行运营历史资料管理，检测环境参数和调节环境的舒适度，为高速铁路乘客创造舒适和安全的乘车环境；正常情况下实现被控对象的节能优化运行，在列车阻塞和火灾等灾害情况下，接受并优先执行防灾报警系统指令，调度相关设备按预定模式运行，创造人员安全撤离的必要环境条件。

BAS 完成对车站设备的检测与控制，对设备故障进行检测和报警，接受控制中心发布的监控指令，执行控制中心指定的运行模式，可修改运行参数，自动调整运行工况。车站系统受控于控制中心，但当公共信息网故障时，车站系统可独立运行。接受火灾自动报警系统(fire alarm system，FAS)发送的救灾命令，启动相应火灾运行模式。接受 ATC 发送的列车阻塞信息，由调车人员确认后，启动相应阻塞运行模式。BAS 在满足环境舒适度和功能要求的条件下，实现节能运行。

1. 中央控制中心 BAS 功能

(1)监视全线各车站各个设备的运行状态并控制设备的运行。

(2)与 ATC、GPS 等系统进行通信。

(3)存储并处理历史信息。

2. 车站 BAS 主要功能

车站系统正常运行时受控于中心主控级，在全线系统网络故障时，具备离网独立工作的能力。其主要功能如下：

(1)监视功能

①监视和记录车站、区间各系统受控设备的运行状态及参数。

②监视和记录车站典型区域测试点的温度、湿度和室外温度、湿度等环境参数。

③对风机设备、空调设备、PLC 设备、给排水设备、扶梯设备、照明设备、导向设备进行实时状态显示，包括设备良好运行情况、流向、走向、名称、布局信息。

(2)控制与调节功能

①车站控制系统具有 PID 调节控制、逻辑控制和模式控制功能。

②对车站及所辖区间隧道内的所有被控设备进行有效控制。

③对所有被控设备实现单独控制、程序控制和各种模式手动/自动控制。

④控制器根据环境参数对空调系统设备进行运行工况的转换，并进行最优化控制，达到节能运行的目的。

(3)报警处理功能

①将车站被控设备运行状态、报警信号及测试点数据及时送至控制中心，并接受中央级的各种监控指令和运行模式。

②接受车站级 FAS 的指令，控制车站通风空调及相关设备转入灾害模式下运行，并向 FAS 反馈执行信息。

③当监控站出现故障时，可以通过综合后备盘(integrated backup panel，IBP)控制通风排烟设备按灾害模式运行。

④车站 BAS 监控工作站具有声光报警、报警画面自动弹出、报警确认和报警处理等功能。

(4)统计分析功能

BAS 可以对车站的每个设备的信号趋势做统计分析，以点线图的形式表示，如对温度、湿度、回水压力等进行统计分析。

3. 就地级设备主要功能

就地级控制器通过车站控制网与车站控制机通信，接收控制指令并对现场设备进行就地控制，满足设备的现场调试要求，同时将设备运行状态和参数传送到车站控制机。

就地级控制器(模块箱、远程 I/O 箱)与被控设备、传感器和执行器连接，实现状态信息的采集、监视和控制信号的传输。

3.2.2 BAS 的结构

一般来说，高速铁路 BAS 由设置在控制中心的中央级监控系统、设置在车站控制室的车站级监控系统，以及就地级监控设备形成的三级监控管理系统组成。

系统的网络结构分为车站监控系统局域网、高速铁路主干通信网和控制中心局域网。车站局域网与控制中心局域网均采用冗余的高速以太网，局域网之间通过主干网进行数据和命令的传输。

车站监控系统由车站控制室 BAS 监控设备、监控局域网、分布于现场的模块箱、I/O 箱组成车站级的分散控制结构，为适应车站环境，车站监控系统亦采用两级网络。

(1)利用通信交换机设备，形成的以太双环网，将车站监控工作站、分散安装于车站两端环控电控室、照明配电室的控制站连接起来，作为车站级的监控主干网。

(2)利用现场控制网，将环控电控室、照明配电室的控制站与通风机房、区间及出入口的 I/O 站连接起来，形成现场级的控制网络。

(3)由于多数现场站均设置 CPU 处理器，因此可以真正形成一个集散型控制系统(DCS)，分解控制任务、降低控制风险并有效地将故障隔离在小范围内。

3.3 电力监控(SCADA)系统

高速铁路电力监控系统主要是对高速铁路全线各类变配电所、接触网等电力设备运行情况进行分层分布远程实时监视和控制，处理供变配电系统的各种异常事故及报警事件，保障系统的正常运行，同时提升供变配电系统调度、管理及维修的自动化程度，提高供电质量，保证系统安全、可靠地运行。

1. 系统的构成

高速铁路电力监控系统经过多年的实践，单条线路基本上按照两级管理、三级控制方式进行使用和管理，与之相适应的监控系统架构考虑高速铁路的地域分布特点，监控系统采用分层分布的结构体系。分层分布系统架构在监控系统中属于大型复杂系统的系统结构，适用于跨地域、多层次、分级别的大型自动化系统，这种结构既满足当前高速铁路的电力应用需求，也满足今后高速铁路横向规模综合和纵向应用综合的两度应用发展对支持系统的基础架构要求。

两级管理分别是中央级和车站级，三级控制分别是中央级、车站级和现场级。它们之间既相互联系又相对独立，分层分布原则确保了层次间的相对独立性，有效分解了系统的复杂度，提升了系统的可实施性；冗余和动态分布原则极大提升了系统的并行度，结合多种软硬件隔离和抗干扰措施，软件支持 1＋Ⅳ冗余调度，实现系统高可用性。

(1)主站

主站一般设置在高速铁路控制中心大楼内。主站系统采用计算机网络技术、客户机服务器模式及主从网络节点方式。配置服务器、调度工作站、系统维护工作站、前置通信处理、行调显示终端设备，设置实时数据、程序、统计报表、画面拷贝等打印机及实时监控供电系统概况的模拟盘或投影仪等重要设备冗余设备，以提高系统可靠性。系统还配备保证系统供电的不停电电源装置。

系统采用开放式局域网结构，网络系统符合国际网络互联网标准，软硬件采用国际流行、标准化、通用性强的产品。因此，这不仅有利于网络的发展，而且支持网际互联，为将来与各种网络系统及其他所需系统联网，提供了方便。

(2)被控站

被控站设在主变电所、牵引降压混合所及降压变电所。变电所采用分层分布式变电所综合自动化系统，主要有站级管理层设备、所内现场通信网络以及间隔设备层单元组成，完成对变电所机器范围内供电设备的保护、控制、信号、测量和自动装置、远程通信的功能。

(3)数据传输通信通道

系统采用通信专用配置的专用数据传输通道，通道结构一般采用点对点结构。

(4)监控对象

监控对象分为遥控对象、遥信对象和遥测对象。

①遥控对象

a. 主变电所、牵引变电所、降压变电所内 10 kV 及以上电压等级的断路器、负荷开关及电动隔离开关。

b. 牵引变电所的直流快速断路器、直流电源总隔离开关、降压变电所的低压进线断路器、低压母联断路器、三级负荷低压总开关。

c. 接触网电源隔离开关。

d. 有载调压变电器的调压开关。

②遥信对象

a. 遥控对象的信号位置。

b. 高中压断路器、直流快速断路器的各种故障、跳闸信息。

c. 变压器、整流器的故障信号。

d. 交直流电源系统的故障信号。

e. 降压变电所低压进线断路器、低压母联断路器的故障信号。

f. 钢轨电位限制装置的动作信号。

g. 预告信号。

h. 断路器手车位置信号。

i. 无人值班变电所的大门开启信号。

j. 控制方式。

③遥测对象

a. 主变电所进线电压、电流、功率、电能。

b. 变电所中压母线电压、电流、功率、电能。

c. 牵引变电所直流母线电压。

d. 牵引整流机组电流、电能、牵引馈线电流、负极柜回流电流。

e. 变电所交直流操作电源的母线电压。

2. 系统的功能

高速铁路监控应用中心系统通常采用主备冗余系统，对全线重要监控对象的状态、性能数据进行实时收集和处理，通过各种调度员工作站以图形、图像、表格和文本的形式显示出来，供调度人员控制和监视。同时系统根据一定的逻辑关系自动向分布在各站点的被监控对象或系统发送模式、程控、点控等控制命令，由调度员人工发布控制命令，从而完成对全线供电设备集中监控和调度管理，确保高速铁路的供电质量和供电安全。

车站级电力监控系统对本站供电设备监控对象的状态、性能数据进行实时收集和处理，当中心系统或通信网络发生故障时，该系统可对车站范围内的供电设备进行控制，形成多级冗余。

现场级测控设备与监控系统的中心和车站级均有通信接口。它们位于各监控对象附近，起接口转换、信息采集、传送、汇聚、命令接收、执行和反馈作用。通常采用工业控制网络或现场总线分散控制结构，自律式控制器保证系统的安全可靠。现场级测控设备通常设置当地/远方功能，为系统的现场维护调试和特殊情况提供现场操作选择。

3. 系统的结构

(1)硬件结构

一般来说，高速铁路供电监控系统分为设在控制中心的中央电力调度系统、各变电所内的变电所综合自动化系统及通信通道三大部分，大多采用图 3.3 所示的硬件结构。

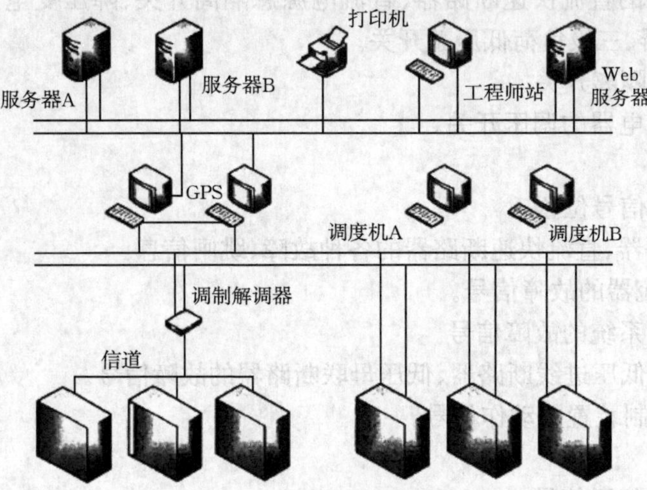

图 3.3 硬件结构

系统由前置网、后台实时网组成。前置机和现场远程终端服务器(remote terminal unit，RTU)都连接在实时数据网上。历史服务器、Web 服务器、操作员站、工程师站共用一个后台高速以太网(ethemet)。

早期采用国外进口的 SIEMENS 公司的系统，也采用了类似的架构，只是在服务器功能分配上和国内公司的 SCADA 产品有所不同，也考虑到成本问题，而采用了相对简化的系统架构，但本质上没有什么不同。

(2)软件结构

两台互为热备用的前置机挂在前置网上，构成前置数据采集系统，负责与远方 RTU 通信，进行规约转换，并直接挂接在实时网上与后台系统进行通信。随着 TCP/IP 技术和通信技术的发展，现在大多采用具有网络接口的 RTU 设备直接挂接在前置网上。

实时网组成后台系统，负责与前置数据采集系统通信，完成 SCADA 的后台应用。根据职责和功能的不同，实时网上可以配置系统维护工作站、调度工作站等，各类工作站的数目可依据实际需要进行配置。另外在实时网上配置了一个 WEB 服务器，用户通过它可以实现对实时网上数据和画面的浏览。

商用关系数据库系统(oracle 或 sybase)安装在后台服务器上，采用多客户(主、备)服务器模式，数据库服务器节点由一主一备构成，以提高系统数据的安全性和可靠性。当一台出现故障时，另一台数据库马上接管全部服务。很多情况下，可以采用第三方的 cluster 集群软件，保证两台服务器的无缝切换，无信息的丢失。SCADA 的历史数据库和系统参数数据库使用商用数据库。

为满足实时性的要求，在前置机上安装实时数据库。利用实时数据库的快速反应性能，对实时数据进行处理。实时数据库、商用数据库之间相互独立，通过软件数据总线实现数据联结，使系统满足调度自动化实时性的要求，同时也充分利用了商用数据库的数据管理能力；两个数据库之间的数据冗余，提高了数据处理的可靠性。数据库访问语言采用满足 ANSI 标准的 SQL 查询语言和 C/C++语言函数 API 接口。

3.4 火灾自动报警(FAS)系统

火灾报警系统主要由设置在沿线各车站、区间隧道、控制中心大楼、停车场、主变电站等与高速铁路运营有关建筑与设施的火灾报警系统设备以及相关的网络设备和通信接口组成，一般由中央级和车站级两级系统组成，采用控制中心的中控级和车站级两级监控管理方式。

1. FAS 系统构成

(1)高速铁路全线 FAS 系统构成

高速铁路 FAS 系统按两级(中央、车站)管理、三级(中央、车站、就地)控制设置全线系统。FAS 系统作为二级管理系统，由设置在 OCC 的环调工作站、车辆段的维修工作站和设置在各车站车控室、车辆段和主变电所等地的消防控制室的火灾自动报警系统及联系两系统的通信网络构成。

车站级火灾自动报警系统采用专用火灾报警控制盘。FAS 系统作为三级控制系统，第一级为中央级，是整个 FAS 集中监控中心，设置于全线控制中心大楼内；第二级为车站级，是 FAS 系统基本结构单元，设置于各车站的综控室以及车辆段等的消防值班室；第三级为现场就地控制级。

(2)中央级系统构成

中央级作为 OCC 管理全线火灾报警系统网络控制工作站，是整个系统的设备、管理和控制中心。它能实现对全线 FAS 系统和联动设备等的完全监视和控制，中央级通过图形和文字方式对全线各站 FAS 系统的智能探测器、手自动转换开关、监视模块、控制模块等设备的报警、故障、屏蔽、复位、反馈、控制等信息进行实时监视和处理。通过中央级工作站实现直接屏蔽、复位设备点、读取智能探测器工作参数、启动/停止联动控制设备等功能。在中心调度大厅内设置一套火灾自动报警控制器(网络型)一套互为备用的图形工作站。

在控制中心大楼机房内设置主备服务器(视不同品牌的设备而定)、交换机等设备；火灾自动报警控制器(网络型)通过网络接口与全线火灾自动报警网络相连，作为网络的一个节点与各车站级火灾报警控制器(联动型)保持通信。工作站采用主、备机同时在线工作，并互为监视形式。平时备机同样接收并存储网络信息，当主机失效时，备机能无间断替代主机工作，并保持系统记录。FAS 控制中心控制器和图形工作站应预留一定的余量。

中央级设有联动控制台、防灾广播与电视监视切换装置以及防灾调度电话总机、与市消防、防汛、地震预报中心联系的外部电话等，并设置打印机、与相关系统接口等设备。在车辆段设 FAS 维修检测工作站，除具有维修功能外，还具有与系统管理工作站相同的功能。

(3)车站级系统构成

车站火灾报警控制器、图形显示终端和本管辖区域内的各种探测器、手动报警按钮、电话插孔、消防专用电话、控制联动设备、信号输入和信号输出模块等现场设备构成车站控制级火灾自动报警系统。

车站级(含控制中心大楼)在各车站、控制中心大楼等消防设备室设火灾报警控制器，能对其所辖范围独立执行消防监控管理；其管辖范围除车站外，还包括车站相邻的区间隧道和隧道中间风井。区间隧道和隧道中间风井的火灾报警以区间中心里程为分界点分别纳入紧邻的车站火灾自动报警系统。中间风井并接入相邻车站回路，由车站火灾报警控制器实施报警和联动控制。

车辆段和停车场信号楼控制室设置火灾自动报警器，作为车站级的火灾自动报警系统控制器与全线火灾自动报警系统直接联网。视车辆对区域的规模，在车辆段综合楼、运行库的消防控制室或值班室再设置区域火灾报警控制器。附近建筑的火灾报警设备和联动设备均纳入相邻的区域火灾报警控制器中。信号楼、混合变电所、综合楼、检修库及材料总库、运行库联合车库等设备用房及管理用房设置各类探测器。火灾自动报警控制器、图形显示终端、区域火灾报警控制器及管理范围内的所有现场设备共同构成车辆段火灾自动报警系统。

主变电所视站内火灾工况的要求，设置联动型火灾报警器或区域火灾报警器。联动型火灾报警器可作为车站级的火灾报警控制器，并与全线火灾自动报警系统直接联网；区域火灾报警器应接入主变电所相邻车站的火灾报警控制器。区域火灾报警器将主变电所的报警、状态、联动信息按点实时送至车站级火灾报警控制器，再由车站控制级送至控制中心中央级。主变电所区域火灾报警控制器与管辖范围内的各类探测器、手动报警按钮、输入输出模块等现场设备构成主变电所火灾自动报警系统。

(4)现场级设备构成

各站级火灾报警控制器的下级布设了覆盖范围广、数量庞大的现场级设备，用以及时探测火灾灾情，及时联动相应设备运行到火灾模式。

现场级 FAS 系统主要包括以下设备：

①各类火灾探测器。智能化光电感烟探测器、红外光束感烟探测器、感温探测器、红外火焰探测器、可燃气体探测器和线性感温电缆等，用来实现现场火灾的报警，及时发现火情。

②监测及控制模块。用于对各设备运行状态的检测、报警检测及对各消防设备的控制。

③手动火灾报警按钮、消防电话分机及电话插孔。用于现场人员的人工报警及消防通信。

④警铃及声光报警器。火灾时发出火灾报警。

⑤消防广播。发布火灾信息，组织现场救灾工作及疏散人群。

2. 系统的主要功能

(1)中央级 FAS 系统功能

FAS 中央级系统负责对高速铁路全线各车站、主变电所、车辆段、停车场、控制中心大楼

的灾情监视、防灾设备的管理和灾害时的组织指挥工作，侧重于上层的救灾指挥和协调功能。

具体功能如下：

①监视全线火灾自动报警系统设备的运行状态、接收全线各车站、主变电所、车辆段、停车场、控制中心大楼的火灾报警信息。当发生火灾报警信号时，以地图式画面在综合显示屏上显示报警点、打印报警时间、地点并启动火灾报警的声光报警信号。

②记录显示全线所有消防设备的运行状态；当被控设备故障或状态变化时，应发出声音提示并打印、记录所发生的时间、地点。

③可对系统、设备、网络进行自检记录，包括设备的离线自动报警、网络的故障报警、存储操作人员的各项操作记录。

④存储、打印实时故障等其他各项记录。

⑤可以将历史记录等报告内容进行整理归纳并存储到磁盘，也可随机形成报表打印。

⑥具有可操作权限时，应对各站的控制器进行在线编辑和程序下载功能，修改现场的参数。

⑦火灾自动报警系统可通过相关接口，将火灾信息发送到信号系统。

⑧控制中心级可通过操作电视监控系统（CCTV）的键盘和显示终端确认现场的情况。根据火灾的实际情况，向有关区域发出消防救灾指令和安全疏散指令，并通过通信工具来组织指挥救灾工作的开展。火灾工况具有优先权。

⑨控制中心火灾自动报警系统能接收通信系统提供的主时钟信息，使火灾自动报警系统与主时钟同步。

(2)车站级 FAS 系统功能

车站级 FAS 系统具体功能如下：

①监视车站及所辖区间的消防设备的运行状态；接收车站及所辖区间火灾报警及重要系统的报警，并显示报警部位。

②接收车站火灾报警信号，显示报警部位，优先接收控制中心发出的消防救灾指令和安全疏散指令。

③通过车站的火灾报警控制盘内的 RS485 数据接口向机电设备监控系统发出模式指令，由机电设备监控系统启动消防联动设备。FAS 系统发出救灾命令到机电设备监控系统的时间不大于 1 s。

④在车站控制室的火灾报警控制盘内设消防电话，可与车站的消防电话通信。

⑤火灾报警控制盘接收气体灭火系统的 5 个反馈信号，火灾预报警信号、火灾确认信号、系统故障信号、气体释放信号、手动/自动状态信号。

⑥监视车站防火阀的动作，并将信息上传至控制中心。

⑦控制防火卷帘下降，接收其反馈信号，并将信息上传至控制中心。

⑧接收消火栓泵运行信号及故障信号，并按编制的程序控制消火栓泵的启停。

3. 系统的网络结构

根据火灾自动报警系统基本的结构要求和设计形式，火灾自动报警系统按照所采用的火灾探测器、各种功能模块和手报等与火灾控制器的连接方式不同，可分为多线制和总线制两种应用形式；根据火灾报警控制器进行火灾检测数据的处理和实现火灾模式识别方式的不同，分为集中智能型和分布智能型两种系统应用形式；按各个生产厂的系统实际产品形式，分为中控机、主子机和网络通信系统应用形式。

高速铁路FAS系统采用的多为总线制分布智能型的网络通信系统，站级FAS系统是整个高速铁路FAS系统的最基本组成单元，负责本站范围内的火灾探测及消防联动等功能，它是全线FAS网络的一个节点单元，通过车站综合控制室火灾报警控制主机（FACP盘）纳入全线网络，由控制中心统一管理。

4. 系统的运作模式

系统的运作模式包括监视模式与报警模式。

(1)监视模式

在正常状况下，火灾报警控制器及车站现场设备处于监视状态，车站图形显示终端显示车站各防火分区、防烟分区的平面布置图和车站现场设备状态。

(2)报警模式

报警模式包括自动确认模式、人工确认模式及消防联动模式。

①自动确认模式

任何一个报警区域，如有一个智能火灾探测器报警，同时有一个手动报警按钮报警，或者两个或两个以上的智能火灾探测器报警，则火灾自动报警系统自动确认报警。火灾确认后，火灾自动报警控制器发出指令、控制相关消防设备并发送指令至设备监控系统，设备监控系统接收并执行指令，按照预先设置的程序使相应的设备投入火灾工况模式运行，指令执行完成之后给火灾自动报警系统一个反馈信号，并传送至控制中心。

②人工确认模式

如果报警区域为电视监控系统可以监控的区域，可由车站控制室的值班人员将电视监控系统切换到报警区域并确认，如果监视系统监视不到报警区域，则值班人员通过通信工具通知现场值班人员到现场进行确认。经人工确认火灾后，人工启动火灾报警系统进行消防联动，并发送指令至设备监控系统，设备监控系统接收并执行指令，按照预先设置的程序使相应的设备投入火灾工况模式运行，指令执行完成之后给火灾自动报警系统一个反馈信号，并传送至控制中心。

③消防联动模式

消防联动模式是火灾自动报警系统自动实现火灾探测、火灾报警功能、控制和监视火灾时的排烟、排烟防火阀的动作状态，控制相关消防设施的联动，接受其状态反馈信号，并将信息上报至控制中心。火灾时，火灾自动报警控制器发出指令至设备监控系统，设备监控系统接收并执行指令，按照预先设置的程序使相应的设备投入火灾工况模式运行，火灾自动报警系统指令具有最高的优先级。

3.5 综合监控(ISCS)系统

高速铁路系统各专业按照自身技术特点，不同程度地应用了计算机技术、网络技术以实现高速铁路的运营和监控自动化，如电力监控自动化系统(SCADA)可使调度中心实时掌握

各个变电站、供电所设备的运行情况，直接对设备进行操作；机电设备监控自动化系统(EMCS)实现整条线路站内机电设备的集中监控和管理等。火灾自动报警系统(FAS)，列车运行自动监控系统(ATS)等也对高速铁路系统的自动化和安全起着重要的作用。每个系统之间都是相互联系、相互依赖的，但是事实上每个系统由于各自的特点、不同的安全需要、数据冗余的不同，都是自成体系的，有各自独立的网络结构、服务器和操作站等，是一个个自动化孤岛。系统之间的联络比较困难且成本较高，难以实现信息互通、资源共享，要实现高速铁路运营的协调统一管理，不得不加入人工干预，这样就降低了可靠性、响应性和运营效率。于是，在这样的背景下，提出了面对高速铁路的综合监控系统(integrated supervision control system，ISCS)。

3.5.1 综合监控系统结构

高速铁路综合监控系统建设的目的是将 SCADA、BAS、FAS 及 ATS 等系统的功能集于一体。如综合监控系统不仅具有对变电所全所的自动控制、保护功能和对供电设备、车站设备、防火设备等的遥控、遥信、遥测、遥调的功能，而且采取计算机综合监控系统技术，实现相关信息和资源的共享及调度、办公自动化，保证所有监控系统的高效性和紧急事件处理得及时准确。

在高速铁路系统现场，各监控系统的控制管理特点基本类似，都是分级控制的：采用两级控制或采用三级控制的总体结构。综合监控系统作为各个系统的信息枢纽，在构建时必须依据现场分级控制的实际情况。为了充分发挥系统的功能和便于系统的管理、维护，将综合监控系统分为中央级与车站级两级管理模式。

中央级综合监控系统位于综合监控中心，直接与各个业务子系统监控中心及车站级综合监控系统相联系，所涉及的交通信息资源来自各个子系统的监控中心和车站级综合监控系统。数据信息资源一般属于较高层次的决策支持的信息，对于细节性数据主要由车站级综合监控系统来组织、存储、处理和挖掘等。

车站级综合监控系统直接集成车站级各监控系统的信息，使全站的各个系统成为有机整体，并为新建系统提供开放的接口。与中央级综合监控系统互通信息，把收集到的车站中的实时信息传送到中央级综合监控系统，从中央级综合监控平台的集成数据库中读取本系统所需的其他系统数据，并接收中央级综合监控系统的指令和请求，如图 3.4 所示。

两级综合监控系统虽然涉及的信息内容和系统功能有所不同，但它们的结构是大体相同的。其中车站级综合监控系统是整个综合监控系统的基础。鉴于车站级综合监控系统的重要性，本书在描述综合监控系统的功能模块和具体实现时，重点描述车站级的综合监控系统。

车站级综合监控系统建立在高速铁路监控系统相关信息的数据标准层之上，使用符合国际和国家相关标准的数据规范，确保系统为各应用系统提供数据交换的机制和手段；整合不同监控应用系统的监控资源，并对其进行集成、融合和加工处理，成为能够为高速铁路综合监控指挥的信息；为部门或公众提供满足交通诱导服务的指挥调度信息，实现各个监控应用系统的无缝连接。高速铁路综合监控系统包括数据层、系统层、应用层和表示层 4 个层次的主要内容。

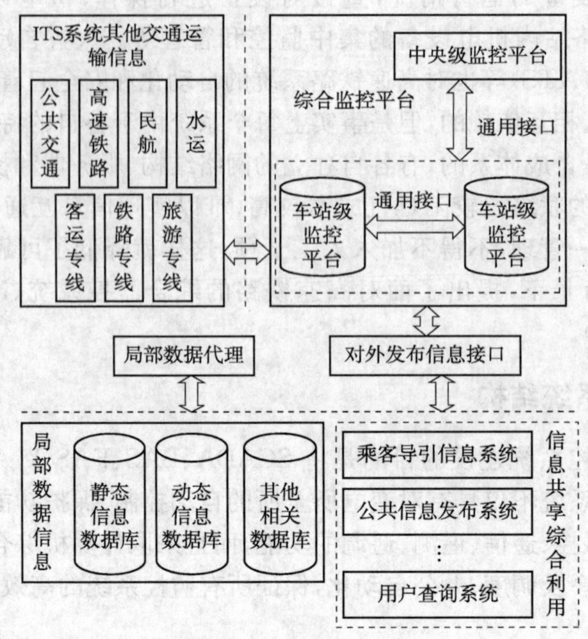

图 3.4　系统间信息流

1. 数据层

数据层是综合监控系统最基础的一层，包括与原有监控子系统之间的信息接口及一个对数据进行初步存储的数据库服务器。

2. 系统层

系统层是高速铁路综合监控系统的支撑环境，位于数据层之上，是应用需求中逻辑部分的详细表达，它提供数据仓库支撑环境和界面整合工具等，是应用和数据共享的中间环节。

3. 应用层

应用服务层是综合监控平台的核心部分。一方面，它要将从各个监控子系统中提取的信息进行二次处理，为应用服务做好准备；另一方面，它要对各级用户主体的服务需求做出响应，同时可以主动地对其所占有的系统全面信息进行深层次分析或挖掘，提出适合于不同用户主体的服务信息或指令，并及时提供给各级用户主体，完成其服务的功能，其主要由若干个支撑、服务、管理子系统来协同完成。

4. 表示层

表示层面向综合监控系统的用户，包括公司领导、综合监控中心、各监控子系统操作人员及专业人员等，他们的服务需求将定义综合监控系统的服务内容和核心过程。整个系统是一个功能完善的分散、分层、分布式系统。调度端、工作站、服务器等间隔终端之间只有通信信息交换，不存在电气之间的直接联系，各个系统具有高度的自治性，可以根据系统的实际需要增加新系统，而不影响整个系统的正常运行，在改扩建系统时可以减少工程投资。

3.5.2 综合监控系统的功能

1. 基础数据管理功能

监控平台需要集成现有SCADA系统、BAS系统、FAS系统、CCTV监控系统、ATS系统等，在该平台上可查看高速铁路各业务子系统所产生的信息、查看交通控制类业务子系统中的设备及其管理状态，同时可以对这些设备进行控制、查看远程数据采集系统的设备状态及所采集数据的统计信息，同时还可以向交通信息发布类业务子系统提供需要发布的信息。

2. 可视化监控调度的功能

平台负责在日常工作和管理过程中出现异常事件时，实现对相关监控资源的调配和指挥。根据整体系统集成化要求，具体提供如下功能：实时对所辖各个设备和系统状态进行监控和分析，迅速、准确、可靠地下达监控子系统具有的各种控制命令；在紧急状态（阻塞或故障状态）发生时启动相应的预案，提高指挥的效率。如预案库中尚无对应的处理方案，则由综合指挥系统的决策支持分析功能完成对事件的统计和分析，生成新的处理预案，并保存到预案库中。

3. 查询、统计和分析及必要的决策支持的功能

综合监控平台集中全部监控数据，在实时监控功能中，需要参照设备运行状态、事件发生情况、客流状态预测和相应的决策支持等相关信息。具体决策支持功能包括如下几个方面：

(1)基于对各个监控系统运行状况的分析，迅速对系统运行态势进行准确判断。

(2)基于相关子系统当前和历史数据，运用联机分析处理（online analytical processing，OLAP）、数据挖掘（data mining，DM）和人工智能（artificial intelligence，AI）等技术对整个系统将来的运行进行科学预测。

(3)根据事故的响应和处理情况，制定切实可行的紧急事件处理预案，以备在事件发生时选择并采用优化方案付诸实施。

(4)提供支持决策分析能力，帮助车站工作人员在各种工作环境下，实现对各种系统运行特殊情况的处理和分析，从而实现对车站所辖各种设备和车辆运行状况的有效控制和管理。

3.6 高速铁路调度指挥系统

我国高速铁路调度指挥涉及因素多且工作复杂，其组织机构采用两级管理模式设置。在满足基本功能需求的前提下，高速铁路调度指挥系统设有计划调度子系统、运行管理调度子系统、动车组调度子系统、综合维修调度子系统、供电调度子系统和旅客服务调度子系统，业务管理按时间进程分为基本计划层、实施计划层和调度指挥层三个层次。

3.6.1 我国高速铁路调度指挥系统构建的原则

高速铁路调度指挥系统涉及运输组织、机车车辆、通信信号、供电、安全监控、维护救援、

旅客服务等多个方面。

高速铁路调度指挥系统结构与功能的设计是构建调度指挥系统的关键步骤，其设计思路与方法直接关系到调度指挥系统的应用效果，因此应当制定相应的设计原则来确保其投入运营后的使用水平。

根据高速铁路调度指挥系统的系统分析，结合当前的技术设备条件，可以确定高速铁路调度指挥系统构建的原则：

(1)调度指挥系统设计必须坚持先进性、实时性、可靠性和可扩展性原则。

(2)调度指挥系统的建设坚持路网完整性和调度集中统一指挥，确保各高速铁路间、高速铁路与普速铁路间调度的有机协调。

(3)设计上坚持统一领导、统一规划、统一标准、统一管理，实施上统筹规划并结合高速铁路建设进程分步建设。

(4)调度指挥系统的技术体系以统一的硬件平台、统一的软件平台、统一的安全平台、统一的管理平台和统一的数据存储为特征，对外提供标准的信息接口，构建一体化的运营调度系统，实现系统资源的优化运用和系统规模的灵活调整。

(5)高速铁路调度指挥系统硬件平台采用通用标准的计算机、网络设备，关键设备需要采用冗余设计。

(6)高速铁路调度指挥系统采用统一的系统管理、安全管理、网络管理、数据管理和系统维护机制。

(7)高速铁路调度指挥系统采用统一的操作流程和人机界面，调度指挥中心(所)、车站、动车基地、综合维修基地、乘务基地的调度人员均使用统一的软件系统，实现信息共享和透明指挥。

(8)未来的运营调度系统将能够适应统一规划、分步实施及生产力布局调整的需要，灵活地进行变更和扩展；对于调度人员而言，面对的始终是同一个人机界面，操作使用方法不会随地点的变化而变化。各调度台的管辖与控制范围可根据实际需要动态、在线调整。国铁集团调度指挥中心作为高速铁路调度所的备用，具备随时接管任意调度所的能力。

3.6.2 高速铁路调度指挥的组织机构

我国高速铁路调度指挥的组织机构采用两级管理模式设置，即在国铁集团设高速铁路调度指挥中心，在北京、上海、武汉、广州设 4 个高速铁路调度所。其中，北京调度所管辖京哈、京沪及环渤海湾城际等高速铁路；上海调度所管辖长三角城际、浙赣、陇海等高速铁路；武汉调度所管辖京广、沪汉蓉等高速铁路；广州调度所管辖泛珠三角城际、东南沿海等高速铁路。高速铁路调度指挥机构设置如图 3.5 所示。

国铁集团调度指挥中心主要是协调、管理和监督几大区域调度中心的日常工作，主要职责包括：

(1)列车运行计划的编制和调整(主要是基本图)。

(2)监督管理全部高速铁路的运行安全。

(3)管理跨区域的重点列车。

(4)在重大事故及灾害发生时，进行集中统一指挥(可行使部分备用中心职能)。

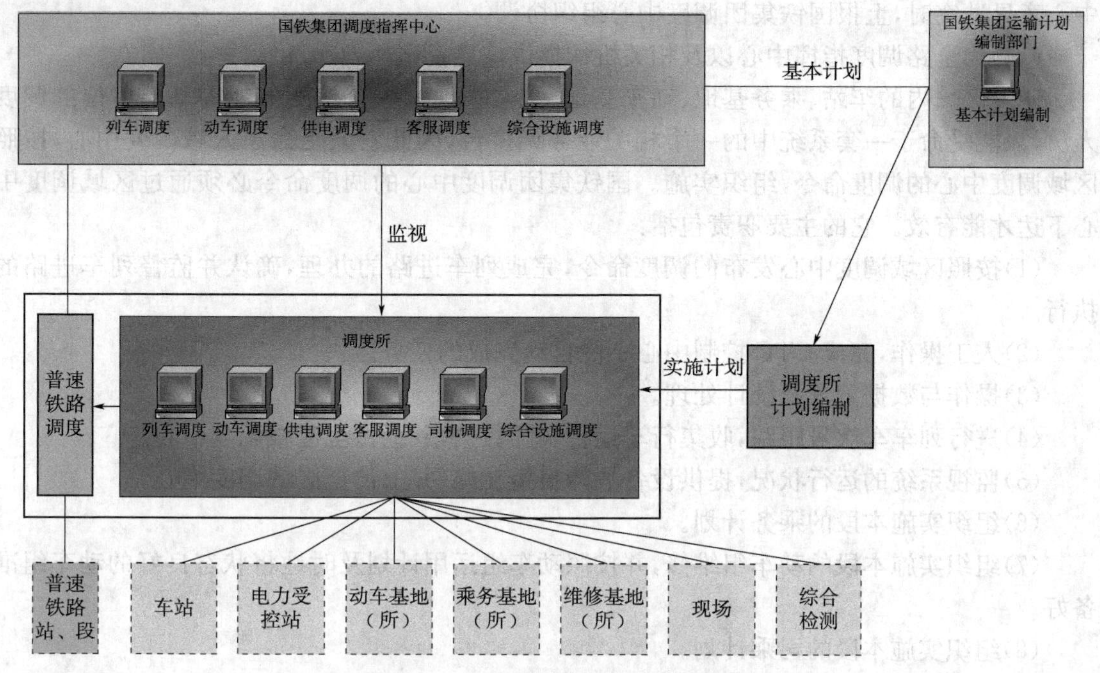

图 3.5　高速铁路调度指挥机构设置

(5)对各区域调度中心下达重点事项和要求。

(6)对各区域调度中心进行宏观调控。

(7)当各区域调度中心意见有冲突时，组织协调，统一处理。

(8)为国铁集团中心以及相关机构提供信息资讯。

高速铁路公司调度所是调度指挥系统的核心指挥部门，具有承上启下的作用，主要职责包括：

(1)上对国铁集团调度中心及有关业务部门接收和传递重点信息，下对各业务调度台下达命令，组织和协调工作。

(2)跨区域列车的交接等有关业务。

(3)列车运行计划的编制和调整(主要是调度日班运行计划)。

(4)实现列车运行调度的指挥。

(5)对调度区域内安全监控的集中统一管理。

(6)对调度区域内动车组和乘务组的运用进行安排。

(7)对调度区域内旅客服务相关事务进行管理和调度。

(8)对调度区域内牵引供电系统和设备供电系统的监视、控制、监测及管理。

(9)监督管理管辖范围内高速铁路的运行安全。

(10)管理跨区域重点列车和本区域内重点列车。

(11)当调度区域内发生较大事故及灾害时，进行集中统一指挥；当发生重大事故及灾害时，与国铁集团调度中心及相邻区域调度中心协调处理和指挥。

(12)对调度区域内基层进行宏观调控。

(13)当调度区域内各业务调度意见有冲突时，组织协调，统一处理；当与其他区域调度中心意见冲突时,上报国铁集团调度中心组织协调。

(14)为全路调度指挥中心以及相关机构提供信息资讯。

调度区域内的车站、乘务基地、动车基地、维修基地和综合检测基地等基层单位的调度人员,只能受命于一套系统中的一个相关业务调度台,因此它只受命于区域调度中心,按照区域调度中心的调度命令,组织实施。国铁集团调度中心的调度命令必须通过区域调度中心下达才能有效。它的主要职责包括:

(1)按照区域调度中心发布的调度命令,完成列车进路的办理,确认并监督列车进路的执行。

(2)人工操作,完成 CTC 控制中心不能自动完成的任务。

(3)操作与数据记录及统计处理。

(4)进行列车车次号跟踪,收集行车运行实际数据,并上传至区域调度中心。

(5)监视系统的运行状况,提供设备故障报警功能,并上传至区域调度中心。

(6)组织实施本段的乘务计划。

(7)组织实施本段的动车组维修,并按照动车组运用计划及时地将状态良好的动车组准备好。

(8)组织实施本段的司乘计划。

(9)组织实施调度区域内线路、通信、信号、电力等设备的综合维修计划。

3.6.3 高速铁路调度指挥系统的功能

我国高速铁路调度指挥系统需要满足如下调度功能的需要:

1. 全天候保证列车安全、正点、高速运行

高速铁路是新时期社会经济发展的产物,其运营后必须很好地满足铁路行业和旅客的需求。这些需求中最基本的要求是安全运行,在此基础上是列车正点、高速运行,从而为旅客提供快捷准时的运输服务,更好地为社会经济发展服务。

安全是运输最基本也是最重要的要求,没有安全保障,其他效益、指标都毫无意义。我国新建高速铁路专门运送旅客,旅行速度都将在 200 km/h 以上,而且列车到发密集,行车间隔时间短,行车安全更加具有挑战性。如果高速铁路行车发生安全事故,后果不堪设想。高速列车如果不能高速、正点运行,就无法解决其本应解决的问题,从而失去了发展高速铁路的意义,而且在时间观念日益增强的今天,列车不能正点高速运行,会给旅客带来极大的不便利,甚至产生衍生的社会经济负面效应。

高速铁路调度指挥系统是高速铁路的中枢,需要协调各部门、各单位、各工种,以正常、高效地完成运输任务。调度指挥系统服务于运输生产活动,其基本要求就是要达到高速铁路的预期效果,必须保证列车安全、正点、高速运行。而且,高速铁路运输生产活动全天候进行,调度指挥系统也必须 24 h 不间断地工作。

2. 制订计划、实时调整和应急处理

高速铁路系统是一个复杂的大系统,日常的生产活动都需要事先制订周密的计划,才能保证生产活动有条不紊地进行。这些计划涉及列车运行计划,动车组交路、分配和检修计

划，乘务计划，车站作业计划，综合维修计划，供电计划等，这些计划需要由调度指挥系统制订，然后以此为依据进行生产活动。

但计划制订得再周密，也无法保证在实际的生产过程中完全按照计划进行。在实际的生产过程中，由于列车晚点、动车组及人员状况改变等，不得不进行计划调整。及时有效的计划调整可以使计划尽快地向原计划恢复，从而缩小影响范围，降低损失。因此，调度指挥系统应该具有实时的信息反馈功能，并且能自动产生较优的调整方案以及时调整计划，从而提高列车晚点迅速恢复的能力。

计划制订及调整是客运调度指挥工作的重要组成部分，也是高速铁路调度指挥系统的核心业务，调度指挥系统需要事先生成周密的计划，生产过程中又能及时地进行计划调整。

此外，调度指挥系统还应该事先制订一些自然灾害和突发事故的应急预案，以便在发生自然灾害和突发性事故时直接启动相应的应急预案，从而减少损失。

3. 使高速铁路与普速铁路衔接良好

我国部分高速铁路是通过普速铁路改建而成，即使是新建的高速铁路，某些车站尤其是枢纽地区使用改扩建的车站，因此我国的高速铁路并不是一个完全独立的系统，其线路与普速铁路衔接在一起。我国高速铁路在建成后的相当长时间将采用多种速度列车共线运行的运输组织模式，即高速线上要运行不同速度等级的动车组。

高速铁路在运营过程中会出现速度较低的动车组下到普速铁路然后又上到高速线，以及高速线通过普速铁路大站枢纽，这都会引起高速线和普速铁路调度指挥的衔接问题。从国外高速铁路实际运营经验看，高速铁路只要与其他线路衔接，其衔接点的运输组织工作就需要高度重视。高速铁路与普速铁路衔接良好，对于提高铁路通过能力、优化运输组织方案、减少列车运行的安全隐患有着重要的意义。

因此，在调度指挥机构和调度指挥模式确定的情况下，我国高速铁路与普速铁路调度指挥系统应该无缝衔接。高速铁路调度指挥系统应该结合高速铁路和普速铁路的全部信息，使得高速铁路和普速铁路衔接良好，高速铁路行车和普速铁路行车在衔接处相互影响降到最低，从而在保证安全的基础上又能提高铁路的整体通过能力。

4. 实时远程信息采集、处理和控制

高速铁路一般长达数百公里，但是调度指挥系统却集中在一个地点，因此调度指挥系统需要实时远程采集沿线的信息，包括线路、道岔状态、列车状态（位置、速度、加减速度等）以及环境气象情况，才能更好地进行调度指挥工作。在采集到数据后，调度指挥系统及时处理，然后做出决策并进行远程控制，如远程转换道岔、向运行列车及车站发布调度命令。如果监视到危及行车安全的自然或气象灾害时，及时联系相关单位，以做好预防、救援以及维修工作。

此外，调度指挥系统还需要在发生自然灾害及事故的情况下，可以获得现场实时视频资料，从而监视其现场的变化，并结合相关信息，为灾害、事故的抢险、救援、抢修提供依据。

5. 共享信息并保证安全

高速铁路的生产活动涉及多个部门、单位及工种，其调度指挥系统是高速铁路生产活动的神经中枢，因此与列车运行直接相关的动车组、接触网、供电、线路、通信、信号、环境、乘务员管理、人员培训，以及设备的检修、运用、维护、施工管理等信息，都应该集中到调度指挥系统。调度指挥系统必须实现信息的互联互通和资源共享，从而协调各方更好地安排运输生产活动。

但是由于高速铁路安全性要求极高，调度指挥系统对于保证安全生产至关重要，因此在进行数据共享时必须要保证信息安全。在内部信息共享时进行严格权限划分，只有具有相应权限的人员才能查看或者修改相关信息。在设计上要充分考虑到影响网络安全的因素，保证网络具有较高的可靠性，对病毒、黑客攻击有较强的防御能力以及较强的数据恢复能力。

6. 文件管理和统计分析

高速铁路调度指挥系统在进行调度指挥工作过程中，需要采集大量的现场信息，经过调度指挥人员和系统综合决策后，再以调度命令的形式发送到相关单位、相关人员。这些采集的信息以及发送的调度指挥命令都需要按日期、类别等系统地管理起来，以方便后续分析以及出现问题时的责任划分。除此之外，高速铁路的基本运行图和实绩运行图、动车组运用计划、乘务计划等也都需要以日志的形式进行管理。

与普速铁路一样，高速铁路运输生产每天都需要进行统计分析工作。统计分析从质量和数量两个方面进行，内容主要包括线路动车组情况、列车晚点情况、运送旅客情况、安全生产情况。统计分析的结果，可以对日后工作具有指导意义，也是国家社会经济统计数据的基础来源。该项工作需要由调度指挥系统自动完成，并以报表形式反映，并需要针对问题提出可行的解决方案。

7. 降低工作人员的劳动强度

高速铁路调度指挥系统是一个服务于高速铁路运输生产的复杂系统，汇集信息量大、涉及业务多而复杂，调度指挥人员的工作量较大。我国高速铁路实行分级管理、集中统一指挥模式进行调度指挥活动，调度指挥人员设置较少。这就需要调度指挥系统的自动化程度较高，能够对各种信息进行分析并能够产生较优的方案，能够自动统计分析运输生产的各种数据，系统或者现场出现问题要及时报警。调度指挥系统的自动化程度高，可以改善劳动条件、降低劳动强度，对保证高速铁路安全、正点、高速行车具有重要意义。

3.6.4 各子系统功能概述

1. 计划调度子系统

运输计划是调度指挥各项工作的基础和主线。计划调度子系统主要是依据计划编制规则，提供计算机编制列车运行图及相关计划的功能和手段，具备牵引计算、合理性检查和模拟仿真等功能。基本计划以线路数据、动车组参数、信号系统参数、车站参数等数据为依据，结合客流分析与列车开行方案进行编制。

系统首先进行全路基本计划编制，即根据运输需求编制全路统一的高速铁路基本计划，包括基本列车运行计划、基本动车交路计划、基本车辆分配计划和基本乘务计划；其次进行实施计划编制，即在基本运输计划基础上编制高速铁路的实施计划，包括列车运行计划、维修施工计划、供电计划、动车组交路计划、车辆分配计划、车辆检修计划和乘务计划等；最后进行计划下达与管理，包括时间管理、权限管理和安全管理，并将计划下达到各相关部门。

计划调度子系统的主要功能如图3.6所示。

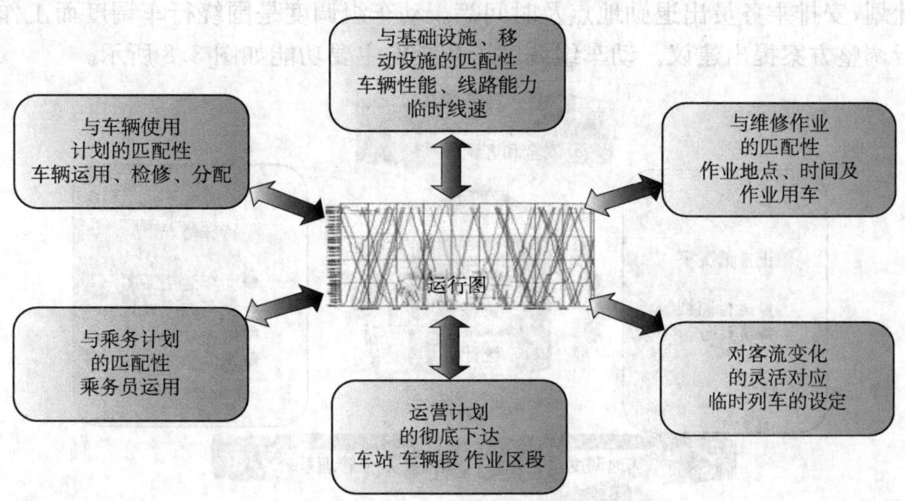

图3.6 计划调度子系统的主要功能

2. 运行管理调度子系统

运行管理调度子系统是高速铁路调度指挥系统的核心和关键，其基本任务是根据列车运行计划组织列车安全、正点运行。运行管理功能主要是接收实施计划（包括列车运行、动车组运用、乘务安排、施工维修等实施计划），实现人工或自动生成列车运行调整计划、人工或自动进行列车进路控制、实施列车运行监视、绘制实绩列车运行图、实现列车跟踪及车次号校核等。系统能随时按业务需求的调整进行权限控制和功能切换。在列车运行紊乱情况下，运行管理调度子系统负责编制调整计划，并下达调整命令，控制列车、调车进路，监视列车运行。

运行管理调度子系统的主要功能如图3.7所示。

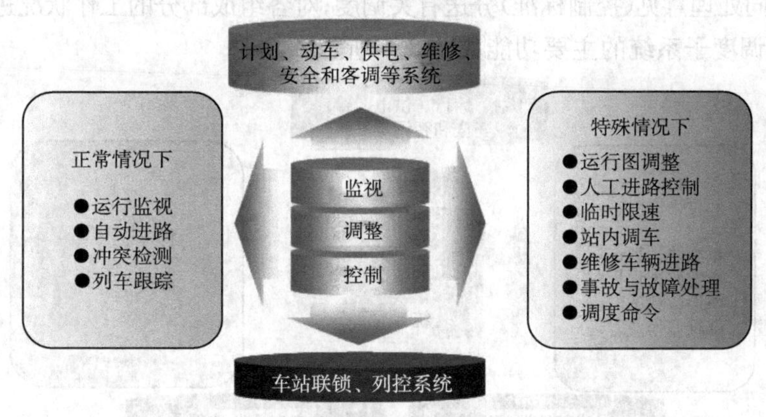

图3.7 运行管理调度子系统的主要功能

3. 动车组调度子系统

动车组调度子系统的主要任务是动车组运用和乘务组运用。具体为执行计划调度制订的本线动车组、跨线动车组运用计划以及乘务计划；实现对全线所有动车组运用、检修、备用的统一调度指挥；根据动车组的修制、修程及其技术状态，适时安排动车组进入基地检修；根据乘务计划，安排乘务员出退勤地点及时间等。动车组调度是围绕行车调度而工作的，可对列车运行调整方案提出建议。动车组调度子系统的主要功能如图 3.8 所示。

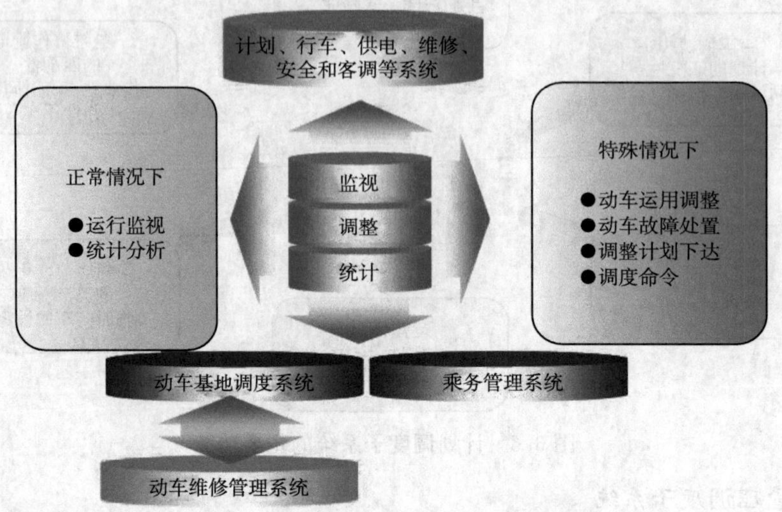

图 3.8　动车组调度子系统的主要功能

4. 综合维修调度子系统

综合维修调度子系统对各综合维修段上报的次日综合维修计划进行核定，并与列车调度进行协商安排，将安排结果纳入日计划，并以调度命令形式下达。综合维修调度子系统还要随时掌握线路的技术状态，监视通信信号系统的运行情况。对于利用行车间隙进行的小修，要督促施工人员及时复位，以免影响正常行车。综合维修调度子系统还具有防灾安全监控功能，通过防灾安全监控子系统对各类危及行车安全的原始信息及经过该系统初步处理后的信息，确认及筛选后连同处理意见（控制标准）分送有关调度；对各组成部分的工作状况进行监视。

综合维修调度子系统的主要功能如图 3.9 所示。

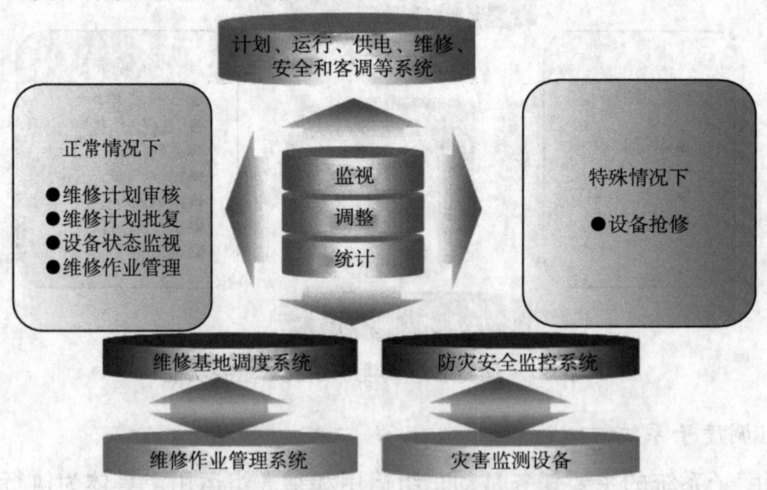

图 3.9　综合维修调度子系统的主要功能

5. 供电调度子系统

供电调度子系统主要掌握供电系统的技术状态及运行情况，控制相关设备；根据列车运行计划及其调整计划组织牵引供电，对超过供电臂负荷的列车调整计划提出修正要求，为列车运行提供电力。对管辖范围内的牵引供电设备和电力供电设备进行有效地管理、监督及控制，与行车各有关工种调度密切配合，正确组织牵引供电、电力供电系统的运行、应急处理突发事件，最大限度地缩小故障范围，减少事故损失，迅速恢复供电。

供电调度子系统的主要功能如图 3.10 所示。

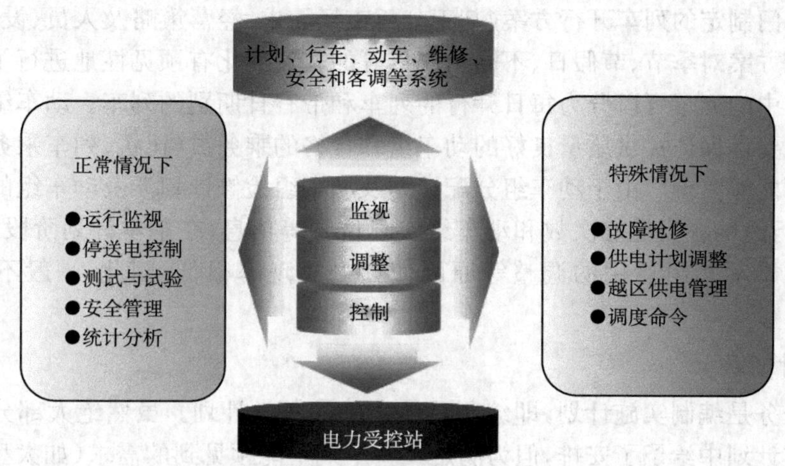

图 3.10　供电调度子系统的主要功能

6. 旅客服务调度子系统

旅客服务调度子系统主要完成实时监视客流情况、客票发售情况，监督列车运行及早晚点状态，实施乘务管理，协调配餐与清洁服务，对大型车站重点部位进行视频监视，发布各种旅客服务信息，列车运行紊乱或突发事件发生时提出旅客疏运方案等工作。

旅客服务调度子系统的主要功能如图 3.11 所示。

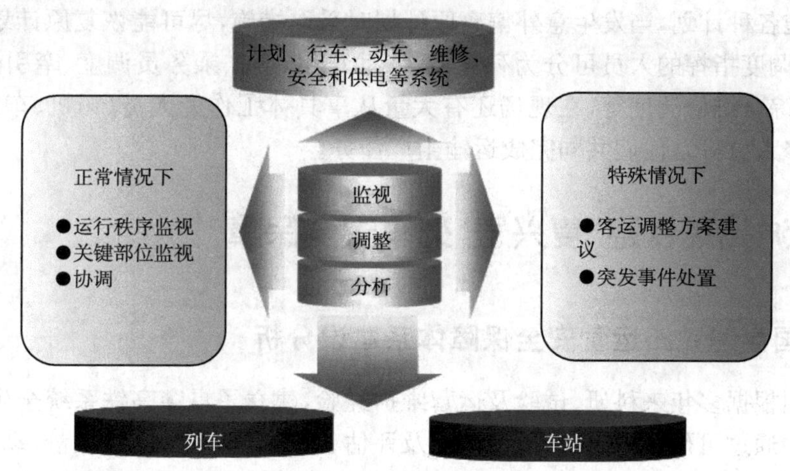

图 3.11　旅客服务调度子系统的主要功能

3.6.5 高速铁路调度指挥系统的业务流程

高速铁路不是封闭的线路运输系统，它与相关铁路相连，构成一个庞大的铁路客运网络。不同高速线路间、高速线与普速铁路间有跨线列车运行，旅客列车采用动车组方式运行。

高速铁路调度指挥系统的业务按时间进程从远至近可以分为三个层次。

1. 基本计划层

其基本任务是编制列车开行计划(运行图)、动车组运用计划、乘务员运用计划等，主要是根据营销部门制定的列车开行方案(基于分析市场需求、经营策略及人员、设备条件)进行的。列车开行方案对季节、节假日、不同工作日等的客流变化有预见性地进行了安排，因此，列车开行计划中的列车可以分为每日开行的列车和带有日期别的列车。动车组运用计划和乘务员计划主要是保证提供质量良好的动车组和合格的乘务员(司机、列车乘务员)，以保证列车开行计划能够实现。由于动车组分配计划及动车组检修计划涉及动车组的实际走行公里数、已经进行过的各类检修次数和动车组实际位置等信息，在基本计划阶段难于编制，即使编制也会由于动车组运用的调整等原因使计划兑现率很低，因此，一般不在第一阶段进行。

2. 实施计划层

其基本任务是编制实施计划，即编制具体实施的各类计划。虽然绝大部分列车开行计划已经在基本计划中给予了安排，但为满足一些早期不能预见到的需求(如大型团体旅客需求、公司临时的非营运性列车开行需求等)，需要增加或减少列车(一般不能减少列车，因为车票已经提前售出)，这样就形成实际列车开行计划，同样为完成列车开行任务，必须制定动车组运用计划、乘务计划，为保证动车组能及时出入库、转线等编制车站作业计划，为保证列车电力需求编制供电计划，为保证通信信号、基础设施等状态良好，还必须编制综合检修计划，这些计划供高速铁路实际生产使用。

3. 调度指挥层

组织实施各种计划，当发生意外偏离原计划时采取措施，尽可能恢复原计划。按工作性质不同，从事调度指挥的人员可分为列车调度、动车组调度、乘务员调度、牵引供电调度、旅客服务调度、综合维修调度等，在现场还有大量从事具体工作的人员(司机、车站工作人员、各类设备检修人员等)，他们共同完成运输生产任务。

3.7 京沪高速铁路“复兴号”列车安全保障

3.7.1 我国高速铁路运营安全保障体系建设分析

国铁集团根据多年来科研、试验及运营维护经验，建立了贯穿高铁系统全生命周期的安全保障体系。通过可研报告审查、设计审核及评估、设备监造、工程监理、静/动态验收、初步验收、开通运营前安全评估、运营中安全检查及监管等一系列工作，保证了高速铁路系统的安全性、可靠性、可用性及可维护性。

1. 从源头质量上保障高铁安全

中国高速铁路在设计、建设阶段，就建立了包括技术标准、工程建设、设备质量、安全防护、联调联试、运行试验、安全评估等一系列的源头质量保障机制。

(1)技术标准保障。建立了涵盖动车组、基础设施等各方面的高速铁路技术标准体系，注重采用和借鉴国内、国外先进标准，特别是等同采用了国际电工委员会/欧洲标准(international electrotechnical commission/european norm，IEC/EN)的铁路安全标准，不仅从技术和安全层面严格保障了高速铁路建设、运营质量，还实现了中国与欧洲等国家的高铁技术兼容。

(2)工程建设和设备质量保障。通过严格制度标准、原材料、工艺工法、检测检验、验收开通等关键环节管控，加强工程建设质量问题的检查和整治，强化合同约束和行业监督管理，建立了高铁工程建设质量控制体系；通过强化高铁物资采购审核和产品质量检验检测，实施行政许可、产品认证、上道审查等准入制度，加强高速列车及其重要配件的监造管理，强化铁路统一的物资供应商信用评价，建立了高铁设备质量源头控制体系。

(3)安全防护保障。中国高速铁路在设计阶段即采用全封闭、全立交方案，线路两侧设置防护栅栏封闭，桥涵设置限高防护架及合理的人畜通道，公铁并行路段设置防护桩，上跨铁路桥设置防抛网。各条高铁线路还安装有风速、雨量、雪深、地震等自然灾害及异物侵限监测系统，实现了高铁灾害安全防护。在此基础上，国铁集团正在持续推进高速铁路车站、列车视频监控建设，逐步实现高铁沿线重点部位监控全覆盖。

(4)联调联试及运行试验保障。对新建高速铁路项目实施系统性能测试及优化等联调联试工作，检验高速列车运行的安全性、平稳性和舒适性，检验线路基础设施的安全性、稳定性，评价设计参数、设备选型和系统接口的合理性，验证减振降噪措施的有效性；在接下来的运行试验工作中，检验高速铁路设备设施及行车组织方式能否满足运营要求，检验各种非正常行车能力，为优化设备配置、提高设备性能、制定运输组织和应急救援方案等提供技术依据。

(5)安全评估保障。在新建高速铁路开通运营前，国铁集团组织行业内的管理和技术专家，按照专业分为多个安全评估小组，针对运营维护单位在安全管理、规章制度、员工素质、设备管理等方面的开通运营准备情况实施安全评估。

总之，要把每一项工程都打造精品工程、品牌工程。一是抓住工程设计、施工组织、工程验收等关键环节，全过程把好建设质量关。二是严把规划设计关，牢固树立建设为运输经营服务的理念，用系统性、长期性、战略性的眼光来谋划铁路建设，从项目设计规划之初，就充分考虑运输生产、经营开发的实际需求，为确保运输安全、提高经营效益和降低运营成本提供有力保证。三是专业部门要发挥专业管理优势，选配业务过硬的专业人员，深度参与项目规划研究、勘察设计、方案审查等各项工作，及时反馈优化意见，从源头上提升建设项目的品质。四是严把施工过程关，坚持运营单位提前介入、深入介入的成功经验，加强施工过程控制，严格工程质量标准，综合运用质量排查、对标检查等手段，及时发现和督促整改工程质量问题，坚决不给开通运营埋下隐患。五是严把工程验收关，把验收评估作为确保运营安全的最后一道关口，落实验收责任，严格验收标准，把强烈的问题导向贯穿于项目自验、静态验收、动态检测等工作的全过程。对设备验收过程中发现的问题和缺陷，要挂牌督办、狠抓整改，坚决把问题解决在开通之前，确保项目高质量开通运营。

2. 从运营管理上保障高速铁路安全

高速铁路投入运用后，为保障高速铁路运营安全，建立了包括规章制度、设备养护维修及状态监测、职工素质及安全文化、安全监督管理、应急处置及救援能力等“人防、物防、技防”三位一体的运营管理安全保障体系。

(1)规章制度保障。在完整建立《铁路技术管理规程(高速铁路部分)》等高铁技术规章体系的基础上，以《安全生产法》《铁路法》《铁路安全管理条例》为依据，制定实施了《铁路交通事故应急救援规则》《高速铁路突发事件应急预案》等一系列的安全管理规章制度，建立健全了覆盖所有管理和作业岗位的安全生产责任制，以及履职检查、考核、责任追究等制度，特别是以超前防范为重点，完善了安全生产过程控制机制，形成了健全的高铁规章制度体系。

(2)设备养护维修及状态监测保障。中国高速铁路建立了主要行车设备电子档案，加强设备技术状态、养修履历过程管理，定期评估设备安全状态，科学制定设备维护周期、范围和维修技术条件，推进设备精准养护维修。高速铁路基础设施实行“天窗修”制度，采用动态检查为主，动、静态检查相结合的全方位检查模式，通过定期开行综合检测列车、点后开行确认列车，以及使用精密测量控制网、车载式和便携式线路检查仪等方式检查确认线路状况；动车组实行五级计划性预防修制度，采用以走行公里周期为主、时间周期为辅的检修模式，在运行中还配有乘务检查，保证动车组设备运用状态良好。通过推进建设高铁供电安全检测监测系统(6C)、机车车载安全防护系统(6A)、车辆运行安全监控系统(7T)、工务安全检测监测系统(8M)等，实现高铁行车设备的不间断检测监测，及时发现和消除安全隐患。

(3)职工素质及安全文化保障。中国高速铁路制定了完善的人才培养引进制度，吸收引进高学历、高技能、高素质人才。严格执行主要行车工种和关键专业技术岗位资格准入制度，按标准配齐配足调度员、动车组司机、随车机械师等专业技术、管理人员，实现关键岗位的梯次配备和动态优化；还建立了培训、考核、任用相统一的职工培训机制，持续优化人力资源配置，创新教育培训模式，深化安全文化建设，提升高铁职工素质，保持人才队伍质量。

(4)安全监督管理保障。具有完善的企业内部安全监督检查机制，定期开展安全管理评估和专业检查，有针对性地加强恶劣天气、防洪防汛、春运、暑运、节假日、黄金周等阶段性、季节性安全监督检查；开展高铁安全生产专项整治，严格安全准入标准，重点加强设备检修、应急处置、人身安全、消防安全等安全关键项点的检查控制；严格高铁治安管理和外部环境隐患治理，坚持“高铁治安隐患零容忍”，建立高铁治安常态巡查制度，对高铁线路实施路地联勤联合巡防。

(5)应急处置及救援能力保障。建立了“国铁集团—局集团有限公司—站段”三级应急救援网络，编制了完善的应急预案、应急处置流程和非正常情况应急处置办法，建立了专职和兼职应急救援队伍，定期组织应急演练，确保应急处置导向安全、有力有效。

上述不同阶段的技术和管理措施，既包括高铁职工素质及安全文化保障、安全监督管理保障和安全责任体系健全落实等人防措施，也包括工程建设和设备质量保障、安全防护保障等物防措施，还包括高铁技术标准和规章制度保障、设备养护维修及状态监测保障等技防措施，共同支撑了中国高速铁路全生命周期安全保障体系，贯穿了从项目启动、可研、设计、设备制造、工程施工、静动态试验、联调联试、运行试验直至运营管理的各阶段。

其中，建设阶段的相关技术和管理措施为高铁系统安全提供源头质量上的保障；在高铁

系统投入运用后，合理的运营管理及养护维修则是高铁系统持续安全的重要保障。此外，中国高速铁路还具备完善的安全信息反馈机制，在运营维护期间制定的安全措施将继续应用于后续高速铁路的设计、制造和施工等阶段，用于对系统方案实施改进，实现整个高速铁路运营安全体系的可持续发展。

3.7.2 京沪高速铁路“复兴号”列车运行安全保障

1. *京沪高速铁路运营现状*

京沪高速铁路是当前世界上设计建设标准最高的高速铁路，京沪高速铁路基础设施设计时速380 km，是中国一次建设里程最长、投资最大、标准最高的高速铁路。京沪高速铁路于2008年1月开工建设，在设计、建设、验收中全部按运行时速350 km标准展开，工程质量和设备设施满足时速350 km安全运行的技术规范和标准，并通过了国家验收。京沪高速铁路全长1 318 km，横跨京、津、冀、鲁、皖、苏、沪7省市，该地区是我国经济发展最活跃和最具潜力的地区。京沪高速铁路串起京沪“高速铁路经济走廊”，在环渤海与长三角经济圈之间架起了一条客流、物流、信息流和资金流的快速通道，极大促进了区域经济社会发展和民生改善。京沪高速铁路沿线同城效益十分明显，已成为人们出行的“城市公交”“陆地航班”。自2011年6月30日正式通车运营，到2014年开通三周年之时，就实现了盈利，京沪高速铁路客流量如图3.12和图3.13所示，可见2011—2015年日均客流发送量，年累计运送旅客数逐年稳步增长。再从客流及上座率的情况进行分析，京沪高速铁路上座率年增长率为15%～20%。2013年2月28日，开通运营17个月的京沪高速铁路迎来第1亿名旅客；2014年，京沪高速铁路列车客座利用率超过80%。京沪高速铁路在全球绝大部分高速铁路都处于亏损的状况下，日均收入达5 000万元以上，已成为名副其实的“全球最赚钱的高速铁路”。2015年运送旅客近1.3亿人次，客流量已经超过国内四大航空公司，该年度的京沪高速铁路盈利数据展现的盈利能力(每人次旅客平均利润约50元)也正直追、甚至已经赶超部分国内航空公司。截至2016年6月30日，京沪高速铁路开通运营满5周年之日，累计运送旅客突破4.5亿人次。京沪高速铁路三年实现盈利，已经创造了世界高速铁路营运史上的一个新纪录。当前，京沪高速铁路运力紧张，平均客座率超过70%，二等座客座率超过80%，超过80%的客座率基本意味着一票难求，京沪客运供需矛盾的加剧对京沪铁路提速或是达速的需求越来越旺盛。同时，随着客流逐年大幅度攀升，京沪高速铁路已经成为我国最繁忙的高速铁路线路之一，并且在不同区段和车站的通过能力已趋饱和，运能已经不适应客流量不断增长的需要，特别是徐州东蚌埠南区段经成为瓶颈、急需采取技术组织扩能方案，以适应不断增长的客流需求。

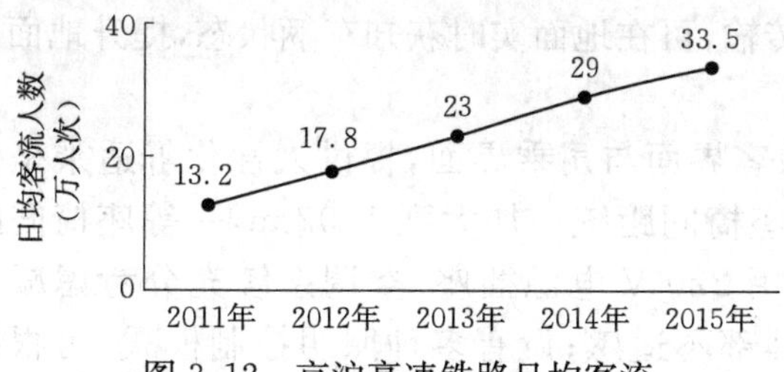

图3.12 京沪高速铁路日均客流

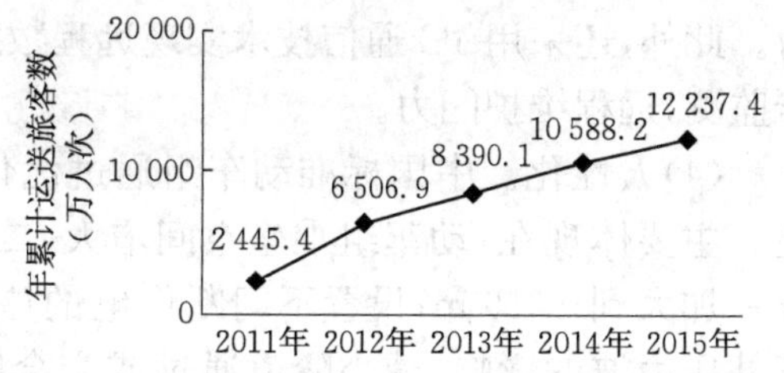

图3.13 京沪高速铁路年累计运送旅客数

2. 350 km/h 标准动车组技术特征

与“和谐号”动车组相比，“复兴号”的外形有了很大改变。CR400AF 动车组的车体高度从 3.7 m 增高到了 4.05 m，车体断面积增大了 7.3%。“复兴号”建立了大量的传感系统，整车检测点达 2 500 多个，比以前动车组多了 500 多个。这些大大小小的传感器，最大的高 62.8 cm，最小的直径仅 5 mm。这些传感器能采集 1 500 多项车辆状态信息，就像动车组的眼睛一样，对列车振动、轴承温度、牵引制动系统状态、车厢环境等进行监测，往返一趟京沪省电 5 kW·h。

(1)安全性。中国标准动车组具备失稳检测、烟火报警、轴温检测、受电弓视频检测等安全防护措施，安全防护设计完善，并在确保走行安全的基础上，增加了主动安全与被动安全措施。增设地震预警系统，若接收到地震报警时，列车将自动施加紧急制动；加装列车跟踪预警装置，可获取本车与前车间隔距离，当距离接近时，实施预警提示，同时将本车车次、速度、位置信息实时无线传输给地面预警服务器，以供后车预警；设置脱轨安全防护装置，提高动车组被动防护能力，最大程度降低异常灾害下的人员财产损失；还设置碰撞吸能装置等。

(2)创新性。中国标准动车组通过创新设计，统一互联互通(统一车钩机械连接接口，实现物理互联；统一电气接口，实现逻辑互联)、互操作(统一司机操作界面及动车组的工作模式，实现互操作)功能规范，实现不同厂家生产的相同速度等级动车组能够重联运行、不同速度等级的动车组能够相互救援，使运营组织更加灵活，提升动车组的利用效率。同时，通过零部件统型设计，实现零部件通用互换，打破动车组零部件的供应垄断，减少备品备件数量，降低动车组购置及检修运用成本。同时，中国标准动车组采用的重要标准涵盖了动车组基础通用、车体、走行装置、司机室布置及设备、牵引电气、制动及供风、列车网络标准、运用维修等全部 13 个大的领域，其中大量采用了中国国家标准、行业标准以及专门为中国标准动车组制定的一批技术标准。与此同时，为了与国际接轨，促进中国装备走出去，也积极采用了一些国际标准及国外先进标准。

(3)智能化。中国标准动车组设置智能化感知系统，建立了强大的安全监测系统，全车部署了 2 500 余项监测点，比以往监测点最多的车型还多出约 500 个，能够对走行部状态、轴承温度、冷却系统温度、制动系统状态、客室环境进行全方位实时监测。建立感知系统的传输通道和智能判识的网络，采用 TCN 和高速传输以太网的双重冗余设计的网络控制系统，可实现收集各监测点信息，并根据预先设定的判据实时诊断故障。它可以采集各种车辆状态信息 1 500 余项，为全方位、多维度故障诊断、维修提供支持。此外，列车出现异常时，可自动报警或预警，并能根据安全策略自动采取限速或停车措施。在车头部和车厢连接处，还增设碰撞吸能装置，在低速运行中出现意外碰撞时，可通过装置变形，提高动车组被动防护能力。此外，还采用 4G 通信技术实现远程数据传输，可在地面实时获知车辆状态，提升地面同步监测，远程维护能力。

(4)人性化。中国标准动车组通过优化旅客界面与司乘界面，提供人性化舒适乘坐体验。主要体现在：动车组乘坐空间增大，二等座椅间距统一加大到 1.02 m，一等座椅间距统一加大到 1.16 m；设置不间断供电的旅客用 220 V 电源插座；空调系统充分考虑减小车外压力波的影响，减小隧道通过或交会时耳部不适感；设有多种照明控制模式，可根据旅客需求提供不同的光线环境；增设旅客大件行李观测与安全保存措施，增设洗漱设施；

设置无障碍设施；提供无线网络服务；提升全列车供水和排污容量，实现污物零排放；具备过分相不间断供电和无动力回送自发电功能，满足旅客不间断用电和无动力回送时设备用电需求。

(5)经济性。列车采用轻量化、低阻力设计，高效的牵引/制动系统，合理的修程修制体系，全寿命周期成本低；优化设计结构，并采用先进的轻量化材料，降低整车自重；采用具有中国元素的全新型低阻力流线型头型，平顺化车体外轮廓设计，降低动车组运行阻力和噪声；采用列车级制动力管理模式，优先采用再生制动，实现制动能量的回馈和再利用。整车寿命30年。零部件等寿命设计理念、合理修程修制、最少易损易耗件和最小维护单元、通用性强的模块化定制技术，以及完善的配套产品供应链，降低了运用检修寿命周期成本。

3. 350 km/h 开行意义及开行前的准备工作

(1)开行意义

随着我国高速铁路技术不断臻于成熟，高速铁路运营经验越来越丰富，对高速铁路安全方面的担忧几乎已经不再存在。特别是在掌握高速铁路核心技术方面，中国已没有盲点，达到350 km的时速从技术上说完全没有问题。与此同时，我国的经济进步和人民群众观念的发展，也让高速铁路的价格不再是让人望而却步的因素，甚至在某些线路上出现了连昂贵的商务座都一票难求的情况。在这样的环境下，高速铁路提速或达速自然就成了大势所趋、众望所归。截至2017年6月30日，京沪高速铁路安全运行2 193 d，累计运送旅客突破6.3亿人次，年均增长21.2%，运力已经明显饱和，提速至350 km/h显然可为增加车次提供更多空间。“复兴号”在京沪高速铁路按时速350 km运营，是我国高速铁路建设运营长期经验积累、创新驱动发展取得的标志性成果，具有重要的示范意义，主要表现在：

①有利于实现京沪高速铁路设计建设目标。根据国务院批准的《国家发改委关于审批新建京沪高速铁路可行性研究报告的请示》，京沪高速铁路按时速350 km标准设计、建设，通过标准示范线建设，工程质量和设备设施得到进一步强化，完全满足时速350 km安全运行的技术规范和标准。

②时速350 km的实现，使得中国成为世界上高速铁路商业运营速度最高的国家，有利于充分展示和持续保持我国高速铁路科技创新的领先地位。京沪高速铁路“复兴号”按时速350 km运营，将推动中国高速铁路标准体系建设，向世界充分展示我国高速铁路的先进性和安全运营能力，会继续保持世界领先地位，加快中国铁路特别是高速铁路“走出去”步伐。

③有利于更好地满足市场需求。京沪高速铁路纵贯我国经济最发达的东部地区，客流需求旺盛，旅客运量持续大幅增长，运营6年来，累计运送旅客超过6亿人次。提速将为沿线各大中心城市之间人民群众出行提供更多选择，更好地满足广大旅客对不同速度等级高速铁路运输的需求。

④进一步缩短京沪间旅行时间，提升京沪高速铁路运营品质，拉近沿线各城市间的距离，增强同城效应，助推区域经济社会发展。同时，还能提高速铁路路线路、车辆运用效率，促进企业提质增效，增强可持续发展能力。

⑤提速不仅能够充分合理利用资源，而且可以更好地发挥高速铁路方便、快捷、舒适的比较优势，促进综合交通体系健康发展。

(2)开行前的准备工作

围绕 350 km/h 标准动车组列车开行，其准备工作如下：

①“复兴号”是按照时速 350 km 运营研发制造的中国标准动车组，集成了大量现代高新技术、其安全性、经济性、舒适性以及节能环保等性能有较大提升。国铁集团在技术、设备人员、运营等方面做了大量准备工作，“复兴号”动车组已具备在京沪高速铁路按时速 350 km 运营的能力和条件。京沪高速铁路复速试验车跑完全程耗时约 4 h 12 min。

②中国标准动车组在完成了型式试验、科学试验和 60 万 km 运用考核后，取得了国家颁发的型号合格证，自 2017 年 2 月 25 日起，中国标准动车组先后担当京广高速铁路和京沪高速铁路间运输服务工作，各项考核指标全部符合标准规范和运用要求，安全性、舒适性以及节能环保性能有较大提升。

③两次达速出行体验。2017 年 7 月 18 日，京沪高速铁路进行了图定列车时速 350 km 不载客试跑，车次为 G9 次，由“复兴号”CR400F 列车担当，上午 8:30 左右从北京南站开出，耗时约 4 h 10 min 抵达上海虹桥站。7 月 27 日，铁路总公司安排“复兴号”在京沪高速铁路开展时速 350 km 体验，来自国家有关部委、企业人员，部分院士、专家及铁路行业有关单位负责同志，共计 300 余人参加了体验运营。体验过程中，铁路部门向参加体验的人员介绍了“复兴号”动车组有关情况，并进一步征求了对“复兴号”动车组及我国高速铁路发展方面的意见建议。同时，铁路总公司安排“复兴号”在京沪高速铁路开展了时速 350 km 实车、实重和实速检验检测、可行性研究和运营安全评估，组织两院院士、铁路专家进行了评审咨询。通过全面系统的科学论证和综合评估，一致认为，京沪高速铁路满足按设计速度 350 km/h 运营要求。

④铁路部门做好技术准备、设备精调、人员培训、运营准备等工作，提速前还做好了调试准备工作，涉及轨道、车辆和信号等调试工作。而且，从开通运营之日起，京沪高速铁路就以时速 300 km 运营，通信信号还未经受更高时速检验，信号调试工作颇为繁重。

4. 350 km/h 列车开行方案

(1)7 对 350 km/h 动车组列车开行方案

2017 年 9 月 21 日起，全国铁路调整运行图，“复兴号”列车在京沪高速铁路率先实现 350 km 时速运营，我国成为世界上高速铁路商业运营速度最高的国家。7 对“复兴号”动车组分别担当 G1/G2、G3/G4、G5/G6、G7/G8、G9/G10、G13/G14、G17/G18 次，京沪之间全程运行时间将从 5h 压缩到 4.5h 左右。具体为：7:00、9:00、10:00、14:00、15:00、19:00 计 6 个整点上下行各安排北京南、上海虹桥双向对开，另安排下行 19:05、上行 7:05 北京南—上海虹桥开行 1 对。其中 9:00、10:00、14:00、15:00、19:00 始发的 5 对列车沿途仅停靠南京南、济南西 2 站，其余 2 对安排停靠南京南、济南西、天津南(徐州东、蚌埠南)3 站。

(2)旅行时间压缩情况

时速 350 km 动车组仅停 2 站的最快动车组全程旅行时间 4 h 24 min，较现行最快和谐号动车组压缩旅时 25 min；现图北京南—上海虹桥安排仅停南京南 1 站的最快和谐号动车组，全程旅行时间 4 h 49 min；仅停 3 站的时速 350 km 动车组列车全程旅行时间 4 h 34 min，较现行最快和谐号动车组压缩旅时 15 min。提速完成后，京沪高速铁路用时最短的 G1 次列车，全程耗时将从当前的 4 h 49 min 缩短至 4 h 左右，其余中途停靠站较多的车次也将缩短

40～50 min，全程可控制在 5 h 左右。

(3)车底使用

时速 350 km 动车组列车使用“复兴号”标准动车组(CR400AF/CR400BF)运行，最高运营速度 350 km/h；其他列车仍按 300 km/h 运行。7 对时速 350 km 动车组列车中，上海局集团有限公司使用 8 组 CR400BF 担当 4 对。

(4)热备动车组变化

在虹桥动车所内增加 CR400BF 重联热备动车组，用于“复兴号”动车组列车救援准备，确保发生问题快速替换。

5. 安全保障补强措施

除了采取必要的高铁运营安全保障措施外，针对京沪高速铁路 350 km/h 动车组列车特色，还需要结合运营实际，采取相关的安全保障补强措施，以便全方位确保 350 km/h 动车组列车的运营安全。

(1)人员保障

①岗位适应性培训。京沪高速铁路相关岗位人员，针对调度员、动车组司机、随车机械师、设备检修维护人员、列车服务人员做好适应性培训，有针对性开展标准动车组培训，确保具备相应岗位资格，掌握提速后相关规章制度、作业标准的修订及设备环境的变化情况，特别针对新车型特点设备变化、应急处置等内容进行培训和实作演练，并进一步补充修订完善作业指导书等一线人员作业标准。

②列车运行速度的控制。动车组列车按 300～350 km/h 速度运行，常用和紧急制动距离较按 300 km/h 及以下速度运行明显延长，存在制动减速不及时和超速运行的风险。要求动车组司机对 300～350 km/h 运行速度范围内，制动调速时的制动级位与制动距离做到心中有数，要按照中等制动级位提早制动、留有余量，密切注意列车减速情况，发现降速异常，要果断采取紧急制动措施。

③提高行车人员的应变能力

针对京沪高速铁路 350 km/h 提速后，弓网接触状态、轮轨接触状态变化较大，特别受大风大雨等环境因素影响时，接触网跳闸、自动降弓、列车晃动等故障可能会增多的情况，需要努力强化、提升行车人员岗位的业务素质和应急应变能力。

(2)设备设施保障

共性的设备设施保障是：加强基础设备状态监控和整修，例如，加强对关键设备的检测检查力度，重点做好车站咽喉区、分相、隧道、大坡道等关键处所的设备检测检查，各专业要充分运用各类安全检测监控设施，全面加强设备质量状况分析，及时发现问题，快速组织整治。

①做好无砟轨道板防胀预防性工作。针对高速铁路桥梁地段轨道板注浆孔植筋、路基地段覆盖隔热涂层等预加固技术方案和整治计划进行研讨，对预加固技术方案进行论证，从而选出最佳方案，推进无砟轨道板防胀预防性整治工作。

②强化供电监测和检测的精细化管理。通过远动系统加强牵引所(亭)、电力所(亭)设备及接触网开关状态实时监测，持续提高远动系统运行中发现缺陷问题的处置效率，最大效能发挥远动系统在应急处置时的作用，并开展接触网精检细修，加强对道岔、分段绝

缘器、分相、隔离开关等重点设备的检测检查，动态掌握接触网设备的运行状态，确保运行状态良好。

③加强动车组检修维护。当“复兴号”动车组入库检修时，重点要加强对走行部、车顶高压设备、空调及散热装置滤网等关键部件的检查和分析；加强对闸片、研磨子、碳滑板等磨耗件的检查，分析掌握磨耗规律，优化磨耗限度；并要开展“复兴号”动车组长期跟踪试验，重点关注车轮磨耗及多边形，转向架关键部件振动、车辆平稳性、轮轨关系、弓网关系等的大数据分析，利用远程数据分析平台对故障进行实时跟踪，提高应急处置效率。

④有效降低信号等设备故障率。对信号设备、CTC、SCADA、高速铁路防灾安全监控系统等调度指挥设备全面排查，高速铁路调度台 CTC 系统报警功能，及时整治设备运用中发现的不良缺陷，有效降低设备故障率。

(3)环境保障

①“复兴号”动车组列车比“和谐号”动车组列车高约 300 mm，重心提高约 200 mm，受环境大风的影响与“和谐号”动车组列车相比，受风面积更大，重心更高，需要加强对便携式线路检查仪、车载式线路检查仪和综合检测车相关检测数据分析，重点对特大桥、曲线等地段结合防灾系统风监测数据对动静态检测数据进行分析研究。

②严格落实安危检查、重点场所防火防爆、站区闲杂人员清理等制度、标准和措施，确保站台控制、进站畅通、实名制服务、电梯使用等方面都要明确操作的规范性。

③对京沪高速铁路沿线加强“物防”管理，特别是针对部分应急疏散通道不同程度存在未设置防护罩等问题，需要强化“物防”手段的设置水平。

(4)管理保障

①建立高速铁路运营管理标准。规范高速铁路中间站运营管理，对高速铁路中间站安全、技术、人员、现场作业管理进行规范，确保接发列车作业等环节执行到位。

②完善高速铁路应急预案。按照一事一预案的原则，对高速铁路交通事故应急预案、突发事件应急预案、防洪预案、非正常行车预案、扫雪除冰应急预案等进行修订完善，以流程化、图示化等方式补充相关场景下的处置程序、作业流程及安全卡控重点，保证作业人员操作规范化，特别是弓网、接触网状态变化，C3 级转换 C2 级的控制等规范化。

③开展高速铁路安全风险及隐患排查。重点排查非常站控转入条件，确认列车进路序列及手工排列列车进路的执行、施工路用列车调车转线及进出封锁区间、高速铁路综合防护、调度命令交付等关键环节，细化制定风险管控措施，严格落实风险认领制度，落实安全管理责任，确保高速铁路安全受控。

④梳理涉及京沪高速铁路技术规章及管理制度，从作业流程、质量控制等方面，对《作业指导书》《动车组故障应急处理手册》《列车操纵示意图》《提示卡》等一线人员作业标准进一步补充、修订、完善。

⑤季节性安全分析。深入分析不同季节各类设备故障暴露出的问题，落实各项措施，加强适应性调整和检测监控，开展防冻害、防污闪、防断裂、防鸟巢等安全专项整治，抓好动车组，特别是“复兴号”源头质量盯控处置，有效防控惯性故障。

(5)服务保障

①加强对“复兴号”列车内服务设备的精调与管理，保持良好使用状态；运营过程中发现

破损或功能缺失，及时修复。

②协调电信运营商保持沿线移动网络覆盖良好，优化列车 Wi-Fi 系统技术架构，提升互联网接入能力。

③做好互联网订餐，完善配送作业流程；落实商务座旅客优先取票、安检、验证、进站服务和专区候车等服务，以及规范列车服务设施介绍和服务、站名信息等广播。

2017 年 9 月 21 日，“复兴号”在京沪高速铁路率先实现 350 km 时速运营，标志着我国成为世界上高速铁路商业运营速度最高的国家。

2018 年 4 月 10 日，京沪高速铁路在开行 7 对时速 350 km“复兴号”动车组列车的基础上增加 8 对，总数达 15 对。“复兴号”列车开行时刻：北京南 7:00～19:00，每逢整点开行 13 列，19:00 后按 4 min 追踪再开行 2 列，其中，19:04 开 1 列至杭州东，19:08 开 1 列至上海；上海虹桥（上海）至北京南的 10 列“复兴号”列车均为整点开行，具体为 7:00、8:00、9:00、10:00、12:00、14:00、15:00、17:00、18:00、19:00。这次调图，新增上海—北京南 2 对“复兴号”列车，G6、G12 次上海站开车点为 7:00、12:00，11:40、16:38 终到北京南；G5、G21 次北京南开车点为 7:00、19:08，11:38、23:36 终到上海站。“复兴号”最短旅时发生变化：北京南—上海虹桥间停 1 站，全程仅 4 h 18 min；北京南—上海间停 2 站，全程 4 h 28 min。

复习思考题

1. CTCS 系统具有哪些特点？
2. CTCS 如何分级？各级分别适用于哪些线路或列车？
3. 试述列车自动防护系统的用途。
4. BAS 系统的功能是什么？有哪几级控制功能？
5. 简述高速铁路电力监控（SCADA）系统的构成。
6. 火灾自动报警（FAS）系统有哪几种运作模式？
7. 简述 FAS 系统与 BAS 系统的关系。
8. 简述综合监控系统的功能。
9. 简述我国高速铁路调度指挥的组织机构设置。
10. 试述我国高速铁路调度指挥系统的功能需求。
11. 简述我国高速铁路调度指挥系统的业务流程。
12. 简述京沪高速铁路“复兴号”列车运行安全保障体系。

第4章

高速铁路运营安全管理技术

高速铁路安全管理涉及面很广，包括安全组织、安全法规、安全技术、安全教育、安全信息及安全资金管理等，本章主要研究高速铁路安全管理体制、政策，高速铁路安全立法及各种安全法规的制定与执行，高速铁路安全教育与培训等，主要内容包括：规章制度与标准管理、高速铁路安全教育管理、高速铁路安全监督检查和高速铁路乘务安全管理。

4.1 规章制度与标准管理

交通安全法规管理是安全管理的重要组成部分。依法规范组织和个人在生产活动中的行为，坚持"安全第一，预防为主"的基本方针，强化安全管理、安全监督和安全技术培训是安全生产的保证。高速铁路规章制度保障体系应以确保运营安全为重点，以基本规章为依据，分系统、分层次建立和完善各项规章制度办法，形成科学严密、统一规范、动态优化、具体可行的规章制度保障体系。科学严密，就是结合新技术、新设备大量运用到实际，从理论到实践，从技术标准到作业标准，深入进行科研论证，确保各项规章制度经得起运营实践的检验。统一规范，就是以基本规章为基准，建立覆盖各专业、各层面的专业规章、技术文件、作业标准和作业程序，形成统一、规范、完备的规章制度体系。动态优化，就是根据铁路运输生产组织的变化要求和运输安全工作实际需要，及时废止、修订和补充完善各项规章制度和办法，确保各项规章制度具有较强的时效性和指导性。具体可行，就是依据基本规章制度，每个层次、各个系统制定出明确、具体、细化的规章制度，确保落实到一线、落实到岗位。

在完善各项规章制度方面，国铁集团有关部门应结合高速铁路运营安全面临的新情况、新变化，对技术管理规定和技术管理办法等规章制度进行充实和完善。各专业部门要对专业规章规程进行修补。各铁路局、站段要结合本单位实际，对《行车组织规则》(以下简称《行规》)、《车站行车工作细则》(以下简称《站细》)、《段管理工作细则》(以下简称《段细》)进行细化和完善，确保各项规章制度和管理办法严密规范。

建立规章制度动态优化机制，明确国铁集团、铁路局、站段三级规章制度的管理范围、管理责任和归口部门，实现规章制度的分层分级管理；进一步完善规章制度的起草、评审、会签、批准和发布程序，确保规章制度的严肃性和权威性；建立规章制度的动态完善制度，保证各项规章在动态中优化，在发展中完善。

以下为高速铁路运营安全相关的规章制度与管理标准。

4.1.1 《中华人民共和国铁路法》相关内容摘录

以下内容介绍《中华人民共和国铁路法》总体要求和铁路安全与保护两部分，其他条款可直接查阅《中华人民共和国铁路法》。

1. 总体要求

(1)为了保障铁路运输和铁路建设的顺利进行,适应社会主义现代化建设和人民生活的需要,制定本法。

(2)本法所称铁路,包括国家铁路、地方铁路、专用铁路和铁路专用线。国家铁路是指由国务院铁路主管部门管理的铁路。地方铁路是指由地方人民政府管理的铁路。

专用铁路是指由企业或者其他单位管理,专为本企业或者本单位内部提供运输服务的铁路。

铁路专用线是指由企业或者其他单位管理的与国家铁路或者其他铁路线路接轨的岔线。

(3)国务院铁路主管部门主管全国铁路工作,对国家铁路实行高度集中、统一指挥的运输管理体制,对地方铁路、专用铁路和铁路专用线进行指导、协调、监督和帮助。

国家铁路运输企业行使法律、行政法规授予的行政管理职能。

(4)国家重点发展国家铁路,大力扶持地方铁路的发展。

(5)铁路运输企业必须坚持社会主义经营方向和为人民服务的宗旨,改善经营管理,切实改进路风,提高运输服务质量。

(6)公民有爱护铁路设施的义务。禁止任何人破坏铁路设施,扰乱铁路运输的正常秩序。

(7)铁路沿线各级地方人民政府应当协助铁路运输企业保证铁路运输安全畅通,车站、列车秩序良好,铁路设施完好和铁路建设顺利进行。

(8)国家铁路的技术管理规程,由国务院铁路主管部门制定,地方铁路、专用铁路的技术管理办法,参照国家铁路的技术管理规程制定。

(9)国家鼓励铁路科学技术研究,提高铁路科学技术水平。对在铁路科学技术研究中有显著成绩的单位和个人给予奖励。

2. 铁路安全与保护

(1)铁路运输企业必须加强对铁路的管理和保护,定期检查、维修铁路运输设施,保证铁路运输设施完好,保障旅客和货物运输安全。

(2)铁路公安机关和地方公安机关分工负责共同维护铁路治安秩序。车站和列车内的治安秩序,由铁路公安机关负责维护;铁路沿线的治安秩序,由地方公安机关和铁路公安机关共同负责维护,以地方公安机关为主。

(3)电力主管部门应当保证铁路牵引用电以及铁路运营用电中重要负荷的电力供应。铁路运营用电中重要负荷的供应范围由国务院铁路主管部门和国务院电力主管部门商定。

(4)铁路线路两侧地界以外的山坡地由当地人民政府作为水土保持的重点进行整治。铁路隧道顶上的山坡地由铁路运输企业协助当地人民政府进行整治。铁路地界以内的山坡地由铁路运输企业进行整治。

(5)在铁路线路和铁路桥梁、涵洞两侧一定距离内,修建山塘、水库、堤坝,开挖河道、干渠,采石挖砂,打井取水,影响铁路路基稳定或者危害铁路桥梁、涵洞安全的,由县级以上地方人民政府责令停止建设或者采挖、打井等活动，限期恢复原状或者责令采取必要的安全防护措施。

在铁路线路上架设电力、通信线路，埋置电缆、管道设施，穿凿通过铁路路基的地下坑道，必须经铁路运输企业同意，并采取安全防护措施。

在铁路弯道内侧、平交道口和人行过道附近，不得修建妨碍行车瞭望的建筑物和种植妨碍行车瞭望的树木。修建妨碍行车瞭望的建筑物的，由县级以上地方人民政府责令限期拆除。种植妨碍行车瞭望的树木的，由县级以上地方人民政府责令有关单位或者个人限期迁移或者修剪、砍伐。

违法相关规定的，给铁路运输企业造成损失的单位或者个人，应当赔偿损失。

(6)禁止擅自在铁路线路上铺设平交道口和人行过道。

平交道口和人行过道必须按照规定设置必要的标志和防护设施。

行人和车辆通过铁路平交道口和人行过道时，必须遵守有关通行的规定。

(7)运输危险产品必须按照国家国务院铁路主管部门的规定办理，禁止以非危险品品名托运危险品。

禁止旅客携带危险品进站上车。铁路公安人员和国务院铁路主管部门规定的铁路职工，有权对旅客携带的物品进行运输安全检查。实施运输安全检查的铁路职工应当佩戴执勤标志。

危险品的品名由国务院铁路主管部门规定并发布。

(8)对损毁、移动铁路信号装置及其他行车设施或者在铁路线路上放置障碍物的，铁路职工有权制止，可以扭送公安机关处理。

(9)禁止偷乘货车、攀附行进中的列车或者击打列车。对偷乘货车、攀附行进中的列车或者击打列车的，铁路职工有权制止。

(10)禁止在铁路线路上行走、坐卧。对在铁路线路上行走、坐卧的，铁路职工有权制止。

(11)禁止在铁路线路两侧 20 m 以内或者铁路防护林地内放牧。对在铁路线路两侧 20 m 以内或者铁路防护林地内放牧的，铁路职工有权制止。

(12)对聚众拦截列车或者聚众冲击铁路行车调度机构的，铁路职工有权制止；不听制止的，公安人员现场负责人有权命令解散；拒不解散的，公安人员现场负责人有权依照国家有关规定决定采取必要手段强行驱散，并对拒不服从的人员强行带离现场或者予以拘留。

(13)对哄抢铁路运输物资的，铁路职工有权制止，可以扭送公安机关处理；现场公安人员可以予以拘留。

(14)在列车内，寻衅滋事，扰乱公共秩序，危害旅客人身、财产安全的，铁路职工有权制止，铁路公安人员可以予以拘留。

(15)在车站和旅客列车内，发生法律规定需要检疫的传染病时，由铁路卫生检疫机构进行检疫；根据铁路卫生检疫机构的请求，地方卫生检疫机构应予协助。货物运输的检疫，依照国家规定办理。

(16)发生铁路交通事故，铁路运输企业应当依照国务院和国务院有关主管部门关于事故调查处理的规定办理，并及时恢复正常行车，任何单位和个人不得阻碍铁路线路开通和列车运行。

(17)因铁路行车事故及其他铁路运营事故造成人身伤亡的,铁路运输企业应当承担赔偿责任;如果人身伤亡是因不可抗力或者由于受害人自身的原因造成的,铁路运输企业不承担赔偿责任。

违章通过平交道口或者人行过道,或者在铁路线路上行走、坐卧造成的人身伤亡,属于受害人自身的原因造成的人身伤亡。

国家铁路的重要桥梁和隧道,由中国人民武装警察部队负责守卫。

4.1.2 《中华人民共和国安全生产法》相关内容摘录

以下介绍《中华人民共和国安全生产法》总则的部分内容,对其他条款可直接查阅《中华人民共和国安全生产法》。

(1)为了加强安全生产工作,防止和减少生产安全事故,促进经济社会持续健康发展,制定本法。

(2)在中华人民共和国领域内从事生产经营活动的单位(以下统称生产经营单位)的安全生产,适用本法;有关法律、行政法规对消防安全和道路交通安全、铁路交通安全、水上交通安全、民用航空安全以及核与辐射安全、特种设备安全另有规定的,适用其规定。

(3)安全生产工作应当以人为本,坚持安全发展,坚持安全第一、预防为主、综合治理的方针,强化和落实生产经营单位的主体责任,建立生产经营单位负责、职工参与、政府监管、行业自律和社会监督的机制。

(4)生产经营单位必须遵守本法和其他有关安全生产的法律、法规,加强安全生产管理,建立、健全安全生产责任制和安全生产规章制度,改善安全生产条件,推进安全生产标准化建设,提高安全生产水平,确保安全生产。

(5)生产经营单位的主要负责人对本单位的安全生产工作全面负责。

(6)生产经营单位的从业人员有依法获得安全生产保障的权利,并应当依法履行安全生产方面的义务。

(7)工会依法对安全生产工作进行监督。

生产经营单位的工会依法组织职工参加本单位安全生产工作的民主管理和民主监督,维护职工在安全生产方面的合法权益。生产经营单位制定或者修改有关安全生产的规章制度,应当听取工会的意见。

(8)国务院和县级以上地方各级人民政府应当根据国民经济和社会发展规划制定安全生产规划,并组织实施。安全生产规划应当与城乡规划相衔接。

国务院和县级以上地方各级人民政府应当加强对安全生产工作的领导,支持、督促各有关部门依法履行安全生产监督管理职责,建立健全安全生产工作协调机制,及时协调、解决安全生产监督管理中存在的重大问题。

乡、镇人民政府以及街道办事处、开发区管理机构等地方人民政府的派出机关应当按照职责,加强对本行政区域内生产经营单位安全生产状况的监督检查,协助上级人民政府有关部门依法履行安全生产监督管理职责。

(9)国务院安全生产监督管理部门依照本法,对全国安全生产工作实施综合监督管理;县级以上地方各级人民政府安全生产监督管理部门依照本法,对本行政区域内安全生产工作实施综合监督管理。

国务院有关部门依照本法和其他有关法律、行政法规的规定，在各自的职责范围内对有关行业、领域的安全生产工作实施监督管理；县级以上地方各级人民政府有关部门依照本法和其他有关法律、法规的规定，在各自的职责范围内对有关行业、领域的安全生产工作实施监督管理。

安全生产监督管理部门和对有关行业、领域的安全生产工作实施监督管理的部门，统称负有安全生产监督管理职责的部门。

(10)国务院有关部门应当按照保障安全生产的要求，依法及时制定有关的国家标准或者行业标准，并根据科技进步和经济发展适时修订。生产经营单位必须执行依法制定的保障安全生产的国家标准或者行业标准。

(11)各级人民政府及其有关部门应当采取多种形式，加强对有关安全生产的法律、法规和安全生产知识的宣传，增强全社会的安全生产意识。

(12)有关协会组织依照法律、行政法规和章程，为生产经营单位提供安全生产方面的信息、培训等服务，发挥自律作用，促进生产经营单位加强安全生产管理。

(13)依法设立的为安全生产提供技术、管理服务的机构，依照法律、行政法规和执业准则，接受生产经营单位的委托为其安全生产工作提供技术、管理服务。

生产经营单位委托前款规定的机构提供安全生产技术、管理服务的，保证安全生产的责任仍由本单位负责。

(14)国家实行生产安全事故责任追究制度，依照本法和有关法律、法规的规定，追究生产安全事故责任人员的法律责任。

(15)国家鼓励和支持安全生产科学技术研究和安全生产先进技术的推广应用，提高安全生产水平。

(16)国家对在改善安全生产条件、防止生产安全事故、参加抢险救护等方面取得显著成绩的单位和个人，给予奖励。

4.1.3 《铁路安全管理条例》相关内容摘录

1. *总体要求*

(1)为了加强铁路安全管理，保障铁路运输安全和畅通，保护人身安全和财产安全，制定本条例。

(2)铁路安全管理坚持安全第一、预防为主、综合治理的方针。

(3)国务院铁路行业监督管理部门负责全国铁路安全监督管理工作，国务院铁路行业监督管理部门设立的铁路监督管理机构负责辖区内的铁路安全监督管理工作。国务院铁路行业监督管理部门和铁路监督管理机构统称铁路监管部门。

国务院有关部门依照法律和国务院规定的职责，负责铁路安全管理的有关工作。

(4)铁路沿线地方各级人民政府和县级以上地方人民政府有关部门应当按照各自职责，加强保障铁路安全的教育，落实护路联防责任制，防范和制止危害铁路安全的行为，协调和处理保障铁路安全的有关事项，做好保障铁路安全的有关工作。

(5)从事铁路建设、运输、设备制造维修的单位应当加强安全管理，建立健全安全生产管

理制度，落实企业安全生产主体责任，设置安全管理机构或者配备安全管理人员，执行保障生产安全和产品质量安全的国家标准、行业标准，加强对从业人员的安全教育培训，保证安全生产所必需的资金投入。

铁路建设、运输、设备制造维修单位的工作人员应当严格执行规章制度，实行标准化作业，保证铁路安全。

(6)铁路监管部门、铁路运输企业等单位应当按照国家有关规定制定突发事件应急预案，并组织应急演练。

(7)禁止扰乱铁路建设、运输秩序。禁止损坏或者非法占用铁路设施设备、铁路标志和铁路用地。

任何单位或者个人发现损坏或者非法占用铁路设施设备、铁路标志、铁路用地以及其他影响铁路安全的行为，有权报告铁路运输企业，或者向铁路监管部门、公安机关或者其他有关部门举报。接到报告的铁路运输企业、接到举报的部门应当根据各自职责及时处理。

对维护铁路安全作出突出贡献的单位或者个人，按照国家有关规定给予表彰奖励。

2. 铁路建设质量安全

(1)铁路建设工程的勘察、设计、施工、监理以及建设物资、设备的采购，应当依法进行招标。

(2)从事铁路建设工程勘察、设计、施工、监理活动的单位应当依法取得相应资质，并在其资质等级许可的范围内从事铁路工程建设活动。

(3)铁路建设单位应当选择具备相应资质等级的勘察、设计、施工、监理单位进行工程建设，并对建设工程的质量安全进行监督检查，制作检查记录留存备查。

(4)铁路建设工程的勘察、设计、施工、监理应当遵守法律、行政法规关于建设工程质量和安全管理的规定，执行国家标准、行业标准和技术规范。

铁路建设工程的勘察、设计、施工单位依法对勘察、设计、施工的质量负责，监理单位依法对施工质量承担监理责任。

高速铁路和地质构造复杂的铁路建设工程实行工程地质勘察监理制度。

(5)铁路建设工程的安全设施应当与主体工程同时设计、同时施工、同时投入使用。安全设施投资应当纳入建设项目概算。

(6)铁路建设工程使用的材料、构件、设备等产品，应当符合有关产品质量的强制性国家标准、行业标准。

(7)铁路建设工程的建设工期，应当根据工程地质条件、技术复杂程度等因素，按照国家标准、行业标准和技术规范合理确定、调整。

任何单位和个人不得违反前款规定要求铁路建设、设计、施工单位压缩建设工期。

(8)铁路建设工程竣工，应当按照国家有关规定组织验收，并由铁路运输企业进行运营安全评估。经验收、评估合格，符合运营安全要求的，方可投入运营。

(9)在铁路线路及其邻近区域进行铁路建设工程施工，应当执行铁路营业线施工安全管理规定。铁路建设单位应当会同相关铁路运输企业和工程设计、施工单位制定安全施工方案，按照方案进行施工。施工完毕应当及时清理现场，不得影响铁路运营安全。

(10)新建、改建设计开行时速120 km以上列车的铁路或者设计运输量达到国务院铁路行业监督管理部门规定的较大运输量标准的铁路，需要与道路交叉的，应当设置立体交叉设施。

新建、改建高速公路、一级公路或者城市道路中的快速路，需要与铁路交叉的，应当设置立体交叉设施，并优先选择下穿铁路的方案。

已建成的属于前两款规定情形的铁路、道路为平面交叉的，应当逐步改造为立体交叉。

新建、改建高速铁路需要与普通铁路、道路、渡槽、管线等设施交叉的，应当优先选择高速铁路上跨方案。

(11)设置铁路与道路立体交叉设施及其附属安全设施所需费用的承担，按照下列原则确定：

①新建、改建铁路与既有道路交叉的，由铁路方承担建设费用；道路方要求超过既有道路建设标准建设所增加的费用，由道路方承担。

②新建、改建道路与既有铁路交叉的，由道路方承担建设费用；铁路方要求超过既有铁路线路建设标准建设所增加的费用，由铁路方承担。

③同步建设的铁路和道路需要设置立体交叉设施以及既有铁路道口改造为立体交叉的，由铁路方和道路方按照公平合理的原则分担建设费用。

(12)铁路与道路立体交叉设施及其附属安全设施竣工验收合格后，应当按照国家有关规定移交有关单位管理、维护。

(13)专用铁路、铁路专用线需要与公用铁路网接轨的，应当符合国家有关铁路建设、运输的安全管理规定。

3. 铁路专用设备质量安全

(1)设计、制造、维修或者进口新型铁路机车车辆，应当符合国家标准、行业标准，并分别向国务院铁路行业监督管理部门申请领取型号合格证、制造许可证、维修许可证或者进口许可证，具体办法由国务院铁路行业监督管理部门制定。

铁路机车车辆的制造、维修、使用单位应当遵守有关产品质量的法律、行政法规以及国家其他有关规定，确保投入使用的机车车辆符合安全运营要求。

(2)生产铁路道岔及其转辙设备、铁路信号控制软件和控制设备、铁路通信设备、铁路牵引供电设备的企业，应当符合下列条件并经国务院铁路行业监督管理部门依法审查批准：

①有按照国家标准、行业标准检测、检验合格的专业生产设备。

②有相应的专业技术人员。

③有完善的产品质量保证体系和安全管理制度。

④法律、行政法规规定的其他条件。

(3)铁路机车车辆以外的直接影响铁路运输安全的铁路专用设备，依法应当进行产品认证的，经认证合格方可出厂、销售、进口、使用。

(4)用于危险化学品和放射性物品运输的铁路罐车、专用车辆以及其他容器的生产和检测、检验，依照有关法律、行政法规的规定执行。

(5)用于铁路运输的安全检测、监控、防护设施设备，集装箱和集装化用具等运输器具，专用装卸机械、索具、篷布、装载加固材料或者装置，以及运输包装、货物装载加固等，应当符合国家标准、行业标准和技术规范。

(6)铁路机车车辆以及其他铁路专用设备存在缺陷,即由于设计、制造、标识等原因导致同一批次、型号或者类别的铁路专用设备普遍存在不符合保障人身、财产安全的国家标准、行业标准的情形或者其他危及人身、财产安全的不合理危险的,应当立即停止生产、销售、进口、使用;设备制造者应当召回缺陷产品,采取措施消除缺陷。具体办法由国务院铁路行业监督管理部门制定。

4. 铁路线路安全

(1)铁路线路两侧应当设立铁路线路安全保护区。铁路线路安全保护区的范围,从铁路线路路堤坡脚、路堑坡顶或者铁路桥梁(含铁路、道路两用桥,下同)外侧起向外的距离分别为:

①城市市区高速铁路为10 m,其他铁路为8 m。

②城市郊区居民居住区高速铁路为12 m,其他铁路为10 m。

③村镇居民居住区高速铁路为15 m,其他铁路为12 m。

④其他地区高速铁路为20 m,其他铁路为15 m。

前款规定距离不能满足铁路运输安全保护需要的,由铁路建设单位或者铁路运输企业提出方案,铁路监督管理机构或者县级以上地方人民政府依照本条第三款规定程序划定。

在铁路用地范围内划定铁路线路安全保护区的,由铁路监督管理机构组织铁路建设单位或者铁路运输企业划定并公告。在铁路用地范围外划定铁路线路安全保护区的,由县级以上地方人民政府根据保障铁路运输安全和节约用地的原则,组织有关铁路监督管理机构、县级以上地方人民政府国土资源等部门划定并公告。

铁路线路安全保护区与公路建筑控制区、河道管理范围、水利工程管理和保护范围、航道保护范围或者石油、电力以及其他重要设施保护区重叠的,由县级以上地方人民政府组织有关部门依照法律、行政法规的规定协商划定并公告。

新建、改建铁路的铁路线路安全保护区范围,应当自铁路建设工程初步设计批准之日起30 d内,由县级以上地方人民政府依照本条例的规定划定并公告。铁路建设单位或者铁路运输企业应当根据工程竣工资料进行勘界,绘制铁路线路安全保护区平面图,并根据平面图设立标桩。

(2)设计开行时速120 km以上列车的铁路应当实行全封闭管理。铁路建设单位或者铁路运输企业应当按照国务院铁路行业监督管理部门的规定在铁路用地范围内设置封闭设施和警示标志。

(3)禁止在铁路线路安全保护区内烧荒、放养牲畜、种植影响铁路线路安全和行车瞭望的树木等植物。

(4)禁止向铁路线路安全保护区排污、倾倒垃圾以及其他危害铁路安全的物质。

(5)在铁路线路安全保护区内建造建筑物、构筑物等设施,取土、挖砂、挖沟、采空作业或者堆放、悬挂物品,应当征得铁路运输企业同意并签订安全协议,遵守保证铁路安全的国家标准、行业标准和施工安全规范,采取措施防止影响铁路运输安全。铁路运输企业应当派员对施工现场实行安全监督。

铁路线路安全保护区内既有的建筑物、构筑物危及铁路运输安全的,应当采取必要的安全防护措施;采取安全防护措施后仍不能保证安全的,依照有关法律的规定拆除。

拆除铁路线路安全保护区内的建筑物、构筑物，清理铁路线路安全保护区内的植物，或者对他人在铁路线路安全保护区内已依法取得的采矿权等合法权利予以限制，给他人造成损失的，应当依法给予补偿或者采取必要的补救措施。但是，拆除非法建设的建筑物、构筑物的除外。

(6)在铁路线路安全保护区及其邻近区域建造或者设置的建筑物、构筑物、设备等，不得进入国家规定的铁路建筑限界。

(7)在铁路线路两侧建造、设立生产、加工、储存或者销售易燃、易爆或者放射性物品等危险物品的场所、仓库，应当符合国家标准、行业标准规定的安全防护距离。

(8)在铁路线路两侧从事采矿、采石或者爆破作业，应当遵守有关采矿和民用爆破的法律法规，符合国家标准、行业标准和铁路安全保护要求。

在铁路线路路堤坡脚、路堑坡顶、铁路桥梁外侧起向外各 1 000 m 范围内，以及在铁路隧道上方中心线两侧各 1 000 m 范围内，确需从事露天采矿、采石或者爆破作业的，应当与铁路运输企业协商一致，依照有关法律法规的规定报县级以上地方人民政府有关部门批准，采取安全防护措施后方可进行。

(9)高速铁路线路路堤坡脚、路堑坡顶或者铁路桥梁外侧起向外各 200 m 范围内禁止抽取地下水。

在前款规定范围外，高速铁路线路经过的区域属于地面沉降区域，抽取地下水危及高速铁路安全的，应当设置地下水禁止开采区或者限制开采区，具体范围由铁路监督管理机构会同县级以上地方人民政府水行政主管部门提出方案，报省、自治区、直辖市人民政府批准并公告。

(10)在电气化铁路附近从事排放粉尘、烟尘及腐蚀性气体的生产活动，超过国家规定的排放标准，危及铁路运输安全的，由县级以上地方人民政府有关部门依法责令整改，消除安全隐患。

(11)任何单位和个人不得擅自在铁路桥梁跨越处河道上下游各 1 000 m 范围内围垦造田、拦河筑坝、架设浮桥或者修建其他影响铁路桥梁安全的设施。

因特殊原因确需在前款规定的范围内进行围垦造田、拦河筑坝、架设浮桥等活动的，应当进行安全论证，负责审批的机关在批准前应当征求有关铁路运输企业的意见。

(12)禁止在铁路桥梁跨越处河道上下游的下列范围内采砂、淘金：

①跨河桥长 500 m 以上的铁路桥梁，河道上游 500 m，下游 3 000 m。

②跨河桥长 100 m 以上不足 500 m 的铁路桥梁，河道上游 500 m，下游 2 000 m。

③跨河桥长不足 100 m 的铁路桥梁，河道上游 500 m，下游 1 000 m。

有关部门依法在铁路桥梁跨越处河道上下游划定的禁采范围大于前款规定的禁采范围的，按照划定的禁采范围执行。

县级以上地方人民政府水行政主管部门、国土资源主管部门应当按照各自职责划定禁采区域，设置禁采标志，制止非法采砂、淘金行为。

(13)在铁路桥梁跨越处河道上下游各 500 m 范围内进行疏浚作业，应当进行安全技术评价，有关河道、航道管理部门应当征求铁路运输企业的意见，确认安全或者采取安全技术措施后，方可批准进行疏浚作业。但是，依法进行河道、航道日常养护、疏浚作业的除外。

(14)铁路、道路两用桥由所在地铁路运输企业和道路管理部门或者道路经营企业定期检查、共同维护,保证桥梁处于安全的技术状态。

铁路、道路两用桥的墩、梁等共用部分的检测、维修由铁路运输企业和道路管理部门或者道路经营企业共同负责,所需费用按照公平合理的原则分担。

(15)铁路的重要桥梁和隧道按照国家有关规定由中国人民武装警察部队负责守卫。

(16)船舶通过铁路桥梁应当符合桥梁的通航净空高度并遵守航行规则。

桥区航标中的桥梁航标、桥柱标、桥梁水尺标由铁路运输企业负责设置、维护,水面航标由铁路运输企业负责设置,航道管理部门负责维护。

(17)下穿铁路桥梁、涵洞的道路应当按照国家标准设置车辆通过限高、限宽标志和限高防护架。城市道路的限高、限宽标志由当地人民政府指定的部门设置并维护,公路的限高、限宽标志由公路管理部门设置并维护。限高防护架在铁路桥梁、涵洞、道路建设时设置,由铁路运输企业负责维护。

机动车通过下穿铁路桥梁、涵洞的道路,应当遵守限高、限宽规定。

下穿铁路涵洞的管理单位负责涵洞的日常管理、维护,防止淤塞、积水。

(18)铁路线路安全保护区内的道路和铁路线路路堑上的道路、跨越铁路线路的道路桥梁,应当按照国家有关规定设置防止车辆以及其他物体进入、坠入铁路线路的安全防护设施和警示标志,并由道路管理部门或者道路经营企业维护、管理。

(19)架设、铺设铁路信号和通信线路、杆塔应当符合国家标准、行业标准和铁路安全防护要求。铁路运输企业、为铁路运输提供服务的电信企业应当加强对铁路信号和通信线路、杆塔的维护和管理。

(20)设置或者拓宽铁路道口、铁路人行过道,应当征得铁路运输企业的同意。

(21)铁路与道路交叉的无人看守道口应当按照国家标准设置警示标志;有人看守道口应当设置移动栏杆、列车接近报警装置、警示灯、警示标志、铁路道口路段标线等安全防护设施。

道口移动栏杆、列车接近报警装置、警示灯等安全防护设施由铁路运输企业设置、维护;警示标志、铁路道口路段标线由铁路道口所在地的道路管理部门设置、维护。

(22)机动车或者非机动车在铁路道口内发生故障或者装载物掉落的,应当立即将故障车辆或者掉落的装载物移至铁路道口停止线以外或者铁路线路最外侧钢轨 5 m 以外的安全地点。无法立即移至安全地点的,应当立即报告铁路道口看守人员;在无人看守道口,应当立即在道口两端采取措施拦停列车,并就近通知铁路车站或者公安机关。

(23)履带车辆等可能损坏铁路设施设备的车辆、物体通过铁路道口,应当提前通知铁路道口管理单位,在其协助、指导下通过,并采取相应的安全防护措施。

(24)在下列地点,铁路运输企业应当按照国家标准、行业标准设置易于识别的警示、保护标志:

①铁路桥梁、隧道的两端。

②铁路信号、通信光(电)缆的埋设、铺设地点。

③电气化铁路接触网、自动闭塞供电线路和电力贯通线路等电力设施附近易发生危险的地点。

(25)禁止毁坏铁路线路、站台等设施设备和铁路路基、护坡、排水沟、防护林木、护坡草坪、铁路线路封闭网及其他铁路防护设施。

禁止实施下列危及铁路通信、信号设施安全的行为:

①在埋有地下光(电)缆设施的地面上方进行钻探,堆放重物、垃圾,焚烧物品,倾倒腐蚀性物质。

②在地下光(电)缆两侧各 1 m 的范围内建造、搭建建筑物、构筑物等设施。

③在地下光(电)缆两侧各 1 m 的范围内挖砂、取土。

④在过河光(电)缆两侧各 100 m 的范围内挖砂、抛锚或者进行其他危及光(电)缆安全的作业。

(26)禁止实施下列危害电气化铁路设施的行为:

①向电气化铁路接触网抛掷物品。

②在铁路电力线路导线两侧各 500 m 的范围内升放风筝、气球等低空漂浮物体。

③攀登铁路电力线路杆塔或者在杆塔上架设、安装其他设施设备。

④在铁路电力线路杆塔、拉线周围 20 m 范围内取土、打桩、钻探或者倾倒有害化学物品。

⑤触碰电气化铁路接触网。

(27)县级以上各级人民政府及其有关部门、铁路运输企业应当依照地质灾害防治法律法规的规定,加强铁路沿线地质灾害的预防、治理和应急处理等工作。

(28)铁路运输企业应当对铁路线路、铁路防护设施和警示标志进行经常性巡查和维护;对巡查中发现的安全问题应当立即处理,不能立即处理的应当及时报告铁路监督管理机构。巡查和处理情况应当记录留存。

5. 铁路运营安全

(1)铁路运输企业应当依照法律、行政法规和国务院铁路行业监督管理部门的规定,制定铁路运输安全管理制度,完善相关作业程序,保障铁路旅客和货物运输安全。

(2)铁路机车车辆的驾驶人员应当参加国务院铁路行业监督管理部门组织的考试,考试合格方可上岗。具体办法由国务院铁路行业监督管理部门制定。

(3)铁路运输企业应当加强铁路专业技术岗位和主要行车工种岗位从业人员的业务培训和安全培训,提高从业人员的业务技能和安全意识。

(4)铁路运输企业应当加强运输过程中的安全防护,使用的运输工具、装载加固设备以及其他专用设施设备应当符合国家标准、行业标准和安全要求。

(5)铁路运输企业应当建立健全铁路设施设备的检查防护制度,加强对铁路设施设备的日常维护检修,确保铁路设施设备性能完好和安全运行。

铁路运输企业的从业人员应当按照操作规程使用、管理铁路设施设备。

(6)在法定假日和传统节日等铁路运输高峰期或者恶劣气象条件下,铁路运输企业应当采取必要的安全应急管理措施,加强铁路运输安全检查,确保运输安全。

(7)铁路运输企业应当在列车、车站等场所公告旅客、列车工作人员以及其他进站人员遵守的安全管理规定。

(8)公安机关应当按照职责分工,维护车站、列车等铁路场所和铁路沿线的治安秩序。

(9)铁路运输企业应当按照国务院铁路行业监督管理部门的规定实施火车票实名购买、查验制度。

实施火车票实名购买、查验制度的,旅客应当凭有效身份证件购票乘车;对车票所记载身份信息与所持身份证件或者真实身份不符的持票人,铁路运输企业有权拒绝其进站乘车。

铁路运输企业应当采取有效措施为旅客实名购票、乘车提供便利,并加强对旅客身份信息的保护。铁路运输企业工作人员不得窃取、泄露旅客身份信息。

(10)铁路运输企业应当依照法律、行政法规和国务院铁路行业监督管理部门的规定,对旅客及其随身携带、托运的行李物品进行安全检查。

从事安全检查的工作人员应当佩戴安全检查标志,依法履行安全检查职责,并有权拒绝不接受安全检查的旅客进站乘车和托运行李物品。

(11)旅客应当接受并配合铁路运输企业在车站、列车实施的安全检查,不得违法携带、夹带管制器具,不得违法携带、托运烟花爆竹、枪支弹药等危险物品或者其他违禁物品。

禁止或者限制携带的物品种类及其数量由国务院铁路行业监督管理部门会同公安机关规定,并在车站、列车等场所公布。

(12)铁路运输托运人托运货物、行李、包裹,不得有下列行为:

①匿报、谎报货物品名、性质、重量。

②在普通货物中夹带危险货物,或者在危险货物中夹带禁止配装的货物。

③装车、装箱超过规定重量。

(13)铁路运输企业应当对承运的货物进行安全检查,并不得有下列行为:

①在非危险货物办理站办理危险货物承运手续。

②承运未接受安全检查的货物。

③承运不符合安全规定、可能危害铁路运输安全的货物。

(14)运输危险货物应当依照法律法规和国家其他有关规定使用专用的设施设备,托运人应当配备必要的押运人员和应急处理器材、设备以及防护用品,并使危险货物始终处于押运人员的监管之下;危险货物发生被盗、丢失、泄漏等情况,应当按照国家有关规定及时报告。

(15)办理危险货物运输业务的工作人员和装卸人员、押运人员,应当掌握危险货物的性质、危害特性、包装容器的使用特性和发生意外的应急措施。

(16)铁路运输企业和托运人应当按照操作规程包装、装卸、运输危险货物,防止危险货物泄漏、爆炸。

(17)铁路运输企业和托运人应当依照法律法规和国家其他有关规定包装、装载、押运特殊药品,防止特殊药品在运输过程中被盗、被劫或者发生丢失。

(18)铁路管理信息系统及其设施的建设和使用,应当符合法律法规和国家其他有关规定的安全技术要求。

铁路运输企业应当建立网络与信息安全应急保障体系,并配备相应的专业技术人员负责网络和信息系统的安全管理工作。

(19)禁止使用无线电台(站)以及其他仪器、装置干扰铁路运营指挥调度无线电频率的正常使用。

铁路运营指挥调度无线电频率受到干扰的，铁路运输企业应当立即采取排查措施并报告无线电管理机构、铁路监管部门；无线电管理机构、铁路监管部门应当依法排除干扰。

(20)电力企业应当依法保障铁路运输所需电力的持续供应，并保证供电质量。

铁路运输企业应当加强用电安全管理，合理配置供电电源和应急自备电源。

遇有特殊情况影响铁路电力供应的，电力企业和铁路运输企业应当按照各自职责及时组织抢修，尽快恢复正常供电。

(21)铁路运输企业应当加强铁路运营食品安全管理，遵守有关食品安全管理的法律法规和国家其他有关规定，保证食品安全。

(22)禁止实施下列危害铁路安全的行为：

①非法拦截列车、阻断铁路运输。

②扰乱铁路运输指挥调度机构以及车站、列车的正常秩序。

③在铁路线路上放置、遗弃障碍物。

④击打列车。

⑤擅自移动铁路线路上的机车车辆，或者擅自开启列车车门、违规操纵列车紧急制动设备。

⑥拆盗、损毁或者擅自移动铁路设施设备、机车车辆配件、标桩、防护设施和安全标志。

⑦在铁路线路上行走、坐卧或者在未设道口、人行过道的铁路线路上通过。

⑧擅自进入铁路线路封闭区域或者在未设置行人通道的铁路桥梁、隧道通行。

⑨擅自开启、关闭列车的货车阀、盖或者破坏施封状态。

⑩擅自开启列车中的集装箱箱门，破坏箱体、阀、盖或者施封状态。

⑪擅自松动、拆解、移动列车中的货物装载加固材料、装置和设备。

⑫钻车、扒车、跳车。

⑬从列车上抛扔杂物。

⑭在动车组列车上吸烟或者在其他列车的禁烟区域吸烟。

⑮强行登乘或者以拒绝下车等方式强占列车。

⑯冲击、堵塞、占用进出站通道或者候车区、站台。

6. 监督检查

(1)铁路监管部门应当对从事铁路建设、运输、设备制造维修的企业执行本条例的情况实施监督检查，依法查处违反本条例规定的行为，依法组织或者参与铁路安全事故的调查处理。

铁路监管部门应当建立企业违法行为记录和公告制度，对违反本条例被依法追究法律责任的从事铁路建设、运输、设备制造维修的企业予以公布。

(2)铁路监管部门应当加强对铁路运输高峰期和恶劣气象条件下运输安全的监督管理，加强对铁路运输的关键环节、重要设施设备的安全状况以及铁路运输突发事件应急预案的建立和落实情况的监督检查。

(3)铁路监管部门和县级以上人民政府安全生产监督管理部门应当建立信息通报制度和运输安全生产协调机制。发现重大安全隐患，铁路运输企业难以自行排除的，应当及时向铁路监管部门和有关地方人民政府报告。地方人民政府获悉铁路沿线有危及铁路运输安全

的重要情况，应当及时通报有关的铁路运输企业和铁路监管部门。

(4)铁路监管部门发现安全隐患，应当责令有关单位立即排除。重大安全隐患排除前或者排除过程中无法保证安全的，应当责令从危险区域内撤出人员、设备，停止作业；重大安全隐患排除后方可恢复作业。

(5)实施铁路安全监督检查的人员执行监督检查任务时，应当佩戴标志或者出示证件。任何单位和个人不得阻碍、干扰安全监督检查人员依法履行安全检查职责。

7. 法律责任

(1)铁路建设单位和铁路建设的勘察、设计、施工、监理单位违反本条例关于铁路建设质量安全管理的规定的，由铁路监管部门依照有关工程建设、招标投标管理的法律、行政法规的规定处罚。

(2)铁路建设单位未对高速铁路和地质构造复杂的铁路建设工程实行工程地质勘察监理，或者在铁路线路及其邻近区域进行铁路建设工程施工不执行铁路营业线施工安全管理规定，影响铁路运营安全的，由铁路监管部门责令改正，处10万元以上50万元以下的罚款。

(3)依法应当进行产品认证的铁路专用设备未经认证合格，擅自出厂、销售、进口、使用的，依照《中华人民共和国认证认可条例》的规定处罚。

(4)铁路机车车辆以及其他专用设备制造者未按规定召回缺陷产品，采取措施消除缺陷的，由国务院铁路行业监督管理部门责令改正；拒不改正的，处缺陷产品货值金额1%以上10%以下的罚款；情节严重的，由国务院铁路行业监督管理部门吊销相应的许可证件。

(5)有下列情形之一的，由铁路监督管理机构责令改正，处2万元以上10万元以下的罚款：

①用于铁路运输的安全检测、监控、防护设施设备，集装箱和集装化用具等运输器具、专用装卸机械、索具、篷布、装载加固材料或者装置、运输包装、货物装载加固等，不符合国家标准、行业标准和技术规范。

②不按照国家有关规定和标准设置、维护铁路封闭设施、安全防护设施。

③架设、铺设铁路信号和通信线路、杆塔不符合国家标准、行业标准和铁路安全防护要求，或者未对铁路信号和通信线路、杆塔进行维护和管理。

④运输危险货物不依照法律法规和国家其他有关规定使用专用的设施设备。

(6)在铁路线路安全保护区内烧荒、放养牲畜、种植影响铁路线路安全和行车瞭望的树木等植物，或者向铁路线路安全保护区排污、倾倒垃圾以及其他危害铁路安全的物质的，由铁路监督管理机构责令改正，对单位可以处5万元以下的罚款，对个人可以处2 000元以下的罚款。

(7)未经铁路运输企业同意或者未签订安全协议，在铁路线路安全保护区内建造建筑物、构筑物等设施，取土、挖砂、挖沟、采空作业或者堆放、悬挂物品，或者违反保证铁路安全的国家标准、行业标准和施工安全规范，影响铁路运输安全的，由铁路监督管理机构责令改正，可以处10万元以下的罚款。

铁路运输企业未派员对铁路线路安全保护区内施工现场进行安全监督的，由铁路监督管理机构责令改正，可以处3万元以下的罚款。

(8)在铁路线路安全保护区及其邻近区域建造或者设置的建筑物、构筑物、设备等进入国家规定的铁路建筑限界，或者在铁路线路两侧建造、设立生产、加工、储存或者销售易燃、易爆或者放射性物品等危险物品的场所、仓库不符合国家标准、行业标准规定的安全防护距离的，由铁路监督管理机构责令改正，对单位处 5 万元以上 20 万元以下的罚款，对个人处 1 万元以上 5 万元以下的罚款。

(9)有下列行为之一的，分别由铁路沿线所在地县级以上地方人民政府水行政主管部门、国土资源主管部门或者无线电管理机构等依照有关水资源管理、矿产资源管理、无线电管理等法律、行政法规的规定处罚：

①未经批准在铁路线路两侧各 1 000 m 范围内从事露天采矿、采石或者爆破作业。

②在地下水禁止开采区或者限制开采区抽取地下水。

③在铁路桥梁跨越处河道上下游各 1 000 m 范围内围垦造田、拦河筑坝、架设浮桥或者修建其他影响铁路桥梁安全的设施。

④在铁路桥梁跨越处河道上下游禁止采砂、淘金的范围内采砂、淘金。

⑤干扰铁路运营指挥调度无线电频率正常使用。

(10)铁路运输企业、道路管理部门或者道路经营企业未履行铁路、道路两用桥检查、维护职责的，由铁路监督管理机构或者上级道路管理部门责令改正；拒不改正的，由铁路监督管理机构或者上级道路管理部门指定其他单位进行养护和维修，养护和维修费用由拒不履行义务的铁路运输企业、道路管理部门或者道路经营企业承担。

(11)机动车通过下穿铁路桥梁、涵洞的道路未遵守限高、限宽规定的，由公安机关依照道路交通安全管理法律、行政法规的规定处罚。

(12)违反铁路道口安全管理相关规定的，由铁路监督管理机构责令改正，处 1 000 元以上 5 000 元以下的罚款。

(13)违反以上相关规定的，由公安机关责令改正，对单位处 1 万元以上 5 万元以下的罚款，对个人处 500 元以上 2 000 元以下的罚款。

(14)铁路运输托运人托运货物、行李、包裹时匿报、谎报货物品名、性质、重量，或者装车、装箱超过规定重量的，由铁路监督管理机构责令改正，可以处 2 000 元以下的罚款；情节较重的，处 2 000 元以上 2 万元以下的罚款；将危险化学品谎报或者匿报为普通货物托运的，处 10 万元以上 20 万元以下的罚款。

铁路运输托运人在普通货物中夹带危险货物，或者在危险货物中夹带禁止配装的货物的，由铁路监督管理机构责令改正，处 3 万元以上 20 万元以下的罚款。

(15)铁路运输托运人运输危险货物未配备必要的应急处理器材、设备、防护用品，或者未按照操作规程包装、装卸、运输危险货物的，由铁路监督管理机构责令改正，处 1 万元以上 5 万元以下的罚款。

(16)铁路运输托运人运输危险货物不按照规定配备必要的押运人员，或者发生危险货物被盗、丢失、泄漏等情况不按照规定及时报告的，由公安机关责令改正，处 1 万元以上 5 万元以下的罚款。

(17)旅客违法携带、夹带管制器具或者违法携带、托运烟花爆竹、枪支弹药等危险物品或者其他违禁物品的，由公安机关依法给予治安管理处罚。

(18)铁路运输企业有下列情形之一的,由铁路监管部门责令改正,处 2 万元以上 10 万元以下的罚款:

①在非危险货物办理站办理危险货物承运手续。

②承运未接受安全检查的货物。

③承运不符合安全规定、可能危害铁路运输安全的货物。

④未按照操作规程包装、装卸、运输危险货物。

(19)铁路监管部门及其工作人员应当严格按照本条例规定的处罚种类和幅度,根据违法行为的性质和具体情节行使行政处罚权,具体办法由国务院铁路行业监督管理部门制定。

(20)铁路运输企业工作人员窃取、泄露旅客身份信息的,由公安机关依法处罚。

(21)从事铁路建设、运输、设备制造维修的单位违反本条例规定,对直接负责的主管人员和其他直接责任人员依法给予处分。

(22)铁路监管部门及其工作人员不依照本条例规定履行职责的,对负有责任的领导人员和直接责任人员依法给予处分。

(23)违反本条例规定,给铁路运输企业或者其他单位、个人财产造成损失的,依法承担民事责任。

违反本条例规定,构成违反治安管理行为的,由公安机关依法给予治安管理处罚;构成犯罪的,依法追究刑事责任。

8. 附则

(1)专用铁路、铁路专用线的安全管理参照本条例的规定执行。

(2)本条例所称高速铁路,是指设计开行时速 250 km 以上(含预留),并且初期运营时速 200 km 以上的客运列车专线铁路。

(3)本条例自 2014 年 1 月 1 日起施行。2004 年 12 月 27 日国务院公布的《铁路运输安全保护条例》同时废止。

4.1.4 《中华人民共和国无线电管理条例》相关内容摘录

该条例与高速铁路运输相关的有以下几条:

第三十六条 船舶、航空器、铁路机车(含动车组列车,下同)设置、使用制式无线电台应当符合国家有关规定,由国务院有关部门的无线电管理机构颁发无线电台执照;需要使用无线电台识别码的,同时核发无线电台识别码。国务院有关部门应当将制式无线电台执照及无线电台识别码的核发情况定期通报国家无线电管理机构。

船舶、航空器、铁路机车设置、使用非制式无线电台的管理办法,由国家无线电管理机构会同国务院有关部门制定。

第五十四条 外国船舶(含海上平台)、航空器、铁路机车、车辆等设置的无线电台在我国境内使用,应当遵守我国的法律、法规和我国缔结或者参加的国际条约。

第六十四条 国家对船舶、航天器、航空器、铁路机车专用的无线电导航、遇险救助和安全通信等涉及人身安全的无线电频率予以特别保护。任何无线电发射设备和辐射无线电波的非无线电设备对其产生有害干扰的,应当立即消除有害干扰。

4.1.5 江西省高速铁路安全管理规定

各地区也根据《中华人民共和国铁路法》《铁路安全管理条例》等法律法规，结合各地实际情况，制定与之相适应的管理规定。以下以《江西省高速铁路安全管理规定》为例做介绍。

第一条 为了加强高速铁路安全管理，保障高速铁路运输安全和畅通，保护人身和财产安全，促进经济社会发展，根据《中华人民共和国铁路法》、国务院《铁路安全管理条例》等法律、行政法规，结合本省实际，制定本规定。

第二条 本省行政区域内高速铁路的线路安全和运营安全管理及其相关活动适用本规定。

本规定所称高速铁路，是指设计开行时速 250 km 以上（含预留），并且初期运营时速 200 km 以上的客运列车专线铁路。

本规定所称高速铁路线路，是指高速铁路钢轨道床和路基，包括线路、桥梁、隧道、边坡、侧沟、电力牵引供电、通信信号及其他排水设备、防护设备以及其他附属设施设备等。

第三条 高速铁路安全管理坚持安全第一、预防为主、路地协作、综合治理的原则。

第四条 铁路监督管理机构依法在本省行政区域内负责高速铁路安全监督管理工作。

第五条 省人民政府负责高速铁路安全有关工作的领导，建立高速铁路安全管理工作协调机制，协调解决高速铁路安全管理的重大问题，并将高速铁路护路联防工作经费列入财政预算。

高速铁路沿线设区的市、县（市、区）人民政府负责本行政区域内高速铁路线路封闭区域外的高速铁路安全管理有关工作，将其作为当地安全生产、综合治理和平安建设的内容，明确高速铁路安全管理责任，建立高速铁路安全管理工作协调机制，落实护路联防责任制。

高速铁路沿线乡（镇）人民政府、街道办事处应当协助上级人民政府有关部门、单位做好高速铁路安全管理有关工作，落实高速铁路护路联防责任制。

第六条 地方公安机关、铁路公安机关应当共同维护高速铁路沿线治安秩序，建立信息共享，联防联动工作机制，具体分工由省公安机关和南昌铁路公安机关共同制定。

发展改革、工业和信息化、国土资源、交通运输、林业、住房城乡建设、环境保护、教育、水行政、安全监督管理等主管部门按照各自职责，做好高速铁路安全管理工作。

第七条 铁路运输企业应当落实企业安全生产主体责任，建立健全安全生产管理制度，执行生产安全的国家标准、行业标准，加强对从业人员的标准化作业和安全教育培训，保证安全生产所必需的资金投入。

第八条 高速铁路沿线根据管理需要合理划分路段，实行双段长工作责任制。铁路运输企业和路段所在的乡（镇）人民政府、街道办事处各指定一名相关负责人作为段长，负责组织巡查、会商、上报信息等工作，及时排查处置影响高速铁路运输安全的问题。

第九条 高速铁路沿线各级人民政府、铁路运输企业应当加强高速铁路安全宣传教育，普及高速铁路安全管理法律法规和科学知识，提高公众的高速铁路安全意识，鼓励和引导公众参与高速铁路安全保护。

高速铁路沿线县级以上人民政府教育主管部门应当将高速铁路安全知识作为中小学校

安全教育的内容。

第十条 任何单位、个人发现损坏或者非法占用高速铁路设施设备、高速铁路标志、高速铁路用地以及其他影响高速铁路安全的行为，有权报告铁路运输企业，或者向铁路监督管理机构、公安机关或者其他有关部门举报。接到报告的铁路运输企业、接到举报的部门应当根据各自职责及时处理。

对维护高速铁路安全作出突出贡献的单位或者个人，按照国家有关规定给予表彰奖励。

第十一条 高速铁路实行全封闭管理。铁路建设单位或者铁路运输企业应当按照国家规定设置高速铁路封闭区域和警示标志。

高速铁路线路两侧应当按照国务院《铁路安全管理条例》的规定，设立铁路线路安全保护区。

第十二条 高速铁路线路安全保护区内不得实施下列行为：

(一)擅自建造建(构)筑物。

(二)擅自铺设、架设各类跨越、穿越高速铁路线路的管线、缆线、渡槽等设施。

(三)擅自取土、挖砂、挖沟、采空作业或者堆放、悬挂物品。

(四)烧荒、放养牲畜、种植影响铁路线路安全和行车瞭望的树木等植物。

(五)排污、倾倒垃圾或者渣土以及其他危害铁路安全的物质。

(六)抛掷可能影响行车瞭望或者设施设备安全的物品。

(七)法律、法规规定的其他影响铁路安全的行为。

第十三条 在高速铁路线路安全保护区内建造建(构)筑物等设施，取土、挖砂、挖沟、采空作业或者堆放、悬挂物品，应当征得铁路运输企业或者铁路建设单位同意，并签订安全协议。依法需要许可的，可以由许可部门在许可前征得铁路运输企业或者铁路建设单位同意。

施工前，建设单位应当查明高速铁路给排水、供电、通信、信号等设施情况，铁路运输企业或者铁路建设单位应当及时提供资料。

施工时，施工单位应当遵守有关安全标准、规范，采取措施防止影响高速铁路运输安全。铁路运输企业或者铁路建设单位应当派员对施工现场进行安全监督。

施工完毕后，施工单位应当及时清理现场。

第十四条 道路、油气管线、上下水管道、电力线路、通信管线等设施与高速铁路交叉的，应当遵循“后建服从先建”的原则，由双方单位进行协商，就有关安全防护措施和补偿等问题签订协议后，按照国家标准、行业标准和建设安全规范进行施工。施工时，双方单位应当指派专门人员现场监督、指导施工。

第十五条 新建、改建、扩建道路与高速铁路交叉的，应当设置立体交叉设施，并优先选择下穿铁路的方案。建设单位应当与铁路运输企业协商一致，签订安全协议，并采取安全防护措施。

下穿高速铁路桥梁、涵洞的道路应当按照国家标准设置车辆通过限高、限宽标志和限高防护架。新建、改建下穿高速铁路桥梁、涵洞的道路，限高防护架由道路建设单位负责设置，经竣工验收合格后移交铁路运输企业负责维护，已明确维护单位的除外。

上跨高速铁路的道路桥梁护栏外侧不得附挂安装各类缆线、管道、广告等附属设施。

第十六条 新建、改建、扩建高速铁路桥梁应当充分考虑船舶航行安全需要，合理确定桥位和桥跨布置方案，最大限度减小桥梁对水上交通安全的影响。

高速铁路桥梁建设单位或者管理单位应当按照设计标准设置桥梁防撞装置并定期检测维护。

第十七条 开发利用高速铁路隧道顶上山地应当征求铁路运输企业的意见，可能影响高速铁路隧道安全的，开发利用单位或者个人应当采取有效防护措施。

在高速铁路线路两侧山坡地修建山塘、水库、堤坝等，应当征求铁路运输企业的意见，可能影响高速铁路线路安全的，修建单位或者个人应当采取有效防护措施。

第十八条 在高速铁路桥梁跨越处河道上下游一定范围内禁止采砂、淘金，具体禁采范围按照国务院《铁路安全管理条例》规定执行。

县级以上人民政府水行政、国土资源主管部门应当对高速铁路桥梁跨越处河道采砂、淘金禁采区域进行公告。新建、改建高速铁路桥梁跨越河道的禁采区域，应当自高速铁路建设工程初步设计批准后，由铁路建设单位向县级以上人民政府水行政、国土资源主管部门提出申请，县级以上人民政府水行政、国土资源主管部门应当按照各自职责划定禁采区、设置禁采标志，并在高速铁路竣工验收前予以公告。

第十九条 对高速铁路线路路堤坡脚、路堑坡顶或者铁路桥梁外侧起向外 100 m 范围内的彩钢瓦房、活动板房或者广告牌等建(构)筑物，其产权人或者管理人应当采取安全防护措施，防止因掉落、脱落造成高速铁路安全事故。

第二十条 在高速铁路线路两侧新建杆塔、烟囱等设施或者种植树木的，产权人或者管理人应当确保设施或者树木倒伏后不会侵入高速铁路线路封闭区域内。

高速铁路线路两侧既有的杆塔、烟囱等设施或者树木，倒伏后可能侵入封闭区域内的，产权人或者管理人应当采取避免倒伏的安全防护措施。产权人或者管理人拒不采取安全措施的，铁路运输企业应当及时向设施或者树木所在地县级人民政府或者铁路监督管理机构报告，由县级人民政府或者铁路监督管理机构依法协调处理。

第二十一条 高速铁路供电线路两侧各 500 m 的范围内，不得升放风筝、气球、孔明灯、无人机等低空漂浮物体。

对高速铁路供电线路两侧各 500 m 范围内的塑料大棚、遮阳网、塑料防护薄膜等轻质物体及施工过程中产生的轻飘物应当采取加固防护措施，防止大风天气条件下危害高速铁路安全。未及时采取措施排除隐患造成损失的，由产权人或者管理人依法给予赔偿。

第二十二条 高速铁路供电线路与树木之间的安全距离应当参照国务院《电力设施保护条例》有关电力线路安全距离的规定执行。

高速铁路供电线路投入运行前，已经种植的树木等植物，因自然生长不满足安全距离要求的，铁路建设单位应当与树木产权人或者管理人签订砍伐树木和不再种植高秆植物的协议，并按照有关规定给予一次性补偿，依法办理采伐手续。涉及古树名木的，按照有关法律法规规定处理。

高速铁路供电线路投入运行后，种植的树木等植物侵入供电线路安全距离范围内的，应当按照已签订的相关协议处置；未签订相关协议的，铁路运输企业应当及时通知产权人或者管理人限期处理；产权人或者管理人逾期不处理的，铁路运输企业应当及时向所在地县级人民政府或者铁路监督管理机构报告，由县级人民政府或者铁路监督管理机构依法协调处理。

第二十三条 铁路运输企业发现从事排放粉尘、烟尘及腐蚀性气体生产活动危及高速铁路运输安全向高速铁路沿线县级以上人民政府环境保护主管部门报告的，环境保护主管部门应当依法处理，并将结果告知铁路运输企业。

第二十四条 在高速铁路线路两侧建造、设立生产、加工、储存或者销售易燃易爆、放射性物品等危险物品的场所、仓库，应当符合国家标准、行业标准规定的安全防护距离，并定期组织隐患排查治理，沿线县级以上人民政府有关部门应当加强监督检查。

设计、建设高速铁路应当充分考虑沿线既有的易燃易爆或者放射性物品等危险物品场所分布。易燃易爆或者放射性物品等危险物品场所的管理人发现设计、建设中的高速铁路在安全防护距离内的，应当及时向铁路设计、建设单位通报情况，协商采取相应措施。

第二十五条 高速铁路线路路堤坡脚、路堑坡顶或者铁路桥梁外侧起 50 m 内，禁止野外焚烧。

高速铁路沿线村（居）民委员会制定防火安全公约时，应当提示村（居）民不得在高速铁路附近野外焚烧，防止诱发火灾影响高速铁路安全。

铁路运输企业在日常巡查中发现野外焚烧，应当进行劝阻或者监控，并向当地防火主管部门报告，防火主管部门应当及时处置。

第二十六条 无线电管理机构应当对高速铁路沿线进行重点保护，健全高速铁路沿线的无线电监测网络，建立日常巡查机制。

任何单位和个人使用的无线电台（站）以及其他仪器、装置，不得干扰高速铁路运营指挥调度无线电频率的正常使用。

铁路运输企业应当依法设置、使用无线电台（站），定期对高速铁路沿线无线电干扰进行排查，发现影响铁路运营指挥调度正常工作的，应当立即报告无线电管理机构、铁路监督管理机构依法处置。

第二十七条 禁止实施下列危及高速铁路运输安全的行为：

（一）擅自进入列车司机室、机械室等工作区域。

（二）擅自进入设备管理和行车调度等工作场所。

（三）擅自进入高速铁路线路、车站封闭区域及其他禁止通行区域。

（四）阻扰、妨碍列车正常运行。

（五）干扰高速铁路计算机信息系统。

（六）在高速铁路动车组列车内吸食或者使用诱发烟雾报警的物品。

（七）破坏、损毁高速铁路线路、列车、通信信号和电力电缆、牵引供电、防护栅栏、限高防护架等设施和标识。

（八）传播扰乱高速铁路运输秩序、影响高速铁路安全的不实信息。

（九）法律法规规定的其他危及高速铁路安全的行为。

第二十八条 在地质灾害、恶劣气象条件下，铁路运输企业应当采取必要的安全应急管理措施，加强铁路运输安全检查；高速铁路沿线县级以上人民政府应当及时向铁路运输企业通报地质灾害、恶劣气象的相关信息，组织有关单位共同做好应急处置工作，确保高速铁路运输安全和畅通。

第二十九条 高速铁路沿线县级以上人民政府应当建立反恐怖工作指挥协调机制和反

恐怖工作联防联控机制，公安机关、铁路运输企业应当落实反恐怖工作责任制，制定防范和应对处置恐怖活动的预案、措施。

铁路运输企业应当在高速铁路沿线重点保护部位、沿线车站等场所，加强视频监控系统建设和维护，安装视频图像信息系统，并实现与公安机关建设的视频图像共享平台联网对接。

第三十条 高速铁路沿线县级以上人民政府有关部门在监督检查工作中发现影响高速铁路安全的隐患，属于职责范围内的，应当依法责令有关单位或者个人立即排除；属于职责范围外的，应当及时通报有权处理的部门或者铁路运输企业。

铁路运输企业应当对高速铁路安全隐患进行周期性排查和整治，遇有需要沿线有关人民政府协调解决的安全隐患问题，应当向沿线有关人民政府报告，沿线有关人民政府应当予以协调处理。

第三十一条 推进铁路信用体系建设，按照国家有关规定将严重影响铁路运行安全和生产安全有关行为的责任人信息归集至公共信用信息平台，纳入惩戒名单，实施惩戒。

第三十二条 高速铁路沿线各级人民政府及有关部门的工作人员有下列行为之一的，由有权机关责令改正，并依法给予处分；构成犯罪的，依法追究刑事责任：

（一）不依照本规定履行职责的。

（二）接到影响高速铁路安全的报告、举报后不及时处理的。

（三）有其他玩忽职守、滥用职权、徇私舞弊行为的。

第三十三条 违反本规定第十二条的，由铁路监督管理机构依法处罚。违反本规定第二十七条规定的，由公安机关依法处罚。违反本规定的行为，法律法规已有处罚规定的，从其规定。

第三十四条 本省行政区域内其他开行时速 200 km 以上列车和 200 km 以下动车组列车的铁路安全管理，参照本规定执行。

第三十五条 本规定自 2018 年 11 月 1 日起施行。

4.2 高速铁路安全教育管理

高速铁路的运营除了需要高可靠性的设备和运行控制手段之外，人的因素也是不容忽视的，因为所有的设备和控制仪器都需要人来掌握，所有的法规章程要人来执行。建立健全高速铁路安全教育保障体系，是减少人的不安全因素，提高运营安全水平的有效途径之一。

4.2.1 建设培训基地

建设铁路职工培训基地，集中全路培训资源，重点组织好高级专业管理人员和先进装备运用操作人员的培训；建设铁路局或高速铁路运营公司的系统培训基地，重点对行车主要工种、特种作业人员进行培训；建设完善站段实训基地，强化对一线职工实际操作技能和应急处置能力的培训。同时，充分利用社会培训资源，加强国铁集团与学校的战略合作，建设铁路高技能人才培训基地，形成功能完善、布局合理的职工培训网络。

4.2.2 开发培训教材

高速铁路管理部门联合有关高等院校，编写分别适用于高等院校教学、职工培训和职工应知会需要的三大教材体系。通过开发课件、装备先进的模拟培训设备等手段，增强培训效果。

4.2.3 建设高素质师资队伍

培养高素质铁路职工培训师资队伍，尤其要重视和加强基层站段职教队伍建设，优化和改善职教队伍的文化结构、专业结构、知识结构和年龄结构，为提高职工实际操作技能培训质量打下坚实基础。

4.2.4 加强安全教育培训

加强安全教育培训，是确保企业生产安全的重要举措，也是培训安全生产文化之路。安全事故的发生，除了员工安全意识淡薄是其根源外，还有一个重要的原因是员工的自觉安全行为规范缺失、自我防范能力不强。应加强安全教育培训，坚持重安全意识、重安全规程、重安全行为规范、重细节养成；应以安全意识教育为先，以提高安全技能为重，以养成安全生产行为规范为目的；培养员工的安全行为规范，全面提升安全防范技能，确保安全生产。生产一线是企业安全工作的着力点和落脚点。一是要源头参与，对于企业涉及保障职工安全与健康内容的制度、规定，要依法规范、强化责任，加大监督检查力度。二是要立足班组，提高职工自保互控能力。班组是企业的“细胞”，是安全生产最直接的承担者和参与者。要夯实班组安全基础，一方面要加强职工的安全知识培训，提高职工应变能力和安全技能，以适应岗位工作要求；另一方面要建立班组自保互控体系，以自保为主，互控为辅，不断增强职工保安全、反违章的内在驱动力。三是要突出重点，强化安全生产专项检查。围绕安全重点开展专项监督检查。采取定期检查、突击检查、巡回检查和跟踪追查等方法，增强监督检查的针对性和实效性。对重大危险源和重大事故隐患，及时下达通知书，建立安全档案，追踪整改。严格按照“四不放过”的原则处理事故。

1. 加强对非铁路职工高速铁路安全常识的教育

(1)严禁行走、坐卧或在铁路线上跨越。速度快是动车组列车的一大特点，动车组列车运行时，每秒达到 70 m。由于惯性作用，刹车之后还要滑行 1 200 m。而人如果行走在铁路中间的道心上，需要离开道心到道肩这一简单的动作，从反映到完成要 2～3 s 的时间；如果横穿、跨越一条单线铁路要 3～4 s 的时间，况且现在高速铁路均为双线双向铁路。因此，行走、跨越铁路时即便在 200～300 m 人的视线范围内发现火车也难于幸免，更不用说有时会听不到火车的声音，铁路弯道、路树遮挡等原因，看不见行驶的火车。另外火车经过时，会掀起 8～10 级斡旋大风，行人在铁路边 2～3 m 的范围内可能被风吹倒吸入车轮。根据已通车的高速铁路有关数据显示，行走、跨越铁路发生人身伤亡事故的概率高达 92.3%。在通过铁路道口时，行人和车辆违反有关通行规定，撞、钻、爬、越道口栏杆(栏门)，也是发生人身伤亡事故的重要因素。

(2)严禁在铁路上置放障碍物。众所周知，列车是在两根平行的钢轨上行驶，列车的向心力是保证列车运行的速度和平稳的关键要素之一。因此，两根钢轨间的轨面、轨距经科学、严密地施工，不得有丝毫的误差，以保证列车向心力的稳定。根据科学实验，当列车运行时速达到 127 km 时，任何外力的作用都会使列车的向心力参数发生变化，在同等的作用下，速度越快，向心力变化越大。所以，就算是车轮压过一颗小石子也可能会危及列车安全，严重的将造成列车脱轨、颠覆，车毁人亡，后果不堪设想。

(3)严禁击打列车。我们可能听过一只鸟造成一架飞机坠毁的故事。动车组列车外壳也是由合金材料制作，列车高速运行时，与飞机一样，任何物体的撞击都会造成列车壳体、玻璃破损，不仅对机车司机、列车乘务员、车内旅客人身安全构成威胁，而且会对安装在列车车体内的电线、电气设备、精密仪器等造成破坏，可能使列车操控失灵。所以，向列车抛击弹珠、石头、砖块、垃圾物等是对他人生命安全极不负责的危险行为。

(4)严禁拆盗、损毁或移动铁路设施、设备、安全标志。在铁路车站、线路、列车车辆上有许多行车设施、设备，这些设施、设备由成千上万个零部件组成，每个零部件都有其不可替代的地位和作用，是保证设施、设备性能良好，列车运行安全的基础。例如，钢轨是用螺丝、扣件固定在枕木上的，每根枕木的科学分布，使一条钢轨在每个螺丝、扣件上受力均等才会牢固；如果拆盗、损毁或移动了一个铁路电力设施，列车将失去动力；拆盗、损毁铁路通信设施，指挥系统瘫痪，列车将失去“耳朵”；拆盗、损毁铁路信号设施，列车将失去“眼睛”，后果十分可怕。铁路行车设施、设备一个零部件的缺失，就存在一个安全隐患。

(5)严禁在电气化铁路实施的行为。动车组列车是以电气化铁路强大的电力为动力，电力接触网及附属部件通常都带有 27 000 V 的高压电。所以，爬乘火车头；在电力支柱上搭挂衣物、攀登支柱或在支柱旁休息；在铁路边放风筝、铁路两边脱落的广告、宣传布条；在铁路上跨桥或建筑物上玩耍、逗留、向下倒水和乱扔杂物；从铁路上空私拉电线、缆索；行人高举超长物品、汽车超高装载通过铁路道口等都非常危险，均有可能触电伤人、发生火灾、损毁铁路电气设备。

2. 加强对非铁路职工的高速铁路法律责任教育

《中华人民共和国治安管理处罚法》的相关规定：

第三十五条 有下列行为之一的，处五日以上十日以下拘留，可以并处五百元以下罚款；情节较轻的，处五日以下拘留或者五百元以下罚款：

①盗窃、损毁或者擅自移动铁路设施、设备、机车车辆配件或者安全标志的。

②在铁路线路上放置障碍物，或者故意向列车投掷物品的。

③在铁路线路、桥梁、涵洞处挖掘坑穴、采石取沙的。

④在铁路线路上私设道口或者平交过道的。

第三十六条 擅自进入铁路防护网或者火车来临时在铁路线路上行走坐卧、抢越铁路，影响行车安全的，处警告或者二百元以下罚款。

第五十九条 有下列行为之一的，处五百元以上一千元以下罚款；情节严重的，处五日以上十日以下拘留，并处五百元以上一千元以下罚款：

①典当业工作人员承接典当的物品，不查验有关证明、不履行登记手续，或者明知是违法犯罪嫌疑人、赃物，不向公安机关报告的。

②违反国家规定，收购铁路、油田、供电、电信、矿山、水利、测量和城市公用设施等废旧

专用器材的。

③收购公安机关通报寻查的赃物或者有赃物嫌疑的物品的。

④收购国家禁止收购的其他物品的。

3. 加强对铁路职工的安全教育管理

安全教育工作是安全管理的基本职能之一，它与安全生产有着密切的联系，是保证安全生产的基本前提。安全教育的内容包括：思想政治教育，安全管理知识教育，安全技术知识教育，劳动纪律教育和事故案例教育等。三级安全教育制度是企业安全教育的基本教育制度，与安全生产有着密切的联系。它对保证职工的人身安全、树立安全第一的思想、促进企业文明生产都发挥着极为重要的作用。

(1)三级安全教育的内容

①站段级安全教育

站段单位的安全教育由站段第一管理者和劳资、教育部门组织实施，教育内容包括：

a. 学习劳动安全卫生法律、法规，通用安全技术、劳动卫生和安全文化的基本知识。使职工牢固树立"安全第一，预防为主"和"安全生产，人人有责"的思想。

b. 了解本单位的生产性质、生产特点以及劳动安全卫生概况，在此基础上加强集体和个人的日常安全意识。

c. 学习上级和本单位劳动安全卫生、生产规章制度，典型伤亡事故案例。

d. 熟悉职工劳动安全守则有关内容，并且要落到实处。

e. 初步掌握防火、防尘和防毒方面的基础知识，器材使用与维护的基本方法，定期进行一些模拟演习操作。

②车间级安全教育

各车间有不同的生产特点和不同的要害部位、危险区域和设备，因此，在进行本级安全教育时，应根据各自情况，详细讲解。车间级的安全教育由车间组织实施，教育内容包括：

a. 了解车间人员结构，安全生产组织及活动情况；车间主要工种及作业中的专业安全要求；危险区域、特种作业场所，有毒有害岗位情况；安全生产规章制度和劳动保护用品穿戴要求及注意事项；事故多发部位、原因及相应的特殊规定和安全要求。

b. 学习有关标准化作业及操作规程，共同性的安全要求与注意事项。

c. 学习车间生产设备操作和维护检修方面共同性的安全要求与注意事项。

d. 学习上级、本车间安全规章制度和有关安全方面经验教训，典型伤亡事故案例和事故应急处理措施等内容。

③班组级安全教育

班组是企业生产的"前线"，生产活动是以班组为基础的。由于操作人员活动在班组，设备使用在班组，事故常常发生在班组，因此，班组安全教育至关重要。班组的安全教育由工班长组织实施。教育内容包括：

a. 了解本班组生产概况、特点、范围、作业环境、设备状况、消防设施等。重点掌握可能发生伤害事故的各种危险因素和危险部位。

b. 了解本岗位的任务和作用、生产特点、生产设备、安全设备。

c. 学习本岗位安全规章制度、安全操作规程和工种、岗位之间衔接配合的安全规章、规定、卫生事项、劳动纪律。

d. 了解本岗位个人防护用品用具的性能和使用方法。

e. 了解该岗位、同岗位典型伤亡事故发生经过和教训。

f. 女职工的劳动保护。

(2)三级安全教育的要求

①职工的安全教育可以分为新职工,提、定、改职工,特种作业工人安全教育,职工日常安全知识教育。

②安全教育的程序:职工上岗前必须进行站段级、车间级、班组级三级安全教育,并分别建立职工安全教育档案。由站段劳动安全卫生部门管理,三级安全教育时间不得少于 40 学时,职工经过考试合格后,方能上岗。

③职工调整工作岗位或离岗一年以上重新上岗时,必须进行相应的车间级或班组级安全教育。

④安全生产贯穿整个生产劳动过程中,而三级教育仅仅是安全教育的开端。新人员只进行三级教育还不能单独上岗作业,必须根据岗位特点,对他们再进行生产技能和安全技术培训。对特种作业人员,必须进行专门培训,经考核合格,方可持证上岗操作。另外,根据铁路生产发展情况,还要对职工进行定期复训安全教育等。

(3)三级安全教育的误区

①教育程序不明。有些单位对职工未进行站段级教育就被分配到下级单位,在安全部门事后知道再补站段级安全教育,造成教育的"滞后"。

②教育级别不全。所谓三级安全教育就是站段级、车间级、班组级三个级别的安全教育,缺一级就不能称其为三级安全教育。

③教育时间不够。根据安监总局第 3 号令颁布的《生产经营单位安全培训规定》第九条规定:"生产经营单位主要负责人和安全生产管理人员初次安全培训时间不得少于 32 学时,每年再培训时间不得少于 12 学时。"然而在我们实际执行中却存在着"偷工减料"、教育时间严重不足的现象。

④教育内容陈旧。三级安全教育内容应根据时代的变化有针对性地适应调整、补充。然而,有的单位三级安全教育的教材却实行多年一贯制,内容陈旧过时,缺乏针对性和现实教育意义。

⑤教育形式单调。开展三级安全教育可以采用丰富多彩的形式,而有些单位在开展时形式单一、老套,总是采用课堂灌输式,显得枯燥,缺乏吸引力。开展三级安全教育可以采取参观、座谈、演讲等与课堂讲授相结合的形式进行,效果将更好。

⑥教育走过场。在开展三级安全教育时,有些单位不严格按要求进行,如有的只教育不考试,有的则把考试题讲一讲,应付了事,走走过场,完全未起到应有的作用。

(4)三级安全教育的意义

"安全生产"人命关天,分析以往铁路发生的事故,有 70%~80%是由于工人不懂安全操作知识,盲目蛮干,违章作业而造成的。三级安全教育是职工接受的一次正规的安全教育,因此我们应以对职工生命高度负责的责任感,严把关口,扎扎实实地开展好三级安全教育,使他们牢固树立起正确的安全观,积极投入到安全生产中去。铁路企业必须把三级安全教育贯穿到安全生产的始终，要特别重视对新职工，提、定、改职人员的培训和教育，这对提高职工自我保护意识、保证安全生产有着十分重要的意义。

4.3 高速铁路安全监督检查

4.3.1 铁路监督管理局主要职责

1. 综合处（党群工作部）

承担机关日常运转、政务公开、电子政务、机要、保密、信访、宣传、财务和资产管理、人事管理、机构编制管理、档案管理、退休干部管理等工作。承担局应急管理办公室工作。负责辖区内相关统计数据的汇总上报。负责机关党群工作，承办机关党组织和纪检监察组织的日常工作。

2. 安全监察处

监督检查铁路安全法律法规、规章制度和标准规范执行情况，分析铁路安全形势、存在问题并提出完善制度机制建议。组织或参与铁路交通事故调查处理，查处违法违规行为。负责事故统计、报告、通报、分析等工作。

3. 运输监察处

监督铁路运输安全、铁路运输服务质量、铁路企业承担国家规定的公益性运输任务情况。监督规范铁路运输市场秩序政策措施等的实施情况，监督检查相关许可企业，查处违法违规行为。参与铁路交通事故调查处理。

4. 工程监察处

监督铁路工程质量安全和建设工程招标投标工作，监督规范铁路工程建设市场秩序的政策措施实施情况，查处违法违规行为。组织或参与铁路建设工程质量事故调查处理，参与相关安全事故调查处理。

5. 设备监察处

监督铁路运输设备产品质量安全，组织开展对相关许可企业和许可产品的监督检查，查处违法违规行为。监督实施缺陷产品召回工作。参与相关铁路交通事故调查处理。

6. 执法监察办公室

组织落实铁路行政执法工作制度。负责行政处罚案件的统计、分析、报告工作，管理行政执法专用印章和法律文书，组织开展行政执法和执法人员培训。受理相关投诉举报和行政复议，组织或督促有关部门和单位调查处理。参与相关铁路交通事故调查处理。

4.3.2 铁路工程监督检查

为加强铁路工程质量监督检查力度，督促监督机构认真履行铁路工程监管职责，推动落实参建企业主体责任，消除铁路工程质量隐患，保证铁路运输安全，国家铁路局每年制订铁路工程监管工作要点。本书以 2020 年铁路工程监管工作要点为例做介绍。

2020年铁路工程监管工作总体思路是：以习近平新时代中国特色社会主义思想为指导，全面贯彻党的十九大和十九届二中、三中、四中全会以及中央经济工作会议精神，坚持以政治建设为首要任务，坚持以人民为中心发展思想，贯彻落实新发展理念，推进铁路工程监管体系和监管能力现代化，紧扣全面建成小康社会目标任务，服务大局，依法履职，加快推进交通强国铁路建设，推动铁路建设高质量发展。全年重点抓好以下七个方面工作：

1. 推动川藏铁路高质量建设

(1)切实提高政治站位。认真学习贯彻习近平总书记等中央领导同志关于川藏铁路规划建设的重要指示批示精神，深刻领会川藏铁路规划建设的重大意义、推进方向和工作重点，坚定建成建好川藏铁路的信心和决心。

(2)强化质量安全风险防控。针对川藏铁路工程软岩大变形、高地温、岩爆等工程建设风险，总结同类工程经验，研究针对性工程监管措施。加强勘察设计和先期开工工程的监管，从源头督促提升质量安全水平。组织参建单位和有关方面召开风险防控专题会议，督促企业落实质量安全主体责任，促进川藏铁路高起点高标准高质量建设。

(3)推进构建协同机制。加强与应急管理部、国铁集团等部门单位的工作联系，参与构建跨部门的灾害应急救援响应和救援机制，研究制定国家铁路局川藏铁路建设期突发事件应急响应工作预案；相关地区监管局加强与辖区地方政府沟通协调，发挥各自优势，建立川藏铁路建设协同监管机制并推动有效落实。

(4)科学扎实推进监管工作。组建监督机构，组织现场监督力量，完善工程质量安全监督方案和监督计划，扎实开展监督检查。畅通信息沟通渠道，开展质量安全状况分析，强化工作指导和技术支撑。加强招标投标监管，推进川藏铁路依法建设。

2. 完善铁路工程监管制度体系

(1)推进铁路工程监管工作规范化。研究制定铁路工程行政监管指导意见，进一步明确监管职责，规范行业监管，促进协同监管，不断完善铁路工程监管体系、机制。

(2)全面贯彻落实"双随机、一公开"。总结前期工作经验，研究制定深化"双随机、一公开"监管实施意见，进一步统一工作要求，规范工作程序，推动铁路工程监管领域"双随机、一公开"不断深化。

(3)规范工程竣工验收监督管理。印发铁路建设工程项目竣工验收监督管理办法，明确竣工验收阶段的监管重点、内容和方式方法。启动铁路工程竣工验收管理办法的修订研究工作，系统梳理有关规定，深入开展调研，为办法修订奠定基础。

(4)强化工程质量安全风险管理。研究起草铁路工程质量安全风险管理指导意见，督促落实建设单位质量首要责任和参建企业安全生产主体责任，明确风险管理总体原则和有关要求，促进铁路工程安全优质高效建设。

(5)完善铁路建设市场治理规则。修订铁路工程标准施工招标文件及资格预审文件，做好宣贯工作，为推动铁路建设市场公平交易、有序竞争提供制度保障。

(6)推动完善规范铁路建设管理。贯彻"放管服"改革精神，结合铁路改革和建设实际，围绕修订铁路建设管理办法深入开展调研，进一步优化建设程序、规范铁路建设管理、落实市场主体责任。

3. 强化铁路工程质量安全监管

(1)加大重点项目和关键工程检查督查力度。对高速铁路、地质复杂铁路、新投产铁路建设项目,以及高墩大跨桥梁、不良地质隧道、高陡边坡防护等高风险工点,加大质量安全监督检查力度,防范工程质量安全事故。

(2)加大关键环节和重点时节检查督查力度。加强对新建项目开工阶段、投产项目竣工验收阶段等关键环节,春融夏汛冬施和重大节假日等重点时节的监督检查,督促参建单位完善质量安全自控体系,有效应对各类风险隐患。

(3)加强对铁路开通后工程质量安全问题处置整治的监督。加大铁路工程竣工验收遗留问题和剩余工程质量安全监督检查力度,督促参建单位履行好铁路工程质量保修义务,配合做好严重影响铁路运营安全和运营秩序有关工程质量问题查处,依法对违法违规行为实施行政处罚,落实铁路工程质量终身责任制。

(4)准确把握监管工作关键点。开展为期一年的“三不问题质量行为”专项整治“回头看”,督促企业建立长效机制,巩固专项整治成果。不断优化监督检查计划、强化问题整改闭合、增强风险防控能力、深化数据分析预警、发挥协同监管优势,提升质量安全监管整体水平。

(5)发挥协同监管机制优势。开展地方铁路工程质量安全监管体系及监管能力调研,推动地方铁路工程监管职责有效落实。积极构建协同监管机制,通过联合检查、联合约谈等方式,形成行业监管和属地监管的合力优势,更好发挥政府行政监管作用。

(6)加大行业监管力度。加强工程质量安全监督机构考核,促进工程质量安全监管工作规范化、标准化。加强与地方政府有关部门联系,畅通信息渠道,履行好行业监管职责。指导地方铁路工程监管工作开展,提供政策支持和技术支撑,促进地方铁路工程监管能力的提升。

4. 规范铁路建设市场秩序

(1)推进市场信用监管。组织开展2019—2020年度铁路优质工程(勘察设计)奖评选和部级工法评审的申报及初审工作,促进企业诚信经营、创新发展。深化铁路工程建设领域惩戒失信行为专项行动,开展督导检查,加大对问题多发单位的抽检权重,按规定认定记录公布失信行为,加强约谈手段应用,收集分析信用监管信息,推进失信联合惩戒,促进问题整改,营造诚实守信、竞争有序的铁路建设市场环境。

(2)加强施工承发包及合同履约情况检查。继续将转包违法分包、资质挂靠、将工程发包给不具备相应资质单位,以及注册建造师、注册监理工程师等关键人员不按规定执业等行为作为监管重点,加强相关法律法规规章及政策措施宣贯,依法查处违法违规行为,规范铁路建设市场秩序。

(3)协调配合农民工工资清欠。督促铁路建设市场主体宣贯《保障农民工工资支付条例》,增强市场主体和农民工的法治意识。协调处理拖欠农民工工资的投诉举报和舆情反映,综合运用行政和信用惩戒手段,查处涉及的转包违法分包等违法违规行为,落实企业主体责任,促进建立健全根治拖欠农民工工资长效机制,维护农民工合法权益和社会稳定。

(4)做好铁路行业资质初审。贯彻深化行政审批制度改革精神,配合有关部门推进铁路建设市场企业资质及人员资格改革,做好铁路行业企业资质电子化初审工作,减轻企业负担、服务企业发展。

5. 加强铁路工程招标投标监管

(1)强化招标投标监督检查。巩固铁路工程招标领域优化营商环境专项整治行动成果,结合铁路工程标准施工招标文件及资格预审文件宣贯,加大对投标人资格条件设置等重点事项的监督抽查力度,从招标文件源头维护公平有序的竞争环境。

(2)推进招标投标规章贯彻实施。围绕《铁路工程建设项目招标投标管理办法》执行情况开展督导检查,深化招标投标情况分析,督促有关政策措施落地生根,并根据《招标投标法》及配套法规规章修订情况适时启动规章修订。

(3)推动电子招标投标。充分利用铁路工程监管系统,全面实施铁路工程招标备案和报告手续在线办理;加强与相关地方公共资源交易中心的沟通联系,促进铁路工程电子招标投标交易系统的开发应用。

(4)加强评标专家库及专家管理。完善铁路建设工程评标专家库管理模块功能开发,启动评标专家在线继续教育,推进专家动态考核,提升评标专家业务水平。

6. 创新监管方式方法

(1)加强业务培训强化普法宣传。调研培训需求,优化培训内容,突出行政监管特点与目标任务,加强业务培训、提升监管水平。综合利用培训交流、监督检查、行政处罚、约谈通报等形式,强化普法宣传效果,促进市场主体提高依法建设意识。

(2)推动"互联网+监管"在铁路工程监管领域的应用。全面推广铁路工程监管系统应用,促进监管数据化、信息化、可视化。开展铁路工程监督检查手机APP应用试点,进一步扩展手机APP适用范围,探索与铁路工程监管系统的远程连接、实时传送、数据共享等,提高监管工作效率。

(3)依托大数据创新监管方式。聚焦铁路工程质量安全风险防控、质量安全管理薄弱环节和突出问题,多维度分析铁路工程监管数据信息,为科学决策提供支撑和依据。

7. 以党建统领推进铁路工程监管工作落实

(1)坚持用党的创新理论武装头脑。深入学习贯彻习近平新时代中国特色社会主义思想,及时学习领会习近平总书记最新重要讲话和重要指示精神,强化学思用贯通、知信行统一,不断提高理论素养、政治素养,增强"四个意识",坚定"四个自信",做到"两个维护",为履行好铁路工程监管职责提供根本政治保障。

(2)巩固主题教育成果。把不忘初心、牢记使命作为永恒课题和终身课题,不断坚定理想信念宗旨,增强使命责任意识、提高履职担当本领,发扬斗争精神,敢于攻坚克难,把主题教育成果转化为做好铁路工程监管工作的具体实践。

(3)增强廉政自觉强化作风建设。加强廉政教育警示提醒,强化纪律执行,做到知敬畏、存戒惧、守底线,坚决反对腐败。贯彻中央八项规定精神,旗帜鲜明反对形式主义、官僚主义。坚持问题导向,不断推进自我改造、自我净化,更好为党和人民工作,为推进铁路建设高质量发展贡献力量。

4.3.3 高速铁路专用设备行政许可企业监督检查

为规范铁路专用设备行政许可企业监督检查计划的管理，国家铁路局制订了《铁路专用设备行政许可企业监督检查计划管理办法》。

第一条 为规范对铁路专用设备行政许可企业监督检查计划的管理，制定本办法。

第二条 按照《中华人民共和国行政许可法》关于“应当建立健全监督制度”的要求，国家铁路局及地区铁路监督管理局对铁路专用设备行政许可企业履行监督检查职责。

第三条 本办法适用于国家铁路局及地区铁路监督管理局对获得行政许可的铁路机车车辆、铁路道岔及其转辙设备、铁路信号控制软件和控制设备、铁路通信设备、铁路牵引供电设备的企业实施监督检查。

第四条 对铁路专用设备行政许可企业的监督检查，由国家铁路局设备监督管理司负责组织制定年度监督检查计划。地区铁路监督管理局和国家铁路局装备技术中心依据年度监督检查计划，负责辖区内行政许可企业的监督检查，必要时报请国家铁路局设备监督管理司批准后，聘请行业内的专家参加监督检查。国家铁路局设备监督管理司视情况参加部分监督检查。

第五条 监督检查的依据

1.《中华人民共和国行政许可法》；

2.《铁路安全管理条例》；

3.《国家铁路局主要职责内设机构和人员编制规定》；

4.《铁路机车车辆设计制造维修进口许可办法》及《铁路机车车辆设计制造维修进口许可实施细则》；

5.《铁路运输基础设备生产企业审批办法》及《铁路牵引供电设备生产企业审批实施细则》《铁路道岔设备生产企业审批实施细则》《铁路通信信号设备生产企业审批实施细则》。

第六条 监督检查主要内容

1. 持续满足取证条件情况；
2. 质量管理体系有效运行情况；
3. 专业技术人员情况；
4. 设施、设备等生产能力情况；
5. 技术管理情况；
6. 产品质量情况；
7. 售后服务情况；
8. 法律、法规及行政许可办法规定的其他条件。

第七条 设备监督管理司按照产品类别组织制订铁路机车车辆、铁路牵引供电设备、铁路道岔设备、铁路通信信号设备生产企业《监督检查手册》。《监督检查手册》中应明确监督检查各分项的具体内容，包括许可条件、技术管理、人员管理、质量管理、质量检验等，便于实际操作，并在实践中逐步修改完善。

第八条 按照在许可证书五年有效期内对行政许可企业监督检查全覆盖的原则，结合行政许可企业产品类别、数量情况，国家铁路局设备监督管理司于每年年初制订年度监督检查计划，内容包括受检企业名单、监督检查人员组成和时间安排等。

第九条 国家铁路局设备监督管理司对铁路专用设备行政许可企业实行统一的编号管理，将尾号1和6、2和7、3和8、4和9、5和0分别编为一组，共5组，行政许可企业增加时，及时纳入企业名录并按顺序编号。按照五年一个循环周期，每年随机摇号确定受检企业组号和受检企业名单。随机摇号时，邀请国家铁路局纪检监察部门和相关企业代表参加，公开透明，接受监督。

第十条 每年年初，设备监督管理司在征求各地区铁路监督管理局（含北京督察处）意见的基础上，确定各地区铁路监督管理局（含北京督察处）对辖区内受检企业的监督检查时间，形成年度监督检查计划，报经国家铁路局批准，并在国家铁路局政府网站上予以公布。

第十一条 遇铁路专用设备质量出现异常波动、发生缺陷产品召回、连续发生故障或发生责任铁路交通事故时，国家铁路局及地区铁路监督管理局应及时补充监督检查计划。

第十二条 监督检查时，地区铁路监督管理局应告知受检企业监督检查的项目、内容和方法，对每个行政许可企业监督检查的时间原则上不超过三天，监督检查结束后应形成监督检查总结报告，并上报国家铁路局设备监督管理司。

第十三条 监督检查人员应对监督检查的内容、发现的问题及处理情况作出记录，由参加监督检查的人员和受检企业的有关人员签字确认并归档。

第十四条 对在监督检查中发现的问题，地区铁路监督管理局应利用信息化手段纳入问题库管理，督促企业整改。

第十五条 铁路专用设备行政许可企业存在严重问题，铁路专用设备质量不符合铁路运营安全要求，可责令其改正，需要施行行政处罚时，按相关法律法规及《违反〈铁路安全管理条例〉行政处罚实施办法》（交通运输部令〔2013〕第22号）执行。

第十六条 受检企业对铁路监管部门在监督检查工作中实施的行政处罚有异议的，按照有关法律法规规定办理。

第十七条 监督检查人员要忠于职守、坚持原则、秉公执法，严格执行国家有关规定，轻车简从，廉洁自律，杜绝一切不良反映。

第十八条 本办法自公布之日起施行。

4.3.4 高速铁路安检工作

1.《铁路旅客运输安全检查管理办法》内容

第一条 为了保障铁路运输安全和旅客生命财产安全，加强和规范铁路旅客运输安全检查工作，根据《中华人民共和国铁路法》《铁路安全管理条例》等法律、行政法规和国家有关规定，制定本办法。

第二条 本办法所称铁路旅客运输安全检查是指铁路运输企业在车站、列车对旅客及其随身携带、托运的行李物品进行危险物品检查的活动。

前款所称危险物品是指易燃易爆物品、危险化学品、放射性物品和传染病病原体及枪支弹药、管制器具等可能危及生命财产安全的器械、物品。禁止或者限制携带物品的种类及其数量由国家铁路局会同公安部规定并发布。

第三条 铁路运输企业应当在车站和列车等服务场所内，通过多种方式公告禁止或者

限制携带物品种类及其数量。

第四条 铁路运输企业是铁路旅客运输安全检查的责任主体，应当按照法律、行政法规、规章和国家铁路局有关规定，组织实施铁路旅客运输安全检查工作，制定安全检查管理制度，完善作业程序，落实作业标准，保障旅客运输安全。

第五条 铁路运输企业应当在铁路旅客车站和列车配备满足铁路运输安全检查需要的设备，并根据车站和列车的不同情况，制定并落实安全检查设备的配备标准，使用符合国家标准、行业标准和安全、环保等要求的安全检查设备，并加强设备维护检修，保障其性能稳定，运行安全。

第六条 铁路运输企业应当在铁路旅客车站和列车配备满足铁路运输安全检查需要的人员，并加强识别和处置危险物品等相关专业知识培训。从事安全检查的人员应当统一着装，佩戴安全检查标志，依法履行安全检查职责，爱惜被检查的物品。

第七条 旅客应当接受并配合铁路运输企业的安全检查工作。拒绝配合的，铁路运输企业应当拒绝其进站乘车和托运行李物品。

第八条 铁路运输企业可以采取多种方式检查旅客及其随身携带或者托运的物品。

对旅客进行人身检查时，应当依法保障旅客人身权利不受侵害；对女性旅客进行人身检查，应当由女性安全检查人员进行。

第九条 安全检查人员发现可疑物品时可以当场开包检查。开包检查时，旅客应当在场。

安全检查人员认为不适合当场开包检查或者旅客申明不宜公开检查的，可以根据实际情况，移至适当场合检查。

第十条 铁路运输企业应当采取有效措施，加强旅客车站安全管理，为安全检查提供必要的场地和作业条件，提供专门处置危险物品的场所。

第十一条 铁路运输企业应当制定并实施应对客流高峰、恶劣气象及设备故障等突发情况下的安全检查应急措施，保证安全检查通道畅通。

第十二条 铁路运输企业在旅客进站或托运人托运前查出的危险物品，或旅客携带禁止携带物品、超过规定数量的限制携带物品的，可由旅客或托运人选择交送行人员带回或自弃交车站处理。

第十三条 对怀疑为危险物品，但受客观条件限制又无法认定其性质的，旅客或托运人又不能提供该物品性质和可以经旅客列车运输的证明时，铁路运输企业有权拒绝其进站乘车或托运。

第十四条 安全检查中发现携带枪支弹药、管制器具、爆炸物品等危险物品，或者旅客声称本人随身携带枪支弹药、管制器具、爆炸物品等危险物品的，铁路运输企业应当交由公安机关处理，并采取必要的先期处置措施。

第十五条 列车上发现的危险物品应当妥善处置，并移交前方停车站。鞭炮、发令纸、摔炮、拉炮等易爆物品应当立即浸湿处理。

第十六条 铁路运输企业在安全检查过程中，对扰乱安全检查工作秩序、妨碍安全检查人员正常工作的，应当予以制止；不听劝阻的，交由公安机关处理。

第十七条 公安机关应当按照职责分工，维护车站、列车等铁路场所和铁路沿线的治安秩序。

旅客违法携带、夹带管制器具或者违法携带、托运烟花爆竹、枪支弹药等危险物品或者其他违禁物品的，由公安机关依法给予治安管理处罚；构成犯罪的，依法追究刑事责任。

第十八条 铁路监管部门应当对铁路运输企业落实旅客运输安全检查管理制度情况加强监督检查，依法查处违法违规行为。

第十九条 铁路运输企业及其工作人员违反有关安全检查管理规定的，铁路监管部门应当责令改正。

第二十条 铁路监管部门的工作人员对旅客运输安全检查情况实施监督检查、处理投诉举报时，应当恪尽职守，廉洁自律，秉公执法。对失职、渎职、滥用职权、玩忽职守的，依法给予行政处分；构成犯罪的，依法追究刑事责任。

第二十一条 随旅客列车运输的包裹的安全检查，参照本办法执行。

第二十二条 本办法自2015年1月1日起施行。

2. 安检工作基本规范

(1)安检员职责

①遵守各项法律法规和各项安检规章制度，服从各级领导管理，对违反法律法规或安检规章制度的现象应制止并及时向上级报告。

②认真履行岗位职责，严格遵守工作纪律，不擅离职守，不做与工作无关的事情。

③按规定着装上岗，佩戴标识规范，自觉维护安检人员岗位形象。

④熟练掌握各种安检设备的操作及识别方法。

⑤按照“逢包必检”的安检要求，负责宣传引导旅客进入安检区域。

⑥对可疑物品进行针对性探测，初步确定可疑物品性质，必要时，及时将可疑物品移交现场公安人员处理并做好记录。

⑦文明值岗，态度和蔼，遇事讲究方式、方法，做到以理服人。

(2)指挥员职责

①负责安检区域的安检设备及人员的管理。

②认真组织安检区域的安检人员按照作业流程积极主动地进行安检，确保安检质量和效果。

③明令禁止携带的物品且不构成公安机关处理的，做好处置工作。指挥员无法处理的要及时移交现场公安人员。

④监督、督促执机员按要求填写《违禁品登记簿》并做好统计上报工作。

⑤在确保安检工作正常的前提下，合理安排安检人员的休息及用餐时间。

⑥在上岗过程中，严格执行“温馨提示”的要求。

⑦负责安排安检区域的卫生清扫工作，坚持随脏随扫。加强对安检区域安检人员的严格管理，认真落实各项安检工作规章制度。

(3)引导员职责

①在指挥员的领导下开展安检工作。

②对旅客携带的超长、超高、超大物品(体积大于X光机检测通道)，易碎物品(如玻璃器皿、工艺品)，易损物品(如食品、药品、电脑)等不宜机检的物品，要及时提醒手检员进行手检。

③引导旅客配合安检。

④遇特殊群体(包括残障人士、孕妇等),提醒手检员进行手检。

⑤及时、准确地发现可疑人、可疑物。

(4)手检员职责

①在指挥员的领导下开展工作。

②及时对旅客携带的超长、超高、超大物品(体积大于X光机检测通道),易碎物品(如玻璃器皿、工艺品),易损物品(如食品、药品、电脑)等不宜机检的物品进行手检。

③检查中发现可疑物品应及时向指挥员报告。

④负责各类安检设备的摆放及保管(将手检设备整齐摆放在安检桌的空白位置,将防爆毯摆放在安检机周围不阻碍旅客的地方,将防尘罩叠好放入安检亭或放入安检机底部的适当位置)。

(5)执机员职责

①在指挥员的领导下开展安检工作。

②负责填写《违禁品登记簿》。

③熟练掌握图像识别技能,熟悉危险物品的外部特征,及时准确观察、识别可疑物。

④发现可疑物品,及时向指挥员报告并进行妥善处理。

⑤负责X光机、显示器、键盘的保管。

3. 安检工作流程

安检工作流程如图4.1所示。

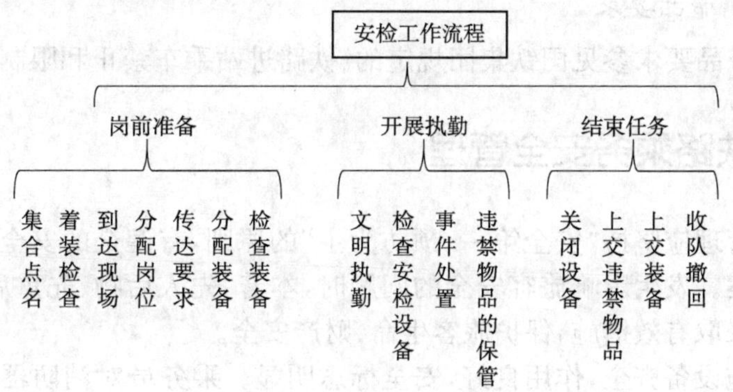

图4.1　安检工作流程

(1)岗前准备

①集合点名:指挥员根据工作要求,集合安检员,开展点名工作,保障执勤人员全部到位。

②着装检查:安检员、引导员、手检员列队,指挥员开展着装检查工作,各岗位人员相互整理帽子、上衣、标识、裤子、鞋子等,发现问题进行调整。

③到达现场:指挥员掌控时间,要求提前20 min到达任务现场。

④分配岗位:按照任务要求,按小组分配岗位,确定小组组长。

⑤传达要求:指挥员,现场叙述各岗位职责、细则、注意事项等。

⑥分配装备:以小组为单位,配发对讲机、对讲耳机、取证仪器、手持探测仪等装备。

⑦检查装备:测试、检查装备的性能,确定装备的使用分工(装备如有问题须及时上报指挥员,以便进行调整)。

(2)开展执勤

①文明执勤:安检各岗位人员要做到语言文明、动作文明、微笑执勤。

②检查安检设备:执机员提前 10 min 开启安检设备,其他岗位人员配合进行安检设备性能检测。

③事件处置:发现不配合检查者,安检人员须立即上报组长,组长与其沟通,如无效果,上报指挥员及现场公安人员,请求指示。经检查发现对方携有疑似违禁物品,安检人员立即请对方配合,进行复查。对于查出的违禁物品,安检人员须按规定妥善处理。

④违禁物品的保管:安检人员明确告知对方,对于违禁物品铁路部门无保管和丢失赔偿义务。收缴的物品须集中存放,并做好书面记录,禁止据为己有。

(3)任务结束

①关闭设备:待指挥员下达停止工作命令后,各小组关闭安检设备。根据需要,做好设备断电、防雨、防盗、防破坏等保管工作。

②上交违禁物品:安检人员上交违禁物品,组长负责盘点,核对记录本。以小组为单位,配合指挥员,向执法部门或铁路相关部门上交违禁物品。

③上交装备:组长负责检查对讲机、对讲耳机、取证仪器、手持探测仪等装备的使用情况,检查无问题,上交指挥员。

④收队撤回:各小组进入集合地点,指挥员整队清点人数,讲评执勤工作,收队撤回。

4. 旅客禁止携带品要求

旅客禁止携带品要求参见国铁集团规定的《铁路进站乘车禁止和限制携带物品目录》。

4.4 高速铁路乘务安全管理

动车组安全管理应坚持“安全第一、预防为主”的原则,有健全的安全管理制度,有应急情况下的处置预案。发生影响旅客安全的问题时,本着“先人后物、先重后轻”的原则,客运乘务组应当立即采取有效措施,保护旅客生命、财产安全。

各类安全设施设备齐全,作用良好,安全标志明显。乘务员对消防器材、紧急处置设备做到知位置、知性能、会使用。

4.4.1 乘务人员人身安全管理

(1)出乘前、折返站待乘期间严禁饮酒,必须保证 8 h 充分休息。

(2)出乘时严禁穿高跟鞋,冬季严禁穿塑料底鞋,棉帽、围巾不遮耳。

(3)进出站、出入库统一列队经指定通道线路行走,通过线路时走天桥或人行地道,无这些设施时走平交道口,做到“指定专人防护,一停、二看、三确认、四通过”,不与运行的机车车辆抢行。

(4)不在横越线路时使用对讲机或手机。

(5)在站台等待接车时,应站在安全黄线以内的安全地点,随时注意站台来往作业车辆。

(6)在车体调车作业和列车运行时,严禁登高作业。

(7)高站台出场时,站立位置必须与站台边缘保持 30 cm 以上的安全距离。

(8)在库内和运行中严禁用水冲刷通过台和用水冲洗电器设备。

(9)严禁无关人员进入司机室、机械室或触碰与本岗位作业无关的电器设备,电器设备发生故障或需要调整时,必须通知随车机械师到场处理。

(10)行李架上物品的摆放应做到平稳牢固,无铁器、锐器、玻璃制品,超大、超重及杆状物品应放置于大件物品存放处。

(11)关门时,要自觉执行“提示当先,先看后关”的程序,随时提示车门附近旅客不要将手扶在门框、门缝处,以免挤伤。

(12)在巡视服务中,必须提示带小孩的旅客做好小孩的安全监护工作,不让儿童在座席、茶桌上站立,在车内来回跑动,单独如厕和取水、倒水。

(13)必须主动为重点旅客做好送水服务工作,杜绝重点旅客到电茶炉取水,提示旅客不要用塑料瓶、罐头瓶等容器接开水,以免容器发生变形或炸裂导致烫伤。

(14)为旅客送开水要做到“取杯倒水,不站稳不倒,壶嘴不朝向旅客,旅客接稳后松手”。

(15)在运行中发现旅客做织毛衣、掏耳朵、用刀叉往嘴里送水果等不安全动作时,应及时予以提示和制止,以免发生意外伤害。

4.4.2 车门管理

(1)动车组始发或中间站开车前 2 min,列车工作人员(包括乘务员、列车长、随车机械师、司机和乘警),按动车组侧门监控分工到岗监控侧门锁闭状态。

(2)当司机发出集控关门指令后发现车门指示灯显示红色时,立即呼叫列车长和随车机械师,并通知该车门的监控人员检查车门的状态,并按照下列要求进行处理:

①如监控人员发现所监控车门未关闭,立即检查塞拉门机构是否处于正确位置,采用手动关门措施,关门后立即通知随车机械师,随车机械师通知司机开车。

②如车门已关闭,车门红色显示灯亮时,监控人员立即通知随车机械师,随车机械师通知司机开门,同时认真查找故障,确保车门运行安全。

③如车门未关闭且采用手动措施不能关闭时,监控人员立即通知列车长和随车机械师,由随车机械师采取措施关门,然后通知司机确认车门状态,确保车门运用安全。

④如随车机械师采取手动、机械强制或隔离措施后,车门仍不能关闭,由随车机械师负责立即进行处理,在确认车门关闭前不得开车。

(3)开车后,监控人员立即按分工对车门进行一次检查,确保车门锁闭状态良好、安全。操纵端司机室侧门由随车机械师负责检查。

(4)动车组到达停车站前,列车工作人员需根据停车站的站台高低,正确设置侧门及踏板(翻板)、车梯状态,并按分工监控车门开启状态。若车门未开启,监控人员立即检查开门机构是否处于正确位置,采用手动开门措施,同时向列车长或随车机械师、司机通报有关情况,保证旅客下车安全。

(5)塞拉门故障及停电后的手动开门:

①动车组到站停稳后,司机操纵控制开关,打开站台一侧塞拉门,自动开关门装置故障

(停车超过 5 s,塞拉门仍未激活)时,由司机使用对讲机通知随车机械师和列车长,列车长负责组织乘务员手动打开塞拉门,随车机械师负责处理相关故障。

②动车组发车前塞拉门出现故障时,列车长立即通知司机和随车机械师处理。

③动车组在运行中塞拉门发生故障时,乘务员发现或接到旅客报告后,应立即采取临时安全防护措施,将靠近故障门的内端门和防火隔断门锁闭,同时通知机械师及时关闭故障门,再做进一步处理。

④手动开门程序:用三角钥匙将三角锁向右(顺时针)旋转 90°,拉开红色把手的同时推开门即可。

⑤手动关门程序:将三角锁向左(逆时针)旋转 90°,门即自动关闭。

4.4.3 消防管理

(1)动车组消防工作在列车长的统领导下实行岗位防火责任制。

(2)动车组应建立由列车长为组长,本务司机、随车机械师、乘警、乘务员、随车餐饮、保洁人员参加的消防安全小组,履行下列职责:

①认真贯彻执行上级有关消防工作的规定和工作部署,定期召开消防安全小组会议,安排消防工作。

②组织乘务人员认真学习消防知识,人人达到“三懂三会”(懂得本岗位火灾危险性、懂得预防火灾的措施、懂得扑救火灾的方法,会报警、会使用灭火器、会扑救初起火灾)。

③督促相关人员落实岗位防火责任制。

④做好针对旅客的防火安全宣传教育工作,落实控烟制度。

⑤发生火灾时,启动火灾事故应急处置预案,疏散旅客,扑救火灾,上报火灾情况。

⑥建立消防安全台账。由列车长负责填写和管理消防安全台账,台账在车队存放,包括以下主要内容:

a. 上级有关消防工作的文电(复印件或摘抄件)。

b. 动车组消防安全小组名册。

c. 火灾事故应急预案及人员分工。

d. 消防安全小组会议和活动记录。

e. 乘务人员消防安全培训记录。

4.4.4 动车组列车设施设备安全

(1)确保车辆外观统一,各部位金属部件无锈蚀。车窗密封良好,不透气、透尘,不漏水。车内各种标牌齐全醒目、型号一致、位置统一。显示屏显示内容准确、规范。洗手间、厕所等设施齐全,作用良好。

(2)车辆设施无违章改造和挪作他用现象,不违章占用厕所、客车座席、行李架、行李存放处等。

(3)车厢紧急设备、破窗锤、灭火器等配置齐全,车门、门锁、紧急出口等设施的状态良好。

(4)各种服务设施、备品齐全,色调协调,实用美观,装饰典雅,清洁卫生。旅客车厢通过台有儿童票标高线。

(5)车厢内座席有靠背头,座席背后的网兜袋中装有旅客服务指南、清洁袋。垃圾箱套有垃圾袋。洗手间内有洗手液、干手器。厕所内有消毒纸巾、卫生纸、洗手液(皂)、擦手纸、环保垃圾袋。备品室有清洁工具。

(6)售货车辆美观实用,有制动装置和防撞胶条。各种饮、食品按规定位置放置。

4.4.5 动车组列车运行安全

(1)动车组应当接入固定站台并停于固定位置。站台上应以颜色区别车型,标出车门位置。站、车有关工种应当紧密配合,组织旅客按照车厢号在标明的车门位置处排队等候,有序乘降。

(2)当站台邻靠正线,一侧有动车组通过时,站台另一侧应当停止组织旅客乘降或设防护栏进行防护。当个站台两侧同时有动车组通过且没有防护措施时,除有人身安全防护措施的车站工作人员外,站台上不得再有候车旅客、其他工作人员和可移动物品。

(3)有动车组停靠或通过的车站,应当对跨线候车室窗户或天桥进行封闭管理,并有“禁止抛物”等安全提示。没有立体跨线设备的车站,平过道应当有专人管理。旅客或作业车辆通过平过道时应有人引导。

(4)列车注水口处设有加锁式挡板门的动车组,上水人员在给列车注水结束后;应当锁闭挡板门。

(5)列车乘务人员在列车运行中应当加强列车安全设备的管理,制止搬动、触碰安全设备等不安全行为。严禁任何人在列车正常运行中打开气密窗,禁止任何无关人员进入司机室。

(6)列车各部位均不得吸烟。乘务员发现旅客吸烟应该予以制止。

(7)车站、动车段(所)对进站、段(所)的餐饮、保洁人员和车辆进行安全管理。餐饮、保洁人员出、退乘和进出上述场所时,应当穿着统一服装,列队整齐,佩戴工牌。

4.4.6 乘务作业安全管理

(1)动车组运行中,乘务员要加强车内巡视,做好针对旅客的禁烟宣传和提示工作,提示旅客取送开水时不要倒得过满。

(2)乘务员在巡视中应加强对列车安全设备的管理,禁止旅客扳动、触碰灭火器、紧急开门阀、紧急制动阀等安全设备,对车门口附近的旅客随时进行“请勿倚靠车门、不要在车门附近站立”的宣传。

(3)列车开车前,提示站在车门口的旅客不要靠近车门,以免被车门挤伤;宣传提示上车旅客注意脚下,防止摔伤。列车终到前,提示旅客注意脚下,防止摔伤(遇有雨雪天气还要进行恶劣天气提示)。

(4)为确保动车组运行安全,乘务员在列车运行中要对司机室连接端门进行锁闭。列车运行中严禁任何人进入司机室。

(5)列车运行中乘务员应加强车内行走安全(尤其是儿童行走安全)的宣传教育。

(6)随时对中途需要照顾的重点旅客进行重点帮扶,防止其摔伤。

4.4.7 电气化区段安全注意事项

(1)电气化区段的作业人员每年按规定进行电气化安全措施的专门培训和考试,考试合格后方可在电气化区段作业(考试成绩 80 分以上为合格)。非电气化区段调入电气化区段的人员必须参加安全培训并经考试合格后方可上岗。

(2)作业人员拿有长、大物体通过电气化铁路时,必须使长、大物体保持水平状态。

(3)电气化区段接触网未停电时,任何人员严禁登上各种机车车辆顶部进行任何作业,严禁翻越车顶通过线路。

(4)禁止在接触网支柱上搭挂衣物、攀登支柱或在支柱旁休息。禁止在吸流变压器、支柱、铁塔下避雨。在雷雨天气巡视设备时,不准靠近避雷针、避雷器。雨天作业时,必须远离接触网支柱、接地线、回流线等设备。

(5)电气化铁路区段接触网的额定电压为 25 kV,最高工作电压为 27 kV,瞬时最大电压为 29 kV,最低工作电压为 20 kV,非正常情况下,不得低于 19 kV。

(6)为保证人身安全,除专业人员,其他人员(包括所携带的物件)与牵引供电设备带电部分的距离不得少于 2 000 mm。

(7)在电气化铁路上,接触网的各导线及其相连接部件通常均带有高压电,因此禁止直接或间接地(通过任何物件,如棒条、导线、水流等)与上述设备接触。

(8)客运人员在电气化区段要注意以下几点:

①严禁登上机车车辆的车顶或翻越车顶通过线路。

②严禁登上车顶击打餐车、电茶炉的烟囱,也不能用长杆去接触车顶任何部位。

③在接触网带电的情况下,严禁用水冲刷车厢外皮。

④上水时注意先插胶管后开水阀。客车上水完毕,拔掉水管时,严禁水管口朝上喷射,以免喷射到接触网的带电部分。

⑤在接触网带电的情况下,严禁用棒、条等物体处理车辆顶部的物体。

(9)电气化铁路附近发生火灾时的处理方法。

电气化铁路附近发生火灾时,必须立即通知列车调度员、电力调度员或接触网工区值班人员,并遵守下列规定:

①用水或一般灭火器浇灭离接触网带电部分不足 4 m 的燃着物体时,接触网必须停电。若使用沙土灭火,距接触网在 2 m 以上时,可不停电。

②距接触网超过 4 m 的燃着物体,可以不停电用水或一般灭火器浇灭燃着物体,但必须特别注意使水流不向接触网的方向喷射,并保持水流与带电部分的距离在 2 m 以上。

4.4.8 电器设备安全

1. 餐车电器设备安全

(1)电气化厨房设备的安全操作,直接影响到人身的安全、设备的可靠性及使用寿命。因此,厨房设备操作人员必须经过操作培训,并经考试合格后才能进行上岗操作。

(2)随车机械师应对电气化厨房设备进行定期巡视,发现使用人员未按安全操作规定使用设备时,应及时予以制止和纠正。

(3)电气化厨房设备在使用操作前,应确认电源控制柜技术状态、各设备开关是否在正常位、指示灯显示是否正常后,方可操作使用。

(4)无人操作设备时,应及时将各设备开关放置在关闭或零挡位,切断电源控制柜总电源,锁闭电源柜,做到人走电断,防止发生意外。

(5)电气化厨房设备必须在明显位置粘贴操作说明和安全操作规程。

(6)动车组列车餐车内使用的电器不能超过列车规定的额定功率。餐饮公司不得擅自增大用电设备的功率,以免产生过载。

2. 电茶炉安全操作规定

(1)电茶炉必须由参加过操作培训,并经考试合格的人员进行操作,其他人员不得使用和看管。

(2)必须严格执行交接制度。接班人员须确认电茶炉各部位状态良好后,方可开始正常操作。

(3)要检查电茶炉供水系统各阀门状态是否良好,位置是否正确,防止电茶炉缺水干烧。

(4)正常情况下,应将控制开关放置在正常使用位,同时严密监视电茶炉水位。当水位过低或听到警报声时,应立即切断电源。

(5)发生设备故障时,应首先切断电源并及时向随车机械师反映情况,不得擅自拆卸电茶炉配件和打开控制箱。

(6)严禁用水冲刷炉体。不得在电茶炉上堆(存)放各种杂物,保持排水系统清洁通畅。

(7)随时提醒旅客安全使用电茶炉。

3. 微波炉安全操作规定

(1)使用微波炉进行烹调时,不得用金属网架及其他金属和带金、银边的器皿装盛食物,仅可用陶瓷、耐热玻璃、耐热塑料等器皿装盛食物。

(2)烹调前应先放入转盘支承及玻璃转盘,再将盛好食物的器皿放在玻璃转盘上进行烹调。

(3)不得直接加热装在密封容器内的液体和其他食物,以免发生爆炸。使用保鲜纸遮盖食物烹调时,需将保鲜纸角摺上或将保鲜纸刺出几个小洞,使蒸汽可以溢出。

当食物在塑料、纸或其他可燃材料制成的简易容器中加热或烹调时,应时刻观察微波炉状况,防止起火。烹调少量食物时,要多留心,防止过热起火。不得用微波炉煎、炸食物。微波炉内无食物时,不得运转微波炉,以免损坏设备。

(4)从微波炉内拿出食物和器皿时,应使用锅夹或戴上隔热手套,以免高温烫伤。烹调过程中发生冒烟或起火现象时,应立即切断电源,不得立即打开炉门,以免火源与微波炉外的空气相遇而使火势变大。

微波炉内禁止加热不符合微波炉烹饪要求的食品。不得加热和存放任何无关物品。微波炉炉门或门封损坏,以及设备出现异常时,须及时向列车长反映情况,不得继续使用。

4. 电冰箱安全操作规定

(1)电冰箱必须由参加过操作培训并经考试合格的人员进行操作。

(2)必须严格执行交接制度。接班人员需确认电冰箱各部位状态良好后,方可进行正常操作。

(3)应避免频繁启动电冰箱,每两次启动电冰箱的时间间隔不得少于 5 min,使用中避免长时间开启冰箱门。存放物品时,应在内腔四周留出不少于 3 cm 的空隙。存取物品时,应轻拿轻放,轻开轻关。

(4)电冰箱不得冷藏过热物品。需存放过热物品时,应让物品在电冰箱外自然冷却,达到室温后,方可放入电冰箱内。

(5)电冰箱的蒸发器若冰层较厚时,不得敲击冰块,必须停机,待冰块完全融化后,再启动使用。应定期清除电冰箱内的污物,保持电冰箱的排水孔畅通。

(6)发生设备故障时,应首先切断电源并及时报告列车长,不得擅自拆卸电冰箱配件和打开控制箱。待故障排除后,方可继续使用。

复习思考题

1. 高速铁路规章制度保障体系具有哪些特点?请进行简要分析。

2. 根据《铁路安全管理条例》,简述铁路线路两侧设立铁路线路安全保护区的范围及其设立标准。

3. 简述安全教育的要求。

4. 三级安全教育是哪三级?简述三级安全教育的意义。

5. 安检员的职责有哪些?

6. 值机员的职责有哪些?

7. 什么是铁路旅客运输安全检查?

8. 根据 2019 年度铁路专用设备行政许可企业监督检查计划,监督检查的主要依据有哪些?

9. 塞拉门故障及停电后的手动开门如何操作?

10. 根据《铁路旅客运输安全检查管理办法》,旅客在安全检查中有哪些义务和权利?铁路运输企业在铁路旅客运输安全监察管理中有哪些责任和权利?

11. 在电气化区段,为了自身安全客运人员要注意什么?

12. 简述电气化铁路附近发生火灾时的处理方法。

第5章 高速铁路应急救援与调查技术

随着高速铁路的大发展，社会对高速铁路的运营安全及应急管理提出了更高的要求。国家和铁路主管部门都明确强调要以提高应急能力为主线，认真贯彻落实《突发事件应对法》，完善应急预案，健全应急管理体制机制，加快高速铁路应急体系建设，全面提高高速铁路应急管理水平。本章的主要内容包括：高速铁路事故应急救援技术、高速铁路事故调查与处理和高速铁路事故预防技术。

5.1 高速铁路事故应急救援技术

高速铁路运营事故通常是高速铁路安全运营最直接的表征，但是世界各国对高速铁路的事故没有具体的定义，都普遍默认与普通铁路交通事故定义一致。我国将铁路交通事故定义为：铁路机车车辆在运行过程中发生冲突、脱轨、火灾、爆炸等影响铁路正常行车的事故，包括影响铁路正常行车的相关作业过程中发生的事故，或者铁路机车车辆在运行过程中与行人、机动车、非机动车、牧畜及其他障碍物相撞的事故。

高速铁路交通事故应急救援技术的作用是科学规范灾害事故发生时的救援抢修和突发事件出现时的应急处置方法和程序。在高速铁路运营系统遭遇自然灾害或突发事件时，通过应急救援技术及系统向上级报告、向下级发出救援指令，指挥组织救援并协调地方救援力量。防止人员伤亡和财产损失的扩大，减少对运输秩序的影响，尽快恢复正常的运营秩序。

5.1.1 铁路交通事故应急救援

1. 各部门职责

事故发生后，铁路运输企业和其他有关单位应当及时、准确地报告事故情况，积极开展应急救援工作，减少人员伤亡和财产损失，尽快恢复铁路正常行车。

任何单位和个人不得干扰、阻碍事故应急救援、铁路线路开通、列车运行和事故调查处理。

(1)国务院铁路主管部门

国务院铁路主管部门应当加强铁路运输安全监督管理，建立健全事故应急救援和调查处理的各项制度，按照国家规定的权限和程序，负责组织、指挥、协调事故的应急救援和调查处理工作。

(2)铁路管理机构

铁路管理机构应当加强日常的铁路运输安全监督检查，指导、督促铁路运输企业落实事故应急救援的各项规定，按照规定的权限和程序，组织、参与、协调本辖区内事故的应急救援和调查处理工作。

(3)其他有关部门

国务院其他有关部门和有关地方人民政府应当按照各自的职责和分工,组织、参与事故的应急救援和调查处理工作。

铁路运输企业和其他有关单位、个人应当遵守铁路运输安全管理的各项规定,防止和避免事故的发生。

2. 事故等级

基于国家交通运输部相关规定,根据事故造成的人员伤亡、直接经济损失、列车脱轨辆数、中断铁路行车时间等情形,事故等级分为特别重大事故、重大事故、较大事故和一般事故四个等级。

(1)特别重大事故

有下列情形之一的,为特别重大事故:

①造成30人以上死亡。

②造成100人以上重伤(包括急性工业中毒)。

③造成1亿元以上直接经济损失。

④繁忙干线客运列车脱轨18辆以上并中断铁路行车48 h以上。

⑤繁忙干线货运列车脱轨60辆以上并中断铁路行车48 h以上。

(2)重大事故

有下列情形之一的,为重大事故:

①造成10人以上30人以下死亡。

②造成50人以上100人以下重伤。

③造成5 000万元以上1亿元以下直接经济损失。

④客运列车脱轨18辆以上。

⑤货运列车脱轨60辆以上。

⑥客运列车脱轨2辆以上18辆以下,并中断繁忙干线铁路行车24 h以上或者中断其他线路铁路行车48 h以上。

⑦货运列车脱轨6辆以上60辆以下,并中断繁忙干线铁路行车24 h以上或者中断其他线路铁路行车48 h以上。

(3)较大事故

有下列情形之一的,为较大事故:

①造成3人以上10人以下死亡。

②造成10人以上50人以下重伤。

③造成1 000万元以上5 000万元以下直接经济损失。

④客运列车脱轨2辆以上18辆以下。

⑤货运列车脱轨6辆以上60辆以下。

⑥中断繁忙干线铁路行车6 h以上。

⑦中断其他线路铁路行车10 h以上。

(4)一般事故

一般事故分为一般A类事故、一般B类事故、一般C类事故和一般D类事故,详见2007年修订的《铁路交通事故调查处理规则》。

前文所称的“以上”包括本数，所称的“以下”不包括本数。

3. 事故报告

(1)事故报告处理

①事故现场

事故发生后，事故现场的铁路运输企业工作人员或者其他人员应当立即报告邻近铁路车站、列车调度员或者公安机关。有关单位和人员接到报告后，应当立即将事故情况报告事故发生地铁路管理机构。

②铁路管理机构

铁路管理机构接到事故报告，应当尽快核实有关情况，并立即报告国务院铁路主管部门；对特别重大事故、重大事故，国务院铁路主管部门应当立即报告国务院并通报国家安全生产监督管理等有关部门。

发生特别重大事故、重大事故、较大事故或者有人员伤亡的一般事故，铁路管理机构还应当通报事故发生地县级以上地方人民政府及其安全生产监督管理部门。

(2)事故报告内容

事故报告应当包括下列内容：

①事故发生的时间、地点、区间(线名、里程)、事故相关单位和人员。

②发生事故的列车种类、车次、部位、计长、机车型号、牵引辆数、吨数。

③承运旅客人数或者货物品名、装载情况。

④人员伤亡情况，机车车辆、线路设施、道路车辆的损坏情况，对铁路行车的影响情况。

⑤事故原因的初步判断。

⑥事故发生后采取的措施及事故控制情况。

⑦具体救援请求。

事故报告后出现新情况的，应当及时补报。

自事故发生之日起7 d内，因事故伤亡人数变化导致事故等级发生变化，依照《铁路交通事故应急救援和调查处理条例》规定由上级机关调查的，原事故调查组应当及时报告上级机关。

国务院铁路主管部门、铁路管理机构和铁路运输企业应当向社会公布事故报告值班电话，受理事故报告和举报。

4. 事故应急救援

(1)事故发生后处理

①立即停车

事故发生后，列车司机应当立即停车，采取紧急处置措施；对无法处置的，应当立即报告邻近铁路车站、列车调度员进行处置。

为保障铁路旅客安全或者因特殊运输需要不宜停车的，可以不停车；但是，列车司机应当立即将事故情况报告邻近铁路车站、列车调度员，接到报告的邻近铁路车站、列车调度员应当立即进行处置。

②恢复铁路正常行车

事故造成中断铁路行车的，铁路运输企业应当立即组织抢修，尽快恢复铁路正常行车；

必要时,铁路运输调度指挥部门应当调整运输路径,减少事故影响。

(2)现场应急救援

事故发生后,国务院铁路主管部门、铁路管理机构、事故发生地县级以上地方人民政府或者铁路运输企业应当根据事故等级启动相应的应急预案;必要时,成立现场应急救援机构。

现场应急救援机构根据事故应急救援工作的实际需要,可以借用有关单位和个人的设施、设备和其他物资。借用单位使用完毕应当及时归还,并支付适当费用;造成经济损失的,应当赔偿。

事故造成重大人员伤亡或者需要紧急转移、安置铁路旅客和沿线居民的,事故发生地县级以上地方人民政府应当及时组织开展救治和转移、安置工作。

国务院铁路主管部门、铁路管理机构或者事故发生地县级以上地方人民政府根据事故救援的实际需要,可以请求当地驻军、武装警察部队参与事故救援。

有关单位和个人应当妥善保护事故现场以及相关证据,并在事故调查组成立后将相关证据移交事故调查组。因事故救援、尽快恢复铁路正常行车需要改变事故现场的,应当做出标记、绘制现场示意图、制作现场视听资料并做出书面记录。

有关单位和个人应当积极支持、配合救援工作。任何单位和个人不得破坏事故现场,不得伪造、隐匿或者毁灭相关证据。

事故中死亡人员的尸体经法定机构鉴定后,应当及时通知死者家属认领;无法查找死者家属的,按照国家有关规定处理。

5. 应急管理

(1)列车设备故障

列车设备发生故障时,列车乘务员应及时通知随车机械师处理。车门发生故障时,应立即采取临时安全防护措施。车门紧急解锁拉手使用后必须复位并通知随车机械师。

(2)列车晚点

列车运行晚点超过 15 min 时,司机应当将原因及时通知列车长,列车长应当按照晚点处置有关规定向旅客说明情况,做好安全宣传并向旅客致歉。

列车晚点 1 h 以上并逢用餐时间时,在车站候车的旅客由车站免费为旅客供餐;在列车上逢用餐时间的,根据时间由中途或到达局客调安排车站向列车提供食品,列车免费为旅客供餐。免费供餐费用列运输成本。需要餐饮公司免费提供食品的,餐饮公司应当积极配合。所用食品凭列车长签认单按成本价由列车担当单位向餐饮公司支付。

(3)列车运行中突发事件处理

①列车运行中遇有旅客因伤、病必须临时停车抢救时,列车长通过司机向列车调度员报告情况请求临时停车。列车调度员接到报告后,应尽快确定临时停车站,并向司机和停车站下达调度命令。有关站车接到命令后,应及时做好交接和救护等准备工作,客运乘务员不下车参与处理。

②列车运行中发生火灾爆炸时,列车乘务人员应当立即使用紧急制动阀停车,并将旅客疏散到安全车厢,有防火隔断门的,应当关闭防火隔断门,并将情况通报司机及列车长、乘警,司机和列车长应当迅速启动应急预案。

③运行中必须更换车底时,司机根据调度命令立即转告列车长并原则上应在车站更换。车站应当与列车一起组织旅客换车。只能在区间换车时,列车长接到司机通知后,以本务列车长为主,组织旅客安全换车。

(4)应急保障

铁路局应当有技术设备条件、卫生状况、服务备品随时处于运营标准的热备动车组和乘务人员,以备应急特殊情况使用非动车组列车替代时,有关车站应备足票款、开足窗口,及时为旅客退还车票差价额。

启用热备车底时,列车调度员(动车调度)应通知客调、辆调、机调和客运处、机务处、车辆处,客调应通知相关站段和餐饮、保洁公司。

5.1.2 铁路旅客人身伤害及携带品损失处理

1. 现场处置与报告

处理旅客人身伤害或携带品损失时,应当坚持实事求是、依法依规、就近及时的原则。

(1)列车、车站发生旅客人身伤害时,站车工作人员应当到场查看旅客伤害情况,报告列车长、站长组织救护,稳定人员情绪,维护现场秩序。

(2)因旅客伤害需交车站处理时,应移交前方县、市所在地车站或者当地具备公共医疗条件的停车站;需要提前报告运行所在铁路局客运调度时,由客运调度通知车站做好救护准备工作。

旅客不同意在前款规定的停车站下车处理时,应当由旅客出具拒绝下车治疗的书面声明,并按照规定收集两份及以上证人证言。

列车因旅客伤害严重需紧急停车处理或发生 3 人以上疑似食物中毒的,应立即报告运行所在铁路局客运调度。

(3)接到报告后,客运调度应当立即根据列车长提出的要求,通知有关车站及值班主任(列车调度员),需要停车处理的停车处理,并报告本铁路局客运部。

(4)列车发现旅客在区间坠车时应当立即停车,站车工作人员应当到场查看旅客伤害情况,报告列车长、站长组织救护,稳定人员情绪,维护现场秩序,并通知就近车站或将受伤旅客移交就近车站。需要防护时,按有关规定处理。

列车、车站发生旅客人身伤害时,不具备停车条件或者延迟发现的,列车长应当报告运行所在铁路局客运调度,客运调度员接到报告后立即通知值班主任,值班主任通知相关列车调度员和铁路公安局调度指挥中心,由列车调度员和铁路公安局调度指挥中心分别通知邻近车站及车站铁路公安派出所派人寻找。列车运行至前方停站时,列车长应拍发电报,向发生地和列车担当铁路局主管部门报告。

(5)车站对本站发生的及列车移交的伤害旅客,应当及时联系当地医疗急救机构或送就近医院抢救。

发生医疗费用时,应当根据对责任的初步判断,属于旅客自身责任或第三人责任的,由旅客或第三人支付医疗费用。

暂不能区分责任或者责任人不明、无力承担的,经处理站站长或者车务段段长批准,可用站进款垫付。

动用站进款时,填写或补填"运输进款动支凭证"(财收—29),10 d 内由核算站或车务段财务拨款归还。

(6)受伤旅客经现场抢救无效死亡,或对站内、区间发现的旅客尸体,经医疗部门或公安机关确认死亡,公安机关现场勘查结束后,车站应当转送殡仪馆存放(在此之前,车站应将尸体转移至适当地点并派人看守)，并尽快通知其家属。尸体存放原则上不超过10 d。

死者身份不清且在地(市)级以上报纸刊登寻人启事后10 d仍无人认领的，应当根据铁路公安机关书面意见处理尸体；系不法侵害所致的，应当根据铁路公安机关书面意见并商死者家属意见处理尸体。对死者的车票、衣物、随身携带物品等应当妥善保管，并于善后处理时一并转交其继承人；死者身份不明或者家属拒绝到站处理的，按无法交付的物品处理。

外国人在铁路站车死亡的，按照《关于转发〈民政部、外交部、公安部关于外国人在华死亡后处理程序有关问题的实施意见〉的通知》(公法〔2008〕25号)处理。

(7)发生旅客人身伤害、需要保护现场时，应当及时采取措施保护现场，禁止与救援、调查无关的人员进入。必要时，可请求地方政府协助。

(8)现场查验。发生旅客人身伤害后，列车长、站长应当及时组织现场查验，全面搜集、梳理相关证据资料，检查旅客所持车票的票种、票号、发到站、车次、有效期及有效身份证件信息等，描绘现场旅客定位图，收集不少于两份同行人或见证人的证言及查验记录、现场照片、录像等其他相关证据，形成比较完整的证据链，能够证明发生的过程和原因，初步明确性质，并妥善保管。

旅客或第三人能够说明事件发生经过或责任的、应当由其出具书面材料，并签字确认。

涉及违法犯罪或者旅客死亡的、由铁路公安机关组织现场勘查。

证人应当具有完全民事行为能力。证人证言中应当记录证人的姓名、性别、年龄、地址、联系方式、有效身份证件信息等内容。有医务工作人员参加救治时，应当由其出具参与救治经过的证言。

证言、证据应当真实，能够反映发生的时间、地点、过程、原因和结果。

(9)列车向车站移交伤害旅客。

列车向车站移交伤害旅客时，车站不得拒绝接收。办理移交手续时，列车应当编制客运记录和旅客携带物品清单一式两份，一份由列车存查，一份连同车票、证明材料、相关证人或其联系方式等一并移交。客运记录应载明日期、车次，旅客姓名、性别、年龄、国籍、民族、职业、单位、有效身份证件号码、联系方式、住址，车票种类、号码、发站、到站、车厢、席位，受伤地点、受伤原因、受伤部位，处理简况，以及证据材料清单等内容。因时间来不及记明前述内容时，可在客运记录中简要记明日期、车次、下交原因，并必须在3 d内向处理单位补交有关材料。特殊情况来不及编制客运记录时，列车长或其指定的专人应随同伤害旅客下车办理交接。涉及第三人时，应将第三人同时交站处理。

对已经控制的违法、犯罪嫌疑人，应当及时移交车站铁路公安派出所。

(10)列车发现精神异常旅客。

列车发现精神异常旅客时，应重点关注，并按规定交到站或下车站妥善处理。列车运行途中，旅客有同行成年人的，应要求其同行成年人看护；无同行成年人时，应指派专人看护。必要时，可安排在适当位置看护。车站发现进站乘车的旅客精神异常时，可不予其进站乘车，并为其办理退票手续。

(11)旅客在法定时限内索赔且能够证明伤害是在铁路旅客运输过程中发生的，受理单位应及时通知发生单位，并本着方便旅客的原则，移交旅客就医所在地车站或旅客发、到站处理，被移交站应当受理。发生单位应当在10 d内搜集并向处理单位移交相关证据材料。

(12)在站内或区间线路上发现有坠车旅客时，发现或接到通知的车站应当迅速通报有关列车。有关列车接到通报后，应当立即调查。

发生列车应当按照相关规定收集相关证据材料或旅客携带物品，并向处理单位移交。

(13)对下列情形造成的旅客人身伤害应当立即向铁路公安机关报警：

①杀人、抢劫、抢夺、强奸、爆炸、纵火、绑架、结伙斗殴、寻衅滋事、故意伤害、击打列车、故意损毁、移动站车设备等违法犯罪行为。

②因散布谣言，谎报险情、疫情、警情，扬言放火、爆炸、投放危险物质或者非法阻拦行车、堵塞通道等，引起公共秩序混乱。

③火灾、爆炸、中毒等治安灾害事故。

④精神病人肇事肇祸，醉酒滋事行为。

⑤自然灾害。

⑥铁路设备、设施故障造成的事故。

(14)发生旅客人身伤害及携带品损失且有下列情形之一的，应当及时通知铁路公安机关：

①应当控制、约束违法犯罪嫌疑人和扣押相关涉案物品的。

②应当保护现场、维持秩序、协同救助的。

③应当由铁路公安机关介入调查、获取证据、查明原因的。

④引发治安纠纷或者酿成群体性事件并影响站车秩序，应当及时处置的。

⑤造成旅客死亡的。

(15)车站、列车发生旅客人身伤害时，可用电话向所在单位或上级主管部门报告概况；但发生重伤以上旅客人身伤害时，应在第一时间以短信方式向所属铁路局主管部门报告，随后向有关铁路局主管部门拍发速报，并逐级向上级主管部门和宣传部门报告。

报告(含速报)内容主要包括：

①发生日期、时间、车次、地点、车站、区间里程。

②伤亡旅客的姓名、性别、年龄、国籍、民族、职业、单位、有效身份证件号码、联系方式、住址以及车票种类、号码、发站、到站、车厢、席位等基本情况。

③发生经过、旅客伤亡及现场处理简况。

2. 善后处理

(1)发生旅客人身伤害后，发生地车站(车务段)或处理站(车务段)应当组织发生单位、车站铁路公安派出所及相关单位成立善后处理工作组(以下简称工作组)。必要时，由发生地或处理站所在地铁路局组织。

发生旅客轻伤且经旅客或第三人同意现场调解、责任明确的，可由车站会同铁路公安派出所、发生单位、旅客、第三人等共同进行现场处理。

(2)工作组负责工作。

①办理受伤旅客就医、食宿等事宜。

②收集相关资料，建立案卷。案卷中应有：客运记录、证人证言、车票、医院证明、现场照片或图示、寻人启事及铁路公安机关处理尸体意见等材料；铁路公安机关制作有现场勘验笔录、法医鉴定结论的，在不影响案件办理的情况下，可以收集存入案卷。

③核查伤亡旅客身份，通知其家属或发布寻人启事。

④处理旅客遗留物品或死亡旅客遗体。

⑤向旅客或其继承人、代理人通报有关情况，协商处理善后事宜。

⑥其他与善后处理有关的事宜。

(3)受伤旅客临床治疗结束或死亡旅客遗体处理完毕，工作组应当根据铁路安全监督管理办公室对责任确定情况，核实各项费用及授权委托书、亲属关系证明等有关证明后，涉及铁路运输企业责任的，尽快按有关法律规定与旅客或其继承人、代理人协商办理赔付。

医疗费用应根据实际产生或后续治疗需要，凭治疗医院单据或建议核定。旅客需转院治疗时，应与处理单位协商一致，并经治疗医院同意。

残疾赔偿金应根据有关鉴定机构出具的旅客人体损伤残疾程度鉴定意见，或者根据旅客受伤程度，比照有关人体损伤残疾程度鉴定标准所对应的残疾等级，按照有关标准计算。

办理赔付时，编制"铁路旅客人身伤害及携带品损失最终处理协议书"，经各方确认、签字或加盖处理单位公章后，将赔偿金依据法定顺位支付给旅客或其继承人、代理人，旅客或其继承人、代理人出具收据交处理单位。

(4)根据责任确定情况，处理旅客人身伤害所发生的赔偿金及其他费用，由责任单位承担；无法确定责任单位的，由发生单位承担。

(5)需向责任单位或发生单位转账时，由处理单位所属铁路局财务部门开具"转账通知书"，连同"铁路旅客人身伤害及携带品损失最终处理协议书"转送责任单位或发生单位所属铁路局财务部门。

责任单位或发生单位所属铁路局财务部门应当在收到"转账通知书"等材料次日起 30 d 内将费用转拨至处理单位所属铁路局；超过 30 d 的，每超过 1 d，按应付费用的 0.5% 支付滞纳金。

(6)旅客人身伤害是旅客自身原因或第三方造成时，铁路运输企业在垫付相关费用后，可向旅客或第三方追偿。

3. 调查报告与统计

(1)旅客人身伤害处理完毕后，处理单位和发生单位应在 3 d 内逐级向铁路局客运主管部门报送"调查处理报告"。

(2)铁路局应当在每月 20 日前汇总上月本局处理的旅客人身伤害情况，按要求填写"铁路旅客人身伤害统计表"和"安全情况报告"，报铁路局主管部门。

(3)案卷一案一卷，由处理单位保管，保存期为 5 年。

4. 保障

(1)车站、列车应当按规定配置安全防护设备和视频监控装置，合理设置安全警示标志，建立健全日常管理、维护机制。视频监控管理部门应当定期采集视频监控数据，涉及旅客人身伤害纠纷的视频监控数据保存期不得少于一年。铁路局应当积极采用信息化手段，建立站车安全、设备等信息平台，确保信息沟通快速畅通。

(2)铁路局应加强旅客人身伤害及携带品损失处理费用的预算和支出管理，确保各项费用依法合理使用。

(3)铁路局及站、段应根据实际设置旅客人身伤害及携带品损失处理工作人员，配备照相机、摄像机、录音笔等必要的设备，给予适当的岗位、交通、通信等补贴，定期组织培训，提高业务能力。

(4)铁路局企业法律部门应当加强对旅客人身伤害及携带品损失处理的指导，定期组织法律专业知识培训。

在铁路运输过程中发生旅客携带品损失时，按照《铁路旅客人身伤害及携带品损失处理暂行办法》处理。旅客或其继承人、代理人应当向铁路运输企业提出可确认的证据；铁路运输企业经确认后，使用“铁路旅客人身伤害及携带品损失最终处理协议书”(见表5.1)，由参与协商各方签字盖章后，办理赔付，并向旅客发出“铁路旅客人身伤害及携带品损失赔付通知书”(见表5.2)。

在铁路旅客运输过程中遇有急病、分娩的旅客时，车站、列车应当尽力予以救助，其救助程序参照《铁路旅客人身伤害及携带品损失处理暂行办法》相关规定办理。

表5.1 铁路旅客人身伤害及携带品损失最终处理协议书

NO.________

一、旅客基本情况：

姓名：________ 身份证件号码：________

性别：____ 年龄：____ 职业：____ 电话：____

住址：________

二、车票情况：

号码：________ 日期：________

车次：____ 发站：____ 到站：____ 席位：____

三、发生情况：

日期、时间、车次：________

地点、车站、区间：________

四、旅客人身伤害及携带品损失发生经过、救治及善后处理简要情况：________

____

____

五、处理意见：

____

____

六、协议人签字：

旅客签字：________ 处理单位(章)

代理人签字：________

身份证号码：________

联系电话：________

日期：____年____月____日 年 月 日

第三人签字：________

代理人签字：________

身份证号码：________

联系电话：________

日期：____年____月____日

发生(责任)单位代理人签字：________

职务：________

联系电话：________

日期：____年____月____日

注：本协议由处理单位填写，一式五份：一份报铁路局主管部门，一份转铁路局财务部门，处理单位、责任(发生)单位、旅客或家属各一份。

表 5.2　铁路旅客人身伤害及携带品损失赔付通知书

NO. ______________

______________旅客：

对____年____月____日所发生旅客人身伤害(携带品损失)，依据有关法律规定，经当事各方共同协商同意，赔付旅客共计人民币________元(大写____________)。请您携带本通知和本人有效身份证件，于 30 d 内到我站领取。如继承人、代领人领取时，请携带领取人有效身份证件及与旅客身份关系证明或授权委托书(以上证件或证明均需原件)。

特此通知

处理单位(章)

______年______月______日

联系人：____________　电话：____________________　单位地址：____________________

注：本协议由处理单位填写，一式五份：一份报铁路局主管部门，一份转铁路局财务部门，处理单位、责任(发生)单位、旅客或家属各一份。

5.1.3　高速铁路动车组车辆故障应急处置办法

1. 动车组途中停车下车处理办法

动车组运行途中停车需要随车机械师下车检查处理时，由司机负责向列车调度员报告，司机接到列车调度员已发布邻线列车限速 160 km/h 及以下调度命令的口头指示后，通知随车机械师，双方互相签认后，随车机械师下车检查、确认。司机、随车机械师保持密切联络。

随车机械师检查处理完毕立即上车，通知司机检查处理结果，司机立即向列车调度员报告，列车调度员下达恢复邻线正常运行命令。

2. 受电弓故障应急处理办法

动车组运行中，司机发现受电弓突然降弓时，应立即切断主断路器并降弓、停车，向列车调度员报告。司机接到列车调度员已发布邻线列车限速 160 km/h 及以下调度命令的口头指示后，通知随车机械师下车检查受电弓状态。列车调度员及时通知供电调度安排接触网工区进行巡视检查。随车机械师按规定程序下车检查、确认：

(1)经初步检查确认接触网正常，受电弓外观可见部分无明显异常或超限但未能判明降弓原因时，随车机械师应立即将检查情况报告司机，司机报告列车调度员。司机按随车机械师要求切除已降下的受电弓，换弓运行，限速 160 km/h 运行至前方站。

①如前方站为终点站，列车调度员应提前安排启动热备动车组替换，替换下的故障动车组限速 160 km/h 返回动车所进行处理。

②如前方站为非终点站时，随车机械师在停站后使用望远镜或其他手段进行进一步检查确认，如确认受电弓外观整体正常或不影响运行安全时，动车组以正常速度维持运行至终点站，列车调度员应提前安排启动热备动车组替换，替换下的故障动车组限速 160 km/h 返回动车所进行处理；如不能确认，则必须登顶检查。

(2)如检查时发现受电弓轻微损坏，且无部件脱落危险时，随车机械师通知司机切除受损的受电弓，换弓后以不高于 120 km/h 的速度运行进入前方车站停车，停车后，随车机械师下车进一步确认，如确认受电弓无脱落危险时，通知司机限速 160 km/h 运行；如发现受电弓损坏部位有扩展趋势，则必须登顶检查处理。

(3)如检查时发现受电弓刮弓或损坏较严重，有部件脱落危险时，随车机械师应通知司机请求接触网停电。司机向列车调度员汇报并请求，在得到接触网已停电准许登顶作业的调度命令和列车调度员已发布邻线列车限速 160 km/h 及以下调度命令的口头指示后，切除受损的受电弓后升另一良好受电弓，与随车机械师共同确认无网压，合接地装置实施放电后，通知随车机械师进行登顶检查；随车机械师用验电器确认接触网停电后挂接地杆，登车顶检查处理，捆扎受损受电弓，确保受损受电弓离开接触网的距离大于 300 mm，无部件脱落危险，且距离车顶高压器件的距离大于 300 mm；处理完毕后，在司机手账上签认，通知司机使用良好受电弓正常运行。

(4)如经现场登顶确认全部受电弓受损严重，在所有受损受电弓捆扎完毕，确认受损受电弓、车顶其他部件离开接触网的距离大于 300 mm 后，通知司机请求救援。在等待救援时，司机和随车机械师按规定做好列车防溜，同时司机应将制动手柄置于最大制动位，保持客室内应急灯亮，头灯及车尾标志灯亮。随车机械师启动应急通风装置，司机监视蓄电池电压符合规定，低于规定值时关闭蓄电池；无应急通风装置或蓄电池电压低于规定值时，通知列车长组织安装防护网、开启指定车门通风并做好防护。

3. 受电弓挂有异物应急处理办法

动车组运行途中，司机接到受电弓挂有异物影响行车的通知时，立即停车降弓，向列车调度员报告，请求下车处理。司机接到接触网已停电准许登顶作业的调度命令和邻线列车限速 160 km/h 及以下调度命令已发布的口头指示后，切除挂有异物的受电弓后升另一良好受电弓，并与随车机械师共同确认无网压，合接地装置放电，然后通知随车机械师下车作业。随车机械师在确认接触网停电及动车组放电完毕后，下车用令克棒(绝缘棒)在非会车侧清除受电弓异物，如无法清除时，按规定作业程序登车顶清除异物，并检查受电弓情况，受电弓如有损伤，随车机械师按规定对受损受电弓进行处理完毕后，在司机手账上签认后通知司机正常运行。

4. 动车组途中发生火情时应急处理办法(车辆设备故障)

(1)动车组运行途中，乘务人员发现车厢空调通风口、配电柜、客室内其他设备设施等冒烟、起火、烧焦，橡胶、塑胶熔化等产生的异味时，应立即通知司机和随车机械师、列车长。司机应立即采取停车措施(尽量避免列车停在隧道、长大下坡道、油库等重要建筑物以及居民区)使列车停于安全地点，断开主断路器并降弓，向列车调度员汇报。

(2)随车机械师接到通知后及时赶到相应车厢关闭空调、通风系统或设备设施电源，并将设备状况通知列车长和司机。

(3)停车后，随车机械师应对车辆设备进行检查，准确判断，果断处理，确认不影响行车安全时，签认后通知司机正常运行。

5. 动车组运行中车辆发生异音、异状应急处理办法

(1)异音应急处理措施

列车工作人员发现或接到反映车辆下部有拖、拉、击打声、上下振动声、连续摩擦声等异

音的通知时，应立即采取紧急停车措施，由司机向列车调度员报告。司机在接到列车调度员已发布邻线列车限速 160 km/h 及以下调度命令的口头指示后，通知随车机械师下车检查。随车机械师按规定程序下车检查。如故障暂不能修复，但不影响行车安全时，随车机械师临时应急处理并在司机手账上签认后监护、限速运行，必要时预报前方车站协助处理，如故障影响行车安全且不能修复时，应通知司机，司机向列车调度员报告并请求救援。

(2)异状应急处理措施

遇有车辆突发剧烈上、下跳动，车体剧烈摆动，连接处明显下垂，走行部有剧烈连续的摩擦振动声等异状时，列车工作人员应立即采取紧急停车措施。由司机向列车调度员报告。司机在接到列车调度员已发布邻线列车限速 160 km/h 及以下调度命令的口头指示后，通知随车机械师下车检查。随车机械师按规定程序下车检查确认车辆损伤情况。如故障暂不能修复，在不影响行车安全的情况下，随车机械师临时应急处理并在司机手账上签认后监护、限速运行，必要时预报前方车站协助处理。在限速运行过程中，随车机械师密切监视故障车辆状况，如有异常应立即采取紧急停车措施并通知司机，司机向列车调度员报告并请求救援。

6. 重联动车组运行中发生异常需要分离应急处理办法

重联动车组中一组因故不能继续运行，根据调度命令需要分离运行时，随车机械师配合司机，按动车组摘解操作程序，摘解重联动车组。值乘故障动车组的随车机械师须与故障动车组一起停留原地等待救援，正常动车组按命令单组继续运行。

7. 轴承温度超温报警应急处理办法

当动车组轴承温度超温报警时，司机应立即停车，随车机械师须下车检查、点温确认，重点检查齿轮箱、联轴器、牵引电机、轴箱等部位，确认异常或温升超高时，在司机手账上签认，司机向列车调度员报告，按照限速表相关要求限速运行；确认轴温正常，属误报警时，按照各自车型途中应急故障处理手册中相关要求操作，在司机手账上签认，司机汇报列车调度员按正常速度运行(CRH3、CRH380BJ 型限速 200 km/h)。随车机械师在运行途中密切跟踪报警车轴温度状态。

8. 遇接触网停电应急处理办法

(1)动车组司机断开主断路器，降下受电弓停车，制动手柄置最大制动位，保持首尾标志灯亮，司机及时与列车调度员联系，按规定采取防溜措施。

(2)随车机械师要立即向司机询问情况，并巡视检查各车应急照明、蓄电池电压情况，停车超过 20 min 时开启应急通风系统或配合客运人员开门通风。

(3)若应急通风蓄电池低压保护，应急通风装置停止工作，无法保证车内通风时，随车机械师向列车长报告，由列车长组织安装防护网、打开车门通风。

5.1.4 高速铁路动车组脱轨事故应急救援

1. 应急处置

(1)发生动车组脱轨事故后，随车机械师应立即短接邻线轨道电路，司机应立即报告列车调度员或车站值班员，列车调度员或车站值班员接到报告后应立即扣停后续列车和邻线列车，通知已进入区间的后续列车和邻线列车停车。

(2)列车调度员根据司机或车站报告情况，向值班主任报告，值班主任按规定向应急领导小组及有关成员单位通报，根据事故等级和应急领导小组指示，启动相应应急预案。

(3)现场救援协调配合。

①调度所按照救援响应程序立即设置区间封锁标识或发布封锁区间和救援出动命令，并命令就近车站救援队人员立即赶赴现场，负责处置救援工作；同时负责运输组织调整，安排起复救援所需的机车车辆，为救援工作提供运输条件保证。向沿线站车发布列车晚点原因、时间及预计晚点时间。

②客运部门负责妥善安置事故中受伤的旅客，收集、清理、看守旅客携带物品，并做好旅客的安抚、疏散、转运工作。

③机务部门负责制定救援起复方案并组织实施。

④供电部门负责现场照明和电力供应，根据救援需要组织对事故现场接触网的拆除和恢复工作，确保人身安全。

⑤工务部门负责组织足够的人力、物力，尽快抢修恢复线路，配合救援列车做好救援起复工作。

⑥电务部门负责现场通信保障及信息传输工作，负责组织电务设备修复。

⑦车辆部门负责配合救援列车做好车辆起复和检查工作。

⑧劳卫部门迅速组织开展现场卫生防疫处置工作，并联系地方医疗机构，实施紧急医疗救护。

⑨公安部门负责现场警戒，组织现场勘查和调查，收集有关资料、可疑物。

⑩安监部门负责组织和协调事故调查处理工作。

⑪宣传部门负责组织协调新闻报道和舆论引导工作。

2. 事故救援

(1)高速铁路发生动车组脱轨事故后，现场救援实行单一指挥。

(2)事故救援以拉复为主，顶复为辅，合理采用吊复法。

(3)救援起复方法。

①拉复起复法。

动车组轮对脱轨后距基本轨距离具备拉复条件，且车辆未颠覆，线路基本条件良好时，应采用拉复法进行救援起复作业。动车组两端车辆脱轨，救援起复时，原则上不进行动车组解编；动车组中部车辆或动车组在道岔、桥梁、隧道内脱轨，救援起复时，应根据实际情况，将妨碍救援的其他车辆解编后进行起复作业。

②顶复起复法。

动车组轮对脱轨后距基本轨距离不具备拉复条件但距离较小，且车辆未颠覆、线路基本条件良好时，或在桥梁上、隧道内和其他不适用拉复法和吊复法救援时，应采用顶复法进行救援起复作业。

③吊复起复法。

动车组轮对脱轨距基本轨距离较大或车辆倾斜、颠覆，不能实施拉复、顶复作业时，应采用吊复法进行救援起复作业。

此外，各铁路局还制定了相应的高速铁路工务设备故障应急处置办法、高速铁路牵引供电设备应急处置办法、高速铁路信号设备故障应急处置措施、高速铁路应急通信保障措施等，需要了解的可查阅相关技术文件。

5.1.5 动车组相互救援

1.《CRH 系列动车组相互救援暂行作业办法》简介

(1)适用范围

①《CRH 系列动车组相互救援暂行作业办法》适用于同型及装用统型过渡车钩的 CRH 系列动车组、综合检测车相互之间通过机械连挂的救援作业。动车组之间通过电气车钩正常连挂、网络能够正常配置的相互救援参照动车组应急故障处理手册执行。

②《CRH 系列动车组相互救援暂行作业办法》所称 CRH 系列动车组包括 CRH1A-200、CRH1A-250、CRH1B、CRH1E、CRH2A、CRH2A 统型、CRH2C(CRH2C-1、CHR2C-2)、CRH2B、CRH2E、CRH2G、CRH380A、CRH380A 统型、CRH380AL、CRH3C、CRH380B、CRH380BG、CRH380BG 统型、CRH380BL、CRH380CL、CRH380D、CRH5A、CRH5G 型动车组。

③《CRH 系列动车组相互救援暂行作业办法》所称 CRH 系列综合检测车包括 CRH380AJ、CRH380AM、CRH2J、CRH380BJ、CRH5J。

④动车组运行途中故障需要救援时，优先采用动车组救援动车组，其次采用机车救援动车组。

(2)总体要求

①救援动车组能够控制被救援动车组常用制动，整列救援列车无车辆空气制动切除时救援限速 120 km/h，有车辆空气制动切除时救援限速 60 km/h。

②救援动车组不能控制被救援动车组常用制动时，救援限速 60 km/h。

③动车组救援时，按照相关规定做好防溜，在救援运行过程中，被救援动车组司机原则上不允许操作制动控制器、紧急制动按钮等施加制动的装置。

④短编组动车组救援长编组动车组，在大于 10‰的坡道救援时，禁止向上坡道方向起动。

⑤动车组救援时，允许采用退行或反方向运行的方式，相关要求按《铁路技术管理规程》的规定执行。

⑥动车组相互救援时，前端机械车钩可通过直接连挂或使用统型过渡车钩两种方式进行连挂。

⑦短编组与长编组连挂最大长度为 643 m，长编组与长编组连挂最大长度为 858 m，救援时应考虑车组总长对站台及线路股道有效长、信号、车尾保持的影响。

⑧救援过程中，被救援动车组具备条件时，可以升弓供电，救援和被救援动车组司机做好联控，救援动车组与被救援动车组相邻受电弓不得同时升起。

2. 复兴号 CR400AF 型动车组相互救援

我国自主研发生产的标准动车组实现了不同系列动车组之间的互联互通，由中车四方

股份生产的CR400AF型动车组救援转换装置可实现不同动车组车型之间互相救援，还可以被机车救援。动车组救援其他车辆时，救援转换装置实时读取自身电气制动指令，转换为对应的列车管所需压力（简称BP压力）。当动车组被救援时，救援转换装置将BP管压力转换为动车组可执行的电气制动指令，进而实现被救援功能。

(1)复兴号CR400AF型动车组救援操作方法及步骤

①救援动车组司机操作动车组进入连挂线路，距离被救援动车组大于10 m停车；打开连挂端车头的前端罩盖，确认电钩处于缩回状态。

②头罩打开后，须将司机室配电盘2内的联解控制断路器断开，同时将连挂端头车司机室转换开关盘2"司机警惕旁路"开关右旋至隔离位（如果头罩盖无法正常打开，可以使用列车分合控制盘内的开关来打开头车罩盖）。

③被救援车辆准备为BP救援状态，确认被救援车辆10号车钩状态，车钩处于准备连挂位置且基本处于轨道的中心位置，并安装上车钩导向杆，确认被救援动车组连挂准备就绪。

④动车组以2 km/h以下的速度与被救援车辆连挂，连挂后确认连挂车钩状态，连挂牢固，动车组断电，拔取主控钥匙。

⑤合上连挂端司机室配电盘2内的救援装置断路器，司机室配电盘3内BP救援转换开关置"救援"位置。

⑥在非连挂端投入主控钥匙，施加停放制动，司机手柄置制动位（B4或B4以上制动位），按压"紧急复位"按钮，确认紧急制动缓解。

⑦救援动车组司控器手柄置0位，通过BP管给被救援车辆BP管充风，当HMI（人机界面）显示屏显示BP管压力达到(600±20)kPa时，确认被救援车辆缓解，10号车钩连接部位无漏风现象。

⑧救援动车组操作动车组司机制动控制器手柄依次从"0"到EB、EB到"0"位置的制动试验，动车组应分别产生1至7级、EB位相应的制动，通过TCMS（列车控制和管理系统）监控屏确认动车组监控BP压力。

⑨缓解停放制动，动车组司控器手柄置"0"位置，确认被救援车辆缓解。

⑩动车组以不高于2 km/h的速度牵引，然后施加常用制动，确认被救援车辆产生制动作用停车。

(2)复兴号CR400AF型动车组被救援操作方法及步骤

①施加停放制动；确认动车组MR压力（主风管压力）须在600 kPa以上。

②打开连挂端车头的前端头罩，确认电钩处于缩回状态，并安装上车钩导向杆。

③头罩打开后，须将司机室配电盘2内的联解控制断路器断开，同时将连挂端头车司机室转换开关盘2"司机警惕旁路"开关右旋至隔离位。

④确认动车组的两个受电弓处于降下的状态。

⑤在救援动车组操作动车组司机制动控制器手柄依次从"0"到EB、EB到"0"位置的制动试验，被救援动车组应分别产生1至7级、EB位相应的制动，通过HMI显示屏确认动车组监控BP压力。

⑥救援动车组司控器手柄置"0"位置，确认被救援车辆缓解。

⑦救援动车组准备动车前，被救援动车组缓解停放制动。

⑧救援动车组以不高于 2 km/h 的速度牵引，被救援动车组能够正常动车；救援动车组施加常用制动，确认被救援车辆产生制动停车。

3. 动车组相互救援案例

(1)模拟 CRH2A(统型)动车组故障救援演练

2014 年 6 月 10 日，CRH2A-2309 动车组担当的 D55804 次列车运行至晋中站至太原南站大西场间上行线 K288＋000 处停车，司机向列车调度员报告：动车组故障不能继续运行，请求救援。司机请求救援后，使用同平台的 CRH2A(统型)动车组进行救援演练，救援动车组使用 CRH2A-2294 动车组担当，开行 D55811 次列车进入区间进行救援。

(2)模拟 CRH380A(统型)动车组故障救援演练

2016 年 9 月 8 日，太原南站大西场开行的 55903 次列车使用 CRH380A-2678 动车组担当，运行至大西场至晋中站间下行线 K279＋650 处(头部位置)，模拟动车组故障不能继续运行，司机按规定请求救援。司机请求救援后，使用 CRH5A 型动车组进行救援演练，救援动车组使用 CRH5A-5046 动车组担当，开行 58107 次列车进入区间进行救援，圆满完成了此次模拟动车组故障救援演练任务。

5.2 高速铁路事故调查与处理

高速铁路交通事故的应急处置技术，要依据《中华人民共和国安全生产法》《中华人民共和国铁路法》《铁路交通事故调查处理规则》《铁路交通事故应急救援和调查处理条例》等相关法律法规处理。高速铁路事故调查和处理的目的是通过对事故应急处置的调查研究，科学分析事故的致因因素，对事故责任进行追究，总结事故发生的规律和教训，提出针对性的措施，防止类似事故的再次发生。

5.2.1 铁路事故调查

1. 事故调查权限

特别重大事故由国务院或者国务院授权的部门组织事故调查组进行调查。

重大事故由国务院铁路主管部门组织事故调查组进行调查。调查组组长由铁路主管部门负责人或指定人员担任，国家铁路局安全监察司、国铁集团、公安机关和铁路主管部门派出机构、相关安全监管办等部门(单位)派员参加。

较大事故和一般事故由事故发生地铁路管理机构组织事故调查组进行调查。调查组组长由安全监管办负责人或指定人员担任，安全监管办安全监察部门、有关业务处室、公安机关等部门派员参加。国务院铁路主管部门认为必要时，可以组织事故调查组对较大事故和一般事故进行调查。根据事故的具体情况，事故调查组由有关人民政府、公安机关、安全生产监督管理部门、监察机关等单位派人组成，并应当邀请人民检察院派人参加。事故调查组认为必要时，可以聘请有关专家参与事故调查。

发生一般 B 类以上、重大以下事故(不含相撞的事故)，涉及其他安全监管办辖区时，事故发生地安全监管办应当在事故发生后 12 h 内发出电报通知相关安全监管办。相关安全监管办接到电报后，应当立即派员参加事故调查组。

2. 事故调查期限

事故调查组应当按照国家有关规定开展事故调查，并在下列调查期限内向组织事故调查组的机关或者铁路管理机构提交事故调查报告：

(1)特别重大事故的调查期限为 60 d。

(2)重大事故的调查期限为 30 d。

(3)较大事故的调查期限为 20 d。

(4)一般事故的调查期限为 10 d。

事故调查期限自事故发生之日起计算。

事故调查处理，需要委托有关机构进行技术鉴定或者对铁路设备、设施及其他财产损失状况以及中断铁路行车造成的直接经济损失进行评估的，事故调查组应当委托具有国家规定资质的机构进行技术鉴定或者评估。技术鉴定或者评估所需时间不计入事故调查期限。

3. 事故调查组职责

事故调查组履行下列职责：

(1)查明事故发生的经过、原因、人员伤亡情况及直接经济损失。

(2)认定事故的性质和事故责任。

(3)提出对事故责任者的处理建议。

(4)总结事故教训，提出防范和整改措施建议。

(5)提交事故调查报告。

事故调查组在事故发生后应当及时通知相关单位和人员；一般 B 类以上、重大以下的事故(不含相撞的事故)发生后，应当在 12 h 内通知相关单位，接受调查。

4. 事故调查过程

(1)事故调查组到达现场前

事故调查组到达现场前，组织事故调查组的机关可指定临时调查组组长，组成临时调查组，勘查现场，掌握人员伤亡、机车车辆脱轨、设备损坏等情况，保存痕迹和物证，查找事故线索及原因，做好调查记录，及时向事故调查组报告。

(2)事故调查组到达后

事故调查组到达后，发生事故的有关单位必须主动汇报事故现场真实情况，并为事故调查提供便利条件。事故发生单位的负责人和有关人员在事故调查期间应当随时接受事故调查组的询问，如实提供有关资料和物证。事故调查组有权向有关单位和个人了解与事故有关的情况，并要求其提供相关文件、资料，有关单位和个人不得拒绝。

事故调查组根据需要，可组建若干专业小组，进行调查取证。

①搜集事故现场物证、痕迹，测量并按专业绘制事故现场示意图，标注现场设备、设施、遗留物的名称、尺寸、位置、特征等。需要搬动伤亡者、移动现场物体的，应做出标记，妥善保存现场的重要痕迹、物证；暂时无法移动的，应予守护，并设明显标志。

②询问事故当事人及相关人员，收取口述、笔述、笔录、证照、档案，并复制、拍照。不能书写书面材料的，由事故调查组指定人员代笔记录并经本人签认。无见证人或者当事人、相

关人员拒绝签字的，应当记录在案。

③对事故现场全貌、方位、有关建筑物、相关设备设施、配件、机动车、遗留物、致害物、痕迹、尸体、伤害部位等进行拍照、摄像。及时转储、收存安全监控、监测、录音、录像等设备的记录。

④收取伤亡人员伤害程度诊断报告、病理分析、病程救治记录、死亡证明、既往病历和健康档案资料等。

⑤对有涂改、灭失可能或以后难以取得的相关证据进行登记封存。

⑥查阅有关规章制度、技术文件、操作规程、调度命令、作业记录、台账、会议记录、安全教育培训记录、上岗证书、资质证书、承(发)包合同、营业执照、安全技术交底资料等，必要时将原件或复印件附在调查记录内。

⑦对有关设备、设施、配件、机动车、器具、起因物、致害物、痕迹、现场遗留物等进行技术分析、检测和试验，组织笔迹鉴定，必要时组织法医进行尸表检验或尸体解剖，并写出专题报告。

⑧脱轨事故发生后，在全面调查的基础上，必要时应对事故地点前后一定长度范围内的线路设备进行检查测量，并调阅近期内该段线路质量检测情况；对事故地点前方(列车运行相反方向)一定长度的线路范围内，有无机车车辆配件脱落、刮碰行车设备的痕迹等进行检查，对脱轨列车中有关的机车车辆进行检查测量，并调阅脱轨机车车辆近期内运行情况监测记录。

调查事故应配备必要的调查设备和装备，保证调查工作顺利进行。调查设备和装备包括通信设备、摄影摄像设备、录音设备、绘图制图设备、便携电脑以及其他必要的装备。

5. 事故调查报告

各专业小组应按调查组组长的要求，及时提交专业小组调查报告。调查组组长应组织审议专业小组调查报告，并研究形成《铁路交通事故调查报告》，由调查组所有成员签认。调查组成员意见不一致时，应在事故报告中分别进行表述，报组织调查的机关审议、裁定。

事故调查中发现涉嫌犯罪的，事故调查组应当及时将有关证据、材料移交司法机关。

事故调查报告应包括下列内容：

(1)事故概况。

(2)事故造成的人员伤亡和直接经济损失。

(3)事故发生的原因和事故性质。

(4)事故责任的认定以及对事故责任者的处理建议。

(5)事故防范和整改措施建议。

(6)与事故有关的证明材料。

6. 事故认定书

事故调查组形成《铁路交通事故调查报告》，报组织事故调查的机关同意后，事故调查组的工作即告结束。铁路主管部门、安全监管办的安全监察部门应在事故调查组工作结束后15 d之内，根据事故报告，制作《铁路交通事故认定书》，经批准后，送达相关单位。一般B类以上、重大以下事故(相撞事故为较大事故)的档案材料，应报铁路局主管部门备案(3份)。

《铁路交通事故认定书》是事故赔偿、事故处理以及事故责任追究的依据。《铁路交通事故认定书》应按照铁路局主管部门规定的统一格式制作，内容包括：

(1)事故发生的原因和事故性质。

(2)事故造成的人员伤亡和直接经济损失。

(3)事故责任的认定。

(4)对有关责任单位及人员的处理决定或建议。

铁路局主管部门发现安全监管办对事故认定不准确时，应予以纠正。必要时，可另行组织调查。事故责任单位接到《铁路交通事故认定书》后，于7 d内，填写《铁路交通事故处理报告表》，按规定报送《铁路交通事故认定书》制作机关，并存档。

事故调查组成员在事故调查工作中应诚信公正、恪尽职守，遵守事故调查组的纪律，保守事故调查的秘密。未经事故调查组组长允许，调查组成员不得擅自发布有关事故的调查信息。事故的处理情况，除依法应当保密的外，应当由组织事故调查组的机关或者铁路管理机构向社会公布。

事故责任单位和有关人员应当认真吸取事故教训，落实防范和整改措施，防止事故再次发生。国务院铁路主管部门、铁路管理机构以及其他有关行政机关应当对事故责任单位和有关人员落实防范和整改措施的情况进行监督检查。

7. 事故责任判定和损失认定

(1)事故责任认定细则

事故分为责任事故和非责任事故。事故责任分为全部责任、主要责任、重要责任、次要责任和同等责任。

①铁路运输企业或相关单位发布的文电，违反法律法规、铁路局主管部门相关规章或铁路相关技术标准和作业标准等，直接导致事故发生的，定发文电单位责任。

②因设备管理不善造成的事故，定设备管理单位责任。

③因产品质量不良造成事故，属设计、制造、采购、检修等单位责任的，定相关单位责任；应采用经行政许可或强制认证的产品而采用其他产品的，追究采用单位责任；采购不合格或不达标产品的，追究采购单位责任。

④自然灾害原因导致的事故，因防范措施不到位，定责任事故。确属不可抗力原因导致的事故，定非责任事故。

⑤营业线施工中发生责任事故，属工程建设、设计、监理、施工等原因造成的，定上述相关单位责任；同时追究设备管理单位责任。已经竣工验收的设备，因质量问题发生责任事故，确属工程建设、设计、施工、监理等单位责任的，定上述相关单位责任；属设备管理不善的，定设备管理单位责任。

⑥涉嫌人为破坏造成的事故，在公安机关确认前，定发生单位责任事故；经公安机关确认属人为破坏原因造成的，定发生单位非责任事故。

⑦机车车辆断轴造成事故，由于探测、监测工作人员违章违纪或设备不良、管理不善等原因造成漏报、误报或预报后未及时拦停列车的，定相关单位责任。由于货物超载、偏载造成车辆断轴事故，定装车站或作业站责任。

⑧因列车折角塞门关闭造成事故，无法判明责任的，定发生地铁路运输企业责任事故。

⑨错误办理行车凭证发车或耽误列车事故的责任划分：司机起动列车，定车务、机务单位责任；司机发现未动车，定车务单位责任；通过列车司机未及时发现，定车务、机务单位责任；司机发现及时停车，定车务单位责任。

⑩应停车的客运列车错办通过，定车站责任；在区间乘降所错误通过，定机务单位责任。

⑪因断钩导致列车分离事故，断口为新痕时定机务单位责任（司机未违反操作规程的除外），断口旧痕时定机车车辆配属或定检单位责任；机车车辆车钩出现超标的砂眼、夹渣或气孔等铸造缺陷定制造单位责任。未断钩造成的列车分离事故根据具体情况进行分析定责。

⑫因货物装载加固不良造成事故，定货物承运单位责任；属托运人自装货物的，定托运人责任，货物承运单位监督检查失职的，追究货物承运单位同等责任。因调车作业超速连挂和"禁溜车"溜放等造成货物装载加固状态破坏而引发的事故，定违章作业站责任；因押运人员在运输途中随意搬动货物和降低货物装载加固质量而引发的事故，定押运人员所在单位责任，货物承运单位管理失职的，追究同等责任；货检人员未认真履行职责的，追究货检人员所在单位同等责任。因卸车质量不良造成事故，定卸车单位责任，同时追究负责检查的单位责任。

⑬自轮运转设备编入列车因质量不良发生事故时，定设备配属单位责任；过轨检查失职的，定检查单位责任；违规挂运的，定编入或同意放行的单位责任。

⑭因临时租（借）用其他单位的设备设施、人员，发生事故，定使用单位责任。产权单位委托其他单位维修设备设施，因维修质量不良造成事故，定维修单位责任；产权单位管理不善的，追究其同等责任。

⑮凡经铁路局主管部门批准或铁路运输企业批准并报铁路局主管部门核备后的技术革新项目、科研项目在运营线上试验时，在限定的试验期限内确因试验项目本身原因发生事故，不定责任事故；但由于违反操作规程以及其他人为因素造成的事故，定责任事故。

⑯事故发生后，因发生单位未如实提供情况，导致不能查明事故原因和判定责任的，定发生单位责任。

⑰事故涉及两个以上单位管理的相关设备，设备质量均未超过临修或技术限度时，按事故因果关系进行推断，确定责任单位。

⑱事故调查组未及时通知有关单位接受事故调查，不得定有关单位责任。有关单位接到通知后，应派员而未派员接受事故调查的，事故调查组可以直接定责。

⑲铁路作业人员在从事与行车相关的作业过程中，不论作业人员是否在其本职岗位，由于违反操作规程、作业纪律，或铁路运输生产设备设施、劳动条件、作业环境不良，或安全管理不善等造成伤亡，定责任事故。具体情形按以下规定办理：

a. 乘务人员及其他作业人员在企业内候班室、外地公寓、客车宿营车等处候班、间休期间，因违章违纪、设备设施不良等造成伤亡，定有关单位责任。

b. 作业人员在疏导道口、引导或帮助旅客上下车、维持站车秩序过程中被列车撞轧而伤亡的，定作业人员所在单位责任。

c. 事故发生过程中，作业人员在避险或进行事故抢险时因违章作业再次发生伤亡，应按同一件事故定责；事故过程已终止，在事故救援、抢修、复旧及处理中又发生事故导致伤亡的，按另一件事故定责。

d. 铁路运输企业所属临管铁路发生的责任伤亡事故，定该企业责任事故。

e. 作业人员在工作或间歇时间擅自动用铁路运输设备设施、工具等导致伤亡的，定该作业人员所在单位责任事故，同时追究设备设施配属（或管理）单位的责任。

f. 作业人员因患有职业禁忌证而导致行为失控，造成伤亡的，定该作业人员所在单位责任。

g. 两个及以上铁路运输企业在交叉作业中发生伤亡，定主要责任单位事故；若各方责任均等，定伤亡人员所在单位责任，同时追究其他相关单位责任。若各方责任均等且均有人员伤亡，分别定责任事故。

⑳作业人员发生伤亡，经二级以上医院、急救中心诊断或经法医检验、解剖，证明系因脑出血、心肌梗死、猝死等突发性疾病所致，并按事故处理权限得到事故调查组确认的，不定责任事故。医院等级不够的，须经法医进行尸表检验或尸体解剖鉴定。法医尸检或解剖鉴定报告结论不确定的，定责任事故。

㉑作业人员伤亡事故原因不清，或公安机关已立案但尚无明确结论的，定责任事故。暂时不能确定事故性质、责任的，按待定办理。若跨年度仍不能确定或处理时间超过法定期限的，定伤亡人员所在单位责任。在年度统计截止前，该事故已查清并作出与原处理决定相反结论的，可向原处理部门申请更正。

㉒铁路机车车辆与行人、机动车、非机动车、牲畜及其他障碍物相撞造成事故，按以下规定判定责任：

a. 事故当事人违章通过平交道口或者人行过道，或者在铁路线路上行走、坐卧造成人身伤亡，定事故当事人责任。

b. 事故当事人逃逸或者有证据证明当事人故意破坏、伪造现场、毁坏证据，定事故当事人责任。

c. 事故当事人违反国家法律法规，有明显过失的，按过错的严重程度，分别承担责任。

㉓国铁集团、安全监管办有关部门及其人员未能依法履行职责，发生下列情形之一的，应当追究其行政责任。涉嫌犯罪的，移送司法机关处理。

a. 违反国家公布的技术标准或铁路局主管部门颁布的规章、技术管理规程和作业标准，擅自公布部门技术标准，导致事故发生的，追究相关部门及其人员的责任。

b. 在实施行政许可、强制认证、技术审查或鉴定，以及产品设备验收等监督管理职责的过程中，违反法定权限、法定程序和有关规定，或对相关产品设备等监督检查不力，造成不合格、不达标产品设备等投入运用，导致事故发生的，追究相关部门及其人员的责任。

（2）事故损失认定

事故相关单位要如实统计、申报事故直接经济损失，制作明细表，经事故调查组确认后，在《铁路交通事故认定书》中认定。

下列费用列入事故直接经济损失：

①铁路机车车辆、线路、桥隧、通信、信号、供电、信息、安全、给水等设备设施的损失费用。报废设备按报废设备账面净值计算，或按照市场重置价计算；破损设备设施按修复费用计算。

②铁路运输企业承运的行包、货物的损失费用。

③事故中死亡和受伤人员的处理、处置、医治等费用(不含人身保险赔偿费用)。

④被撞机动车、非机动车、牲畜等财产物资,造成的报废或修复费用。

⑤行车中断的损失费用。

⑥事故应急处置和救援费用。

⑦其他与事故直接有关的费用。

有作业人员伤亡的,直接经济损失统计范围、计算方法等按《企业职工伤亡事故经济损失统计标准》(GB 6721—1986)执行。

负有事故全部责任的,承担事故直接经济损失费用的100%;负有主要责任的,承担损失费用的50%以上;负有重要责任的,承担损失费用的30%以上、50%以下;负有次要责任的,承担损失费用的30%以下。有同等责任、涉及多家责任单位承担损失费用时,由事故调查组根据责任程度依次确定损失承担比例。负同等责任的单位,承担相同比例的损失费用。

8. 事故统计、分析

(1)国铁集团、安全监管办、铁路运输企业及基层单位应按照本规则规定,建立事故统计分析制度,健全统计分析资料,并按规定及时报送。各级安全监察部门负责事故统计分析报告的日常工作,并负责监督指导有关部门(单位)做好事故统计分析报告工作。

(2)事故的统计报告应当坚持及时、准确、真实、完整的原则。

(3)事故的统计应按照事故类别、等级、性质、原因、部门、责任等项目分别进行统计。

(4)每日事故的统计时间,由上一日 18:00 至当日 18:00 止。但填报事故发生时间时,应以实际时间为准,即以 0:00 改变日期。

(5)责任事故件数统计在负全部责任、主要责任的单位,非责任事故和待定责事故件数统计在发生单位,相撞事故统计在发生单位。负同等责任或追究同等责任的,在总数中不重复统计件数。

(6)一起事故同时符合两个以上事故等级的,以最高事故等级进行统计。

(7)发生人员伤亡的事故应按以下规定统计:

①人员在事故中失踪,至事故结案时仍未找到的,按死亡统计。

②事故受伤人员因正常手术治疗而加重伤害程度的,按手术后的伤害程度统计。

③事故受伤人员经救治无效,在7 d内死亡,按死亡统计;经医疗事故鉴定委员会确认为医疗事故的,或7 d后死亡的,按原伤害程度统计。

④事故受伤人员在7 d内由轻伤发展成重伤的,按重伤统计。

⑤未经医疗事故鉴定委员会确认为医疗事故的伤亡,按责任事故统计。

⑥相撞事故发生后,经调查确认为自杀、他杀的,不在伤亡人数中统计。

(8)铁路各级安全监察部门应建立"铁路交通事故登记簿"(安监统1)、"铁路交通事故统计簿"(安监统2)、"铁路运输企业安全天数登记簿"(安监统3)、"铁路作业人员伤亡登记簿"(安监统4)和"铁路交通事故分析会记录簿"。铁路运输企业专业部门、各基层站段应分别填记"铁路交通事故登记簿"(安监统1),并建立"铁路交通事故分析会记录簿"。以上台账长期保存。

(9)有关部门、单位应按以下规定填写、传送、管理各种事故表报:

①各级安全监察部门须建立"铁路交通事故(设备故障)概况表"(安监报1)和"铁路交通

事故基本情况表”(安监报3)的管理制度,规范统计、分析、总结、报送及保管工作。要及时补充填记“安监报3”各项内容,事故结案后,必须准确填写。铁路运输企业调度部门应当及时、如实填写“铁路交通事故(设备故障)概况表”(安监报1),建立登记簿,进行统计分析,并制定管理制度。铁路运输企业的专业部门应当建立“安监报1”登记簿,认真统计分析。

②安全监管办须建立“铁路交通事故处理报告表”(安监报2)管理制度。基层单位按要求做好填记上报。“安监报2”保管3年。

③安全监管办于月、半年、年度后次月5日前填写“铁路交通事故报告表”(安监报4),报铁路主管部门。“安监报4”长期保存。

④安全监管办于月、半年、年度后次月5日前填写“铁路交通事故路外伤亡统计分析表”(安监报5),报铁路主管部门。“安监报5”长期保存。

⑤有从业人员伤亡的事故,事故发生单位填写“铁路作业人员伤亡概况表”(安监报6—1),上报安全监管办;一般B类以上事故,安全监管办填写“铁路作业人员伤亡概况表”(安监报6—1),上报铁路主管部门。安全监管办于次月5日前(次年1月10日前),填写“铁路作业人员伤亡统计报表”(安监报6—2),报铁路主管部门。

(10)国铁集团所属铁路运输企业每月27日前将本月安全分析总结报铁路主管部门安全监察司。企业内部各业务部门须按月、半年、年度,对本系统事故进行分析总结,向上级主管部门报告,并抄送安全监管办安全监察部门。合资铁路、地方铁路、专用铁路须按月、半年、年度,对本单位事故进行分析,并报安全监管办。

9. 事故赔偿

(1)事故造成人身伤亡的,铁路运输企业应当承担赔偿责任;但是人身伤亡是不可抗力或者受害人自身原因造成的,铁路运输企业不承担赔偿责任。违章通过平交道口或者人行过道,或者在铁路线路上行走、坐卧造成的人身伤亡,属于受害人自身的原因造成的人身伤亡。

(2)事故造成铁路运输企业承运的货物、包裹、行李损失的,铁路运输企业应当依照《中华人民共和国铁路法》的规定承担赔偿责任。

(3)事故造成其他人身伤亡或者财产损失的,依照国家有关法律、行政法规的规定赔偿。

(4)事故当事人对事故损害赔偿有争议的,可以通过协商解决,或者请求组织事故调查组的机关或者铁路管理机构组织调解,也可以直接向人民法院提起民事诉讼。

10. 法律责任

(1)铁路运输企业及其职工违反法律、行政法规的规定,造成事故的,由国务院铁路主管部门或者安全监管办依法追究行政责任。构成犯罪的,依法追究刑事责任。

(2)违反《铁路交通事故应急救援和调查处理条例》的规定,铁路运输企业及其职工不立即组织救援,或者迟报、漏报、瞒报、谎报事故的,对单位,由国务院铁路主管部门或者铁路管理机构处10万元以上50万元以下的罚款;对个人,由国务院铁路主管部门或者铁路管理机构处4 000元以上2万元以下的罚款;属于国家工作人员的,依法给予处分;构成犯罪的,依法追究刑事责任。

(3)违反《铁路交通事故应急救援和调查处理条例》的规定,国务院铁路主管部门、铁路管理机构以及其他行政机关未立即启动应急预案，或者迟报、漏报、瞒报、谎报事故的，对直接负责的主管人员和其他直接责任人员依法给予处分；构成犯罪的，依法追究刑事责任。

(4)违反《铁路交通事故应急救援和调查处理条例》的规定，干扰、阻碍事故救援、铁路线路开通、列车运行和事故调查处理的，对单位，由国务院铁路主管部门或者铁路管理机构处4万元以上20万元以下的罚款；对个人，由国务院铁路主管部门或者铁路管理机构处2 000元以上1万元以下的罚款；情节严重的，对单位，由国务院铁路主管部门或者铁路管理机构处20万元以上100万元以下的罚款；对个人，由国务院铁路主管部门或者铁路管理机构处1万元以上5万元以下的罚款；属于国家工作人员的，依法给予处分；构成违反治安管理行为的，由公安机关依法给予治安管理处罚；构成犯罪的，依法追究刑事责任。

(5)在事故调查中，调查人员索贿受贿、借机打击报复或不负责任，致使调查工作有重大疏漏的，由组成事故调查组的机关给予处分；构成犯罪的，依法追究刑事责任。

5.2.2 运输事故处理

1. 线路中断对旅客的安排

线路中断，列车不能继续运行时，应妥善安排被阻旅客。车站应将停办营业和恢复营业的信息及时向旅客公告。

线路中断，旅客可以要求在原地等候通车、返回发站、中途站退票或按照承运人的安排绕道旅行。

停止运行站或列车应在旅客车票背面注明原因、日期、返回××站并加盖站名章或列车长名章，作为旅客免费返回发站、中途站办理退票、换车或延长有效期的凭证。

旅客持票等候通车后继续旅行时，可凭原票在通车10 d内恢复旅行。车站应予办理签证手续，通票还应根据旅客候车日数延长车票有效期。卧铺票应办理退票。

铁路组织原列车绕道运输时，旅客原票不补不退，但中途下车即行失效。

旅客自行绕道按变径办理。

线路中断后，旅客买票绕道乘车时，按实际径路计算票价。

2. 线路中断对行李、包裹的安排

对发站已承运的行李、包裹应妥善保管，铁路组织绕道运输时，运费不补不退。对滞留中途站的鲜活包裹应及时变卖处理。

收货人在中途站要求领取时，应退还已收运费与发站至领取站应收运费的差额。不足起码运费按起码运费核收。对要求运回发站取消托运的，退还全部运费。

旅客在发站或中途站停止旅行，而托运的行李已运至到站，要求将行李运回发站或中途站，运费不补不退。如要求将行李仍运至到站时，补收行李和包裹运费的差额。

3. 现场处理

发生旅客人身伤害或急病时，车站或列车应会同公安人员勘查现场，收集旁证、物证，调查事故发生原因，编制客运记录或旅客伤亡事故记录并积极采取抢救措施，按照旅客人身伤害或疾病处理的有关规定办理。

4. 赔偿责任和免责范围

(1)承运人应当对铁路运送期间发生的旅客人身伤亡承担损害赔偿责任;但伤亡是不可抗力、旅客自身健康原因造成的或者承运人证明伤亡是旅客故意、重大过失造成的,承运人不承担责任。

在铁路旅客运送期间因第三人原因造成旅客人身损害的,由第三人承担赔偿责任。承运人有过错的,应当在能够防止或者制止损害的范围内承担相应的补充赔偿责任。承运人承担补充赔偿责任后,有权向第三人追偿。

(2)在铁路旅客运送期间发生旅客携带品毁损、灭失时,承运人有过错的,应当承担损害赔偿责任。

旅客证明其确已携带进站乘车,且能够确定携带品价值的,按下列规定赔偿:

①旅客出具发票(或者其他有效证明)证明购买价格时,以扣除物品合理折旧、损耗后的净值赔偿。

②以处理单位所在地物价部门或价格评估机构确定的物品价值赔偿。

(3)承运人应当对承运的行李、包裹自接受承运时起到交付时止发生的灭失、短少、变质、污染或者损坏,承担赔偿责任。

因下列原因造成的行李、包裹损失,承运人不承担责任:

①不可抗力。

②物品本身的自然属性或合理损耗。

③包装方法或容器不良,从外部观察不能发现或无规定的安全标志时。

④托运人自己押运的包裹(因铁路责任除外)。

⑤托运人、收货人违反铁路规章或其他自身的过错。

(4)行李、包裹损失赔偿标准:

按保价运输办理的物品全部灭失时按实际损失赔偿,但最高不超过声明价格;部分损失时,按损失部分所占的比例赔偿。分件保价的物品按所灭失该件的实际损失赔偿,最高不超过该件的声明价格。

未按保价运输的物品按实际损失赔偿,但最高连同包装重量每千克不超过15元。如由于承运人故意或重大过失造成的,不受上述赔偿限额的限制,按实际损失赔偿。

(5)行李、包裹全部或部分灭失时,退还全部或部分运费。

5. 事故赔偿、索赔时效及纠纷处理

发生旅客伤害事故时,旅客可向事故发生站或处理站请求赔偿。

旅客在车站发现携带品损失时,应当在离开车站前向发生站声明;在列车上发现时,应当在下车前声明,由列车长开具客运记录交到站处理。

旅客请求赔偿时,应当按照相关规定,提交承运人有过错以及证明携带品内容、价格、进站乘车等有关证明。

发生行李、包裹损失时,车站应会同有关人员编制行李、包裹损失记录交收货人作为请求赔偿的依据。损失赔偿一般应在到站办理,特殊情况也可由发站办理。

发生行李、包裹损失时,收货人要求赔偿时,应在规定的期限内提出并应附下列文字材料:

(1)行李票或包裹票。

(2)行李、包裹损失记录。

(3)证明物品内容和价格的凭证。

丢失的旅客携带品、行李、包裹找到后，承运人应迅速通知旅客、托运人或收货人领取，撤销一切赔偿手续，收回全部赔款。如旅客、托运人或收货人不同意领取时，按无法交付物品处理。如发现有欺诈行为不肯退回赔款时，可通过行政或法律手段追索。

暂存物品发生丢失、损坏时，应参照行李、包裹损失赔偿有关规定办理。赔偿款额协商确定。

承运人与旅客、托运人、收货人因合同纠纷产生索赔或互相间要求办理退补费用的有效期为一年。有效期从下列日期起计算：

(1)身体损害和随身携带品损失时，为发生事故的次日。

(2)行李、包裹全部损失时为运到期终了的次日；部分损失时为交付的次日。

(3)给铁路造成损失时，为发生事故的次日。

(4)多收或少收运输费用时，为核收该项费用的次日。

责任方自接到赔偿要求书的次日起，一般应于 30 d 内向赔偿要求人做出答复并尽快办理赔偿。多收或少收时应于 30 d 内退补完毕。

5.3 高速铁路事故预防技术

为适应高速铁路应急救援的特点，满足高速铁路应急救援需要，进一步增强应对高速铁路突发事件的能力，实施规范、科学、准确、迅速的应急处置，有效防范自然灾害、铁路交通事故等突发事件对高速铁路行车安全、运输秩序的影响，最大限度地减少突发事件造成的人员伤亡、财产损失，特制定《高速铁路突发事件应急预案》。

《高速铁路突发事件应急预案》适用于我国境内已投入运营的时速 200 km 及以上高速铁路发生交通事故、自然灾害、相关设备故障等突发事件的应急处置。

高速铁路突发事件应急工作按照以人为本、安全第一、预防为主，统一领导、集中指挥、归口负责、分级管理，分工协作、快速反应、紧急处置的原则，不断提高对高速铁路突发事件的应急处置能力，保证高速铁路运行安全有序。

5.3.1 应急体系

1. 应急机构及职责

(1)组织指挥体系

①国铁集团组织机构

国铁集团成立高速铁路突发事件应急领导小组。应急领导小组由分管应急工作领导任组长，总调度长、安全总监任副组长，成员由办公厅、安全监督管理局、财务部、建设管理部、劳动和卫生部、客运部、货运部、调度部、机辆部、工电部、铁路总工会、宣传部和公安局等相关负责人组成。应急领导小组下设办公室。办公室设在调度部(应急救援指挥中心)。

②铁路局组织机构

铁路局成立高速铁路突发事件应急领导小组。应急领导小组由铁路局分管副总经理任组长，成员由办公室，安全监察室，运输、客运、货运、机务、供电、工务、电务、车辆、财务、物资、建设、计划和统计、劳动和卫生部，调度所，工会、宣传部，公安局等部门负责人组成。应急领导小组下设办公室。办公室设在调度所(应急救援指挥中心)。站段有关组织机构由铁路局具体规定。

(2)应急机构职责

①国铁集团应急领导小组主要职责

国铁集团应急领导小组负责领导、协调高速铁路突发事件应急处置工作。

a. 决定启动或终止本级预案。

b. 组织、指导有关铁路局进行突发事件的应急处置。

c. 负责与有关部委、地方人民政府相关事务的协调工作。

d. 决定向国务院有关部门报告和请求支援。

e. 有关事项的决策。

②国铁集团应急领导小组办公室主要职责

国铁集团应急领导小组办公室负责信息传递、协调组织等工作。

a. 负责日常工作和应急领导小组交办事项。

b. 收集掌握高速铁路突发事件的信息并及时通报；落实应急领导小组有关应急处置的指示、命令。

③国铁集团应急领导小组成员单位主要职责

a. 办公厅：负责向国务院请示汇报，传达应急领导小组的指示；负责与国务院有关部门的协调、联系。

b. 发展和改革部：负责协调指导应急项目(设备)审批和投资计划安排。

c. 财务部：负责指导和协调资金保障工作。

d. 劳动和卫生部：负责协调并指导铁路局进行医疗救护、卫生防疫工作。

e. 建设管理部：负责协调、联系工程抢险施工队伍，参与抢险组织工作。

f. 安全监督管理局：负责组织或配合铁路交通事故调查处理工作。

g. 调度部：负责高速铁路突发事件应急处置、救援抢险的指挥、协调工作；制定运输组织调整方案，及时发布调度命令，督促铁路局实施运输调整方案。

h. 客运部：负责指导铁路局制定疏散旅客和救护伤员、收集、整理旅客携带品，站车客运组织等工作方案。

i. 机辆部：负责指导铁路局机务部门进行应急处置措施、突发事件的应急救援和指导铁路局车辆部门进行设备故障的抢修和应急处置。

j. 工电部：负责指导铁路局供电工务和电务部门进行设备故障的抢修和应急处置；负责组织国务院铁路局主管部门与铁路局、事故现场的应急通信。

k. 公安局：负责指导相关铁路公安局维护事故现场治安秩序和协助事故调查取证工作。

l. 宣传部：负责指导铁路局做好突发事件处置中的新闻报道和舆论引导工作，并做好相关组织、协调工作。

m. 铁路总工会：参与事故调查，负责指导、协调相关铁路局做好事故中职工劳动保护等维护职工合法权益的相关工作。

④铁路局、站段应急领导小组成员单位职责

铁路局应急领导小组成员单位职责在铁路局高速铁路突发事件应急预案中规定；站段应急领导小组成员单位职责在站段高速铁路突发事件应急预案中规定。

2. 预防预警

(1)铁路有关单位和部门要根据高铁沿线线桥设备、地质地形、气象水文等条件，确定可能发生的灾害类型，加强危险源的监控，对可能引发事故的重要信息应及时报告。

(2)各铁路局要加强与地方水利、气象、地震、国土资源等相关部门的联系，建立应急联络机制，做好防灾工作。

(3)遇灾害性不良天气，相关铁路局要及时发布预警信息。

3. 应急响应标准

应急响应分为特别重大、重大、较大、一般四级（即Ⅰ、Ⅱ、Ⅲ、Ⅳ级）。发生突发事件时，由相应部门启动应急预案，作出相应级别的应急响应。

(1)Ⅰ级应急响应标准

出现以下情况之一，启动Ⅰ级应急响应：

①造成 30 人以上死亡，或者 100 人以上重伤。

②铁路直接经济损失 1 亿元以上。

③中断铁路行车 48 h 以上。

④其他需要启动Ⅰ级应急响应的事件。

(2)Ⅱ级应急响应标准

出现以下情况之一，启动Ⅱ级应急响应：

①造成 10 人以上 30 人以下死亡，或者 50 人以上 100 人以下重伤。

②铁路直接经济损失 5 000 万元以上 1 亿元以下。

③中断铁路行车 12 h 以上 48 h 以下。

④其他需要启动Ⅱ级应急响应的事件。

(3)Ⅲ级应急响应标准

出现以下情况之一，启动Ⅲ级应急响应：

①造成 3 人以上 10 人以下死亡，或者 10 人以上 50 人以下重伤。

②铁路直接经济损失 1 000 万元以上 5 000 万元以下。

③中断铁路行车 6 h 以上 12 h 以下。

④其他需要启动Ⅲ级应急响应的事件。

(4)Ⅳ级应急响应标准

因突发事件造成以下条件之一者，启动Ⅳ级应急响应：

①造成 3 人以下死亡，或者 10 人以下重伤。

②铁路直接经济损失 1 000 万元以下。

③中断铁路行车 1 h 以上 6 h 以下。

④其他需要启动Ⅳ级应急响应的事件。

4. 应急响应行动

应急响应的启动按照启动级别，由国铁集团(铁路局)高速铁路突发事件应急领导小组以《关于启动高速铁路突发事件×级应急响应的命令》的形式宣布，命令内容应包括灾害基本情况、响应级别、响应单位及相关要求等。

(1)应急响应级别

①Ⅰ级应急响应

Ⅰ级应急响应由国铁集团报请国务院，由国务院或国务院授权国铁集团启动。国铁集团及以下各级相关单位同时启动相应级别的应急响应。国铁集团迅速启动应急救援指挥，开展铁路应急救援工作，并参加国务院应急领导小组办公室的应急工作。

a. 国铁集团应急响应

(a)在国务院的领导下，全面负责高速铁路的应急工作。

(b)执行国务院的有关指示，贯彻落实国务院的各项决议、要求和任务。

(c)实施紧急救援工作，确定紧急救援的区域、项目和规模，部署各部门的应急措施，根据国务院的要求和铁路事故灾害情况，紧急调集救援抢险队伍、设备和器材，研究部署救援抢险方案。视铁路事故灾害情况，可向国务院报告请求支援。

(d)迅速派出工作组赶赴事故灾害现场，加强救援抢险的组织领导，协助、督促和指导现场开展救援抢险工作，及时掌握事故灾害地区铁路救援抢险的主要工作和进展情况。

(e)及时协调、解决救援抢险运输和救援抢险工作中出现的各种问题。认真落实铁路突发事件新闻报道应急办法，正确引导舆论。

b. 铁路局应急响应

发生铁路特别重大突发事件后，事发地铁路局的应急响应，应在国铁集团和省级人民政府的领导下，按本级铁路特别重大事故灾害应急处置方案执行。

②Ⅱ级应急响应

Ⅱ级应急响应由国铁集团负责启动，铁路局及以下各级相关单位启动相应级别的应急响应。事发地铁路局应立即启动事故灾害指挥，采取事故灾害应急行动。

a. 国铁集团应急响应

(a)国铁集团根据事故灾害情况和发展趋势迅速作出救援抢险部署，向国务院报告事故灾害情况，落实国务院救援抢险的指示。

(b)根据救援抢险部署，组成救援抢险工作组，迅速赴事故灾害地区开展工作。

(c)根据事发地铁路局的请求，迅速确定对灾害地区进行紧急支援的部门、单位、设备及有关救援安排。

b. 铁路局应急响应

(a)铁路局应急领导小组启动应急预案，实施对管内应急工作的统一领导。

(b)铁路局应急领导小组须迅速了解事故灾害及救援抢险情况，研究部署救援抢险工作，确定铁路运输事故灾害范围和应急规模，将事故灾害情况及时报告国铁集团和所在地人民政府，视事故灾害情况请求支援。

(c)事发地铁路局各部门和单位要迅速就位，各级专业救援抢险队伍集结待命，紧急集中运输车辆、救援抢险机械设备、工具器材、物资、材料、通信工具和其他备品进入紧急待命状态，做好支援救援抢险和应急运输的一切准备。

(d)铁路局各业务部门依据各自职责和应急领导小组要求，组织制定应急救援抢险措施和方案，迅速开展各项应急工作。

(e)次生灾害防御。对易发生次生事故灾害(火灾、爆炸、污染)的地点和设施，有关部门、站段、工区要采取紧急处置措施，及时疏散有关人员，加强监视、控制，防止灾害扩展。

③Ⅲ级和Ⅳ级应急响应

Ⅲ、Ⅳ级应急响应由铁路局负责启动，应急响应级别、响应程序、内容及形式在铁路局应急预案中规定。各有关单位、部门按应急预案的要求，积极进行紧急处置，并及时将有关情况向铁路局报告。

(2)应急响应措施

①接到高速铁路突发事件信息后，事发地铁路局应急领导小组要立即派员赶赴现场，组织指挥有关人员进行处置。

在采取处置措施的同时，事发地有关单位要对事件的性质、类别、危害程度、影响范围等因素进行初步评估，及时向铁路局报告。应急领导小组根据突发事件影响程度，启动相应级别的应急预案。

②高速铁路主要突发事件应急响应行动。

遇到铁路交通事故、自然灾害、设备故障等突发事件时，立即启动相关应急预案，及时开展应急救援处置。

(3)信息报送

当高速铁路发生突发事件时，有关人员应迅速采取安全防护措施并立即报告铁路局调度所(应急救援指挥中心)。值班主任接到报告后，应立即报告本部门负责人、总调度长、铁路局应急办、国铁集团列车调度员、国铁集团应急救援指挥中心，构成铁路交通事故的，要立即填写“安监报—1”并报当地铁路安全监管办公室安全监察值班人员，当地铁路安全监管办公室安全监察值班人员要立即填写“安监报—3”，并向国铁集团安全监督管理局值班人员报告；由铁路局应急办报告铁路局有关领导，根据情况报告国铁集团办公厅应急办并及时通知铁路局应急领导小组其他成员。

国铁集团列车调度员接到高速铁路突发事件报告后，应立即向值班处长报告；值班处长、安全监督管理局值班人员接到报告后，按规定分别向本部门负责人、国铁集团办公厅应急办报告，由应急办值班人员向国铁集团领导报告。国铁集团应急救援指挥中心通知相关部门负责人。

(4)指挥和协调

突发事件发生后，应急领导小组根据具体情况，按照分级响应的原则决定启动相应预案，并组织突发事件应急处置。

国铁集团、相关铁路局负责管辖范围内高速铁路突发事件应急协调指挥工作，有关部门根据职责分工负责协调相关工作。涉及跨局指挥时，事发地铁路局负责现场指挥工作，并制定救援抢修方案，交调度指挥权所属铁路局应急救援指挥中心组织实施。

国铁集团、铁路局应急领导小组成员未到达现场之前，有关站段组织救援力量实施救援行动，全力控制态势，防止影响扩大。

(5)应急处置

应急领导小组根据实际需要调动应急队伍，集结相关设备、物资、药品等，落实处置措施。

(6)救护和医疗

事发地铁路局迅速联系地方医疗机构、急救中心、卫生行政部门，配合协调医疗部门开展紧急医疗救护和现场卫生防疫处置工作。

(7)应急人员的安全防护

现场应急救援人员的自身安全防护，必须按设备设施操作规程和标准执行。

(8)社会力量的动员与参与

事件发生后，根据现场具体情况，由应急领导小组商请地方人民政府启动相应的社会力量，参与应急处置。

(9)信息发布

突发事件的信息发布由应急领导小组成立的新闻领导组及办公室归口管理，确定新闻发言人，按照国家有关突发事件新闻发布的原则、内容、规范性格式，审查、确定发布时机和方式，向社会和媒体通报有关情况。国铁集团宣传部统筹协调新闻发布工作。事发地铁路局宣传部负责现场信息收集、媒体协调等工作。

(10)应急结束

按“谁启动、谁结束”的原则，当现场应急救援工作结束后，由相应的应急领导小组宣布应急结束。

5. 后期处置

(1)善后处置

事发地铁路局应急领导小组负责组织清理现场、救助伤员、遗体处理、旅客携带品收集整理、补偿抚恤、保险理赔、法律支持等善后处置工作。

(2)调查和总结

根据突发事件的等级，由相应的应急领导小组组织对突发事件的性质、原因、责任和处置进行调查、总结，并提出防范和改进措施，形成书面报告报上级有关部门。

6. 保障措施

(1)资料保障

①为满足故障抢修工作的需要，铁路局管理部门、调度部门及有关站段(含客运专线基础设施维修、动车基地，动车所等)应根据实际建立健全技术资料；根据有关规定配备故障抢修机具、材料，建立管理制度和台账，每年定期检查。指定人员负责抢修料具的管理，确保状态良好。

②相关资料

a. 技术资料：高速铁路管内设备示意图、线桥隧等设备图表，高铁沿线道路交通路线图(标明高铁紧急疏散通道、声屏障安全门、作业门等位置)，协议储备挖掘机、推土机等大型抢险机械及劳力表，故障抢修机具、设备、器材、材料储备明细表，应急通信电路组网示意图，各车站(含基站)位置公里标、行驶里程与到达时间表，管内各车站(含基站)应急传输通道端口位置配线图、应急通信电话号码资源分配表等。

b. 联系电话表:高速铁路应急抢修联系电话表(包括 GMS-R 手持终端),相关设备产品集成商、生产厂商及客专(高铁)公司的联系电话表。

c. 应急值守表:高速铁路应急抢修组织机构表,铁路局、站段、车间值班人员表,重要地段的看守电话号码表等。

d. 高铁沿线道路交通路线图、长大隧道内的应急通信组网示意图应通报经由该线路的所有列车客运乘务担当局,并交担当客运段。

(2)通信保障

当高速铁路运输遭受各种自然灾害、设备故障、铁路交通事故等突发事件时,为快速实施抢险救援,确保通信指挥畅通,必须立即启动突发事件应急通信,在现场与各级救援指挥中心之间建立语音、图像、数据等通信联系,为事故现场的救援指挥提供通信手段。

(3)交通运输保障

启动应急预案期间,根据需要,现场救援指挥部商请交通管理部门实行必要的交通管制,保障应急处置期间的交通运输。事发地铁路局按管理权限调动管辖范围内的交通工具,任何单位和个人必须积极配合。

(4)治安保障

启动预案期间,公安部门负责对现场的安全警戒,维护现场秩序,提供治安保障。

(5)医疗卫生保障

劳卫部门负责组织协调医疗卫生保障工作。应急抢修救援时,积极与地方卫生部门协调,根据现场的需要,及时协调有关医疗专家和医疗卫生小分队进入现场,实施对伤病员的救护。

(6)物资保障

铁路运输企业要按规定备足必需的应急抢险路料及备用器材、设施,专人负责,定期检查。

(7)资金保障

铁路交通事故应急救援费用、善后处理费用和损失赔偿费用由事故责任单位承担,事故责任单位无力承担的,由地方政府和国铁集团、铁路安全生产监督管理办公室按管理权限协调解决。根据国家有关精神向财政部门申请应急处置工作经费补助。

7. 监督检查

国铁集团、铁路局应急领导小组对预案实施的全过程进行检查督促,确保应急措施到位。铁路局、站段应根据应急预案的要求,定期检查本部门应急人员、设施、装备等资源的落实情况。

8. 培训和演练

(1)培训

按照分级管理的原则,国铁集团、铁路局、站段要组织应急管理、应急救援人员进行岗前培训、专业培训,提高处置高速铁路突发事件的技能。根据需要,可开展国内外的工作交流,充分学习和借鉴国内外的先进成熟经验。

(2)演练

各铁路局、站段要结合实际,定期开展演练,提高处置高速铁路突发事件的实战能力。

5.3.2 应急处置预案

1. 高速铁路客运非正常情况应急处置办法

(1)站车发生火灾、爆炸事故时的应急处置程序

①动车组列车发生火灾、爆炸时的应急处置程序

a. 动车组列车工作人员(含司机、随车机械师、乘警、客运、餐饮、保洁等人员,下同)发现或接到旅客反映车厢内有爆炸、明火、冒烟或消防设施报警时,应立即施救并通知列车长。列车长接到通知后,应会同随车机械师、乘警进行现场确认。

b. 在确认爆炸或火情后,列车工作人员应立即启动紧急停车装置(或按下火灾报警按钮),同时列车长(或随车机械师)立即通知司机。停车后,司机应立即向列车调度员或车站值班员(车务应急值守人员,以下同)报告,配合列车长、随车机械师、乘警进行火灾扑救、旅客疏散等工作。有制动停放装置的由司机负责实施防溜,无制动停放装置的由随车机械师做好防溜、防护工作。

c. 列车长应立即指挥扑救,乘警、随车机械师等列车工作人员应积极配合;同时组织事故车厢的旅客向安全车厢疏散。

d. 待全部人员向安全车厢疏散完毕,火势仍未得到有效控制,需向地面疏散时,列车长应立即通知司机、随车机械师或其他列车工作人员关闭通道阻火门。司机根据列车长的请求,向列车调度员报告,请求向地面疏散,现场救援。

e. 组织旅客疏散时,必须扣停邻线列车。司机在接到列车调度员已扣停邻线列车的口头指示后,立即通知列车长,列车长接到司机通知后应立即指挥列车工作人员打开车门,根据需要安装好应急梯,组织旅客向地面安全地带疏散。

f. 列车工作人员应维护好旅客疏散秩序,确保人员安全。

g. 列车工作人员应对受伤人员开展紧急救护,并做好对重点旅客的服务工作。

h. 列车工作人员应积极配合公安部门保护好事故现场,协助调查取证。

i. 如遇火灾危及旅客安全,又未能及时接到扣停邻线列车的命令,列车长应会同司机,组织列车工作人员打开运行方向左侧车门(无线路一侧),结合现场实际,确定旅客疏散方向和疏散方式,列车工作人员应做好旅客安全宣传和防护,严禁旅客跨越线路。

②车站发生火灾、爆炸事故时的应急处置程序

a. 车站工作人员发现或接到旅客反映站内有爆炸、明火、冒烟或消防设施报警时,应立即报火警并向车站值班干部报告。车站值班干部通知有关人员立即到现场确认和处置,同时赶赴现场。

b. 在确认火灾、爆炸后,车站值班干部负责现场指挥救援,并将事故情况首先上报铁路局客运调度,之后将事故情况逐级上报。

c. 现场工作人员应组织旅客安全有序地撤离事故现场,同时做好受伤人员的紧急救护和重点旅客的服务工作。

d. 车站工作人员应配合公安部门保护好事故现场,并积极协助调查取证。

(2)动车组列车晚点的应急处置程序

①动车组列车应急处置程序

a. 列车运行晚点超过 15 min 时，列车长应及时联系列车运行地所在局客运(客服)调度或通过司机联系列车调度员，了解晚点原因和列车运行情况，代表铁路向旅客致歉，并通报晚点原因，每次致歉间隔时间不超过 20 min。

b. 列车工作人员应加强车厢巡视，掌握旅客动态，并做好宣传、解释、服务工作，稳定旅客情绪，维护好车内秩序。

c. 列车晚点 1 h 以上且逢用餐时间，列车长应提前统计车上旅客人数，通过司机向列车调度员报告，列车调度员通知客运(客服)调度员，或直接向客运(客服)调度报告，客运(客服)调度员接到信息后，应安排前方停车站为列车提供饮食品，列车免费为旅客提供。

②车站应急处置程序

a. 动车组列车运行晚点超过 15 min 时，车站应及时与客运(客服)调度员联系，了解晚点原因和列车运行情况，代表铁路向旅客致歉，并通报晚点原因，每次致歉间隔时间不超过 20 min。

b. 车站应掌握售票、候车及旅客滞留情况，维持好站内秩序，并立即向客运主管部门报告。

c. 列车晚点 1 h 以上且逢用餐时间时，车站应免费为等候该次动车组列车的旅客提供饮食品；并按客运(客服)调度员的安排，为晚点动车组列车提供饮食品。

d. 车站应加强宣传及列车运行信息公告，积极地为旅客办理退票、改签等工作。

(3)站车发生重大疫情时的应急处置程序

①动车组列车发生重大疫情时的应急处置程序

a. 动车组列车发现疑似鼠疫、霍乱等重大疫情的病例或接到动车组列车上有疑似病例的通知时，列车长应立即向司机和上级主管部门报告，司机向列车调度员报告，列车调度员立即向值班主任报告，值班主任立即向铁路疾控部门报告。

b. 列车调度员根据铁路局有关部门确定的处置方案，安排动车组在指定车站停车。列车长接司机指定站停车的通知后，做好疾控人员上车和疑似病例交站等相关准备工作，车站及铁路疾控部门做好接车紧急处置准备。

c. 列车长应组织隔离传染病人、疑似病人和密切接触者，紧急疏散其他旅客，并对有关人员进行登记。

d. 列车长应组织封锁已经污染或可能污染的区域，同时做好被隔离人员的交站准备。

e. 列车长在指定停车站将传染病人、疑似病人、密切接触者和其他需要跟踪观察的旅客及相关资料移交车站和铁路疾控部门。

f. 乘警应维护好车内秩序，确保区域封锁、旅客隔离、站车移交等工作正常开展。

g. 铁路疾控部门应上车对已经污染或可能污染的区域进行消毒。铁路疾控部门确认处置完毕后，方可解除区域封锁。

h. 站车应积极配合现场的医疗和疾控部门工作。

②车站发生重大疫情时的应急处置程序

a. 车站发现疑似鼠疫、霍乱等重大疫情的病例或接到车站有疑似病例的通知时，应立即向铁路疾控部门报告。

b. 车站应隔离传染病人、疑似病人和密切接触者，紧急疏散其他旅客，并对有关人员进行登记。

c. 车站应封锁已经污染或可能污染的区域，由铁路疾控人员对该区域进行消毒。

d. 车站应将传染病人、疑似病人和密切接触者以及其他需要跟踪观察的旅客及资料移交铁路疾控部门。铁路疾控部门确认处置完毕后，方可解除区域封锁。

e. 公安部门应维护好站内秩序，确保区域封锁、旅客隔离和疏散等工作正常开展。

f. 车站应积极配合现场的医疗和疾控部门工作。

(4)站车发生旅客食物中毒事件时的应急处置程序

①动车组列车发生旅客食物中毒事件时的应急处置程序

a. 动车组列车发生旅客疑似食物中毒事件，列车长应立即向司机和上级主管部门报告，司机向列车调度员报告，列车调度员立即向值班主任报告，值班主任通知铁路疾控部门。

b. 需停站处置时，列车调度员应安排动车组在最近具备医疗抢救条件的车站停车，并通知前方停车站做好抢救准备。

c. 列车工作人员应对有关人员进行登记，封锁现场，封存可疑食品、食具用具等。铁路疾控部门应上车收集中毒人员的呕吐物、排泄物待查。

d. 站车应积极配合现场的医疗和疾控部门工作。

②车站发生旅客食物中毒事件时的应急处置程序

a. 车站发生旅客疑似食物中毒事件，应立即向铁路疾控部门报告。

b. 车站应对有关人员进行登记，封锁现场，封存可疑食品、食具用具等。铁路疾控部门应收集中毒人员的呕吐物、排泄物待查。

c. 车站应积极配合现场的医疗和疾控部门工作。

(5)车站突发大客流应急处置程序

①车站突发大客流时，应立即组织力量上岗维护好车站秩序，并通知铁路公安部门，铁路公安部门应增派警力协助车站维护秩序，必要时车站应请求地方政府、公安部门给予支援。同时向上级主管部门报告。

②车站应协调地方政府，利用电视、广播、报纸等媒体广泛宣传，引导旅客理性选择出行交通工具。

③车站应增开售票窗口，并维护好售票秩序。

④车站应加强候车组织，充分利用候车能力，做好重点旅客服务工作，必要时可“以车代候”。

⑤加强乘降组织，重点部位安排专人引导、防护，确保旅客进出站、上下车的安全。

⑥铁路局应加强运输设备和能力调配，组织加开列车，及时疏散客流。

(6)动车组列车故障需启用热备动车组的应急处置程序

①站内换乘热备动车组的应急处置程序

a. 遇车次变动时，车站应收回原票、换发新票，退还票价差额。旅客要求退票或改乘其他列车时，车站应及时为旅客办理退票、改签等手续。

b. 故障车停靠站台时，换乘时应尽可能安排在同一站台面，不能在同一站台面换乘时，应组织旅客通过天桥或地道换乘，严禁跨越股道换乘。故障车在站内没有停靠站台时，换乘处置程序比照区间换乘热备动车组的处置程序办理。

c. 换乘时，站车应认真组织验票，严禁持其他车次车票的旅客上车。

②区间换乘热备动车组的应急处置程序

a. 列车长接到司机转达的组织旅客换乘热备动车组的命令时，应立即向列车工作人员传达，列车工作人员应检查车内情况，坚守岗位。

b. 列车应向旅客通告换乘的决定，告知安全注意事项，并对列车不能如期运行给旅客出行造成的不便，列车长应代表铁路部门向旅客致歉，并感谢旅客的配合，做好后续服务工作，取得旅客的支持与谅解。

c. 动车组停靠指定位置后，动车组司机通知列车长。列车长接到司机通知后，组织列车工作人员打开指定车厢车门，放置好应急梯或渡板，并做好防护，组织旅客有序换乘。在隧道内换乘时，由设备管理单位或部门操作开启隧道内的应急照明装置，隧道内的应急照明装置应实施远动开关。

d. 旅客换乘完毕，列车工作人员应将应急梯和渡板收好定位存放，并关闭车门。

(7)恶劣天气客运组织应急处置程序

因恶劣天气（含暴雨、大雾、大雪、冰雹、台风等）影响动车组列车正常运行，客运（客服）调度应及时通知客运管理部门及沿线车站及滞留列车，客运管理部门应了解现场情况，指挥应急处置，站车及时公告旅客并致歉。

①动车组列车应急处置程序

a. 列车长接到客运（客服）调度或上级主管部门动车组列车因恶劣天气影响非正常运行的通知后，应立即了解车内情况，加强对重点旅客的服务。出现异常情况及时向客运（客服）调度或上级主管部门报告。

b. 列车长应与司机或滞留地所在铁路局调度所客运（客服）调度保持联系，了解动车组列车的运行情况，及时向旅客通报。

c. 动车组列车应备足餐食和饮用水，确保供应。需补充餐食和饮用水时，列车长应向滞留地所在铁路局调度所客运（客服）调度或通过司机向列车调度员报告，指定车站为动车组列车补充餐食和饮用水。

②车站应急处置程序

a. 车站应及时公告动车组列车因恶劣天气影响非正常运行的情况。售票处、候车室、问讯处等服务处所做好对旅客的宣传和服务工作。

b. 车站应及时增开退票和改签窗口，为旅客办理退票、改签等手续。

c. 车站公安派出所应协助客运部门维护好售票、候车、乘降等秩序。

d. 车站应根据安排，及时为动车组列车提供餐食和饮用水。

2. 高速铁路非正常行车应急处置办法

(1)动车组列车运行中出现故障

动车组列车运行中出现故障时，司机应按车载信息监控装置的提示，按规定及时处理；需要由随车机械师处理时，司机应通知随车机械师。经处置确认无法正常运行时，司机应按车载信息监控装置的提示和随车机械师的要求，选择维持运行或停车等方式，并报告列车调度员或车站值班员。

(2)动车组列车在区间被迫停车时

随车机械师、客运乘务组、乘警均应听从动车组列车司机指挥，处理有关行车、列车防护和事故救援等事宜。

需下车处理时，列车调度员发布邻线列车限速 160 km/h 及以下的调度命令，限速位置按停车列车位置前后各 1 km 确定；需组织旅客疏散时，必须扣停邻线列车。司机在接到列车调度员已发布邻线列车限速调度命令或邻线列车已扣停的口头指示后，通知有关作业人员办理。

(3)道岔故障现场准备进路

列车调度员负责非故障道岔的操纵、准备进路。

工务、电务等有关部门人员现场检查前，应本线封锁、邻线限速 160 km/h 及以下。待工务、电务等有关部门现场检查和确认道岔故障具备现场准备进路放行列车条件时，确认本线封锁及邻线限速命令下达后，车务应急值守人员组织电务、工务等人员现场操纵道岔准备进路、确认进路正确并按规定加锁，列车调度员根据现场人员汇报的故障道岔开通方向及控制台上非故障道岔的显示确认进路正确。车站应急值守人员须及时向列车调度员汇报进路准备情况。

列车调度员得到现场进路准备妥当、道岔加锁良好、作业人员已撤至安全地点的汇报后，确认进路正确，解除封锁取消限速后方可办理行车凭证准备接发列车。

(4)站内轨道电路故障红光带

工务、电务等有关部门人员现场检查前，应本线封锁、邻线限速 160 km/h 及以下。待工务、电务等有关部门现场检查和确认具备列车放行条件后，列车调度员确认故障区段空闲后，按以下规定办理行车：

站内无岔区段出现红光带、可开放引导信号时，办理引导接(发)车进路，列车凭引导信号进(出)站；引导信号不能开放(故障)时，人工操纵道岔、准备进路，列车凭调度命令进、出站。

(5)动车组司机运行途中接到危及行车安全通知时

立即采取停车措施，并报告列车调度员或车站值班员，待危及行车安全情况消除后，方可恢复正常运行。

需下车处理时，列车调度员发布邻线列车限速 160 km/h 及以下的调度命令，限速位置按停车列车位置前后各 1 km 确定。司机在接到列车调度员已发布相关调度命令的口头指示后，通知随车机械师手动开门下车处理，下车处理人员下、上车时与司机共同签认。

(6)动车组故障不能继续运行请求救援

列车调度员接到动车组司机请求救援的报告后，应根据实际情况，组织符合要求的动车组或机车担当救援，并立即将有关情况向调度所值班主任报告。

已请求救援的动车组，不得再行移动。列车调度员发布救援命令后，动车组司机应了解救援列车开来方向，通知随车机械师做好防护工作。如需接触网停电作业，须按规定办理停电手续。

故障动车组应尽可能保证辅助供电系统工作正常，若辅助供电系统不能保证工作正常时，应优先保持基本的列车通风、照明。动车组无外部供电的情况下，如蓄电池不能维持供电运行到终点站，应将故障动车组牵引至客运站组织旅客换乘或启用热备车底组织换乘。

(7)接触网故障停电

列车调度员接到接触网故障停电的报告后，立即通知供电调度确认原因并处理，同时向值班主任报告，及时扣停未进入停电区域的列车。

接触网故障需立即抢修时，供电调度将本线处理故障时的影响范围、邻线放行列车条件等内容登记清楚，列车调度员根据登记要求办理。需开行轨道车时，须报请调度所值班主任(副主任)批准，并向轨道车司机发布准许运行的调度命令。

采取越区供电方式供电前，须确认停在无电区的列车已全部降弓。

接触网送电后，列车调度员必须确认供电调度的签认，准确掌握线路开通后的行车条件。

(8)运行途中晃车

运行途中列车司机发现晃车时，应立即减速运行并报告列车调度员，待本列无异常状况后恢复常速运行。

列车调度员向后续列车发布限速调度命令，后续列车通过晃车地点立即向列车调度员汇报运行情况。限速位置按司机汇报的晃车地点前后各加 1 km 确定。后续首列为 300～350 km/h 列车时限速 160 km/h、首列为 200～250 km/h 列车时限速 120 km/h、首列为普速旅客列车时限速 80 km/h，仍晃车时，列车调度员禁止再向该地点和该区间放行列车(关系区间车站为非常站控模式时应封锁该区间)，发布邻线限速 160 km/h 及以下的调度命令后，通知工务部门立即上道检查。若后续列车不晃车，按 160 km/h、250 km/h、常速逐级逐列提速。

(9)动车组运行中碰撞障碍物或撞人

动车组运行中碰撞障碍物影响行车安全或撞人时，司机应立即采取停车措施，并报告列车调度员或车站值班员，通知随车机械师。

需下车处理时，列车调度员发布邻线列车限速 160 km/h 及以下的调度命令，限速位置按停车列车位置前后各 1 km 确定。司机在接到列车调度员已发布相关调度命令的口头指示后，通知随车机械师手动开门下车确认动车组技术状态。

经检查确认若可以继续运行时，司机按随车机械师签认要求常速或限速运行，并报告列车调度员；若不能继续运行时应及时请求救援，并按规定进行防护。

列车调度员接到碰撞障碍物或撞人的报告后，应立即通知邻近车站和公安派出所派员到现场处置。到达现场人员应及时了解、上报现场勘查处置情况。

发生重大路外伤亡造成动车组紧急停车时，司机应立即报告列车调度员或就近车站值班员，并协助有关人员保护事故现场，采取措施抢救人员和财产，尽快排除线路障碍恢复正常行车，将人员伤亡和损失降到最低程度。

(10)动车组因故停于分相区时

由列车调度、供电调度、动车司机调度根据动车组类型、停车位置、牵引供电设备状况，共同确定采用换弓、退行闯分相、向接触网无电区送电或开行救援列车等方案。

(11)恶劣天气行车

遇降雾、暴风雨雪冰冻等恶劣天气，在地面信号作为行车凭证且显示距离不足 200 m

时，司机应报告列车调度员。列车调度员应及时发布调度命令，改按天气恶劣难以辨认信号的办法行车。机车信号良好时，按机车信号显示运行，遇地面信号与机车信号显示不一致时，司机应立即采取减速或停车措施。天气转好时，司机应及时报告列车调度员发布调度命令，恢复正常行车。

遇有降雨天气，重点防洪地段1 h降雨量达到45 mm及以上时，列车限速120 km/h；1 h降雨量达到60 mm及以上时，列车限速45 km/h。当1 h降雨量降至20 mm及以下，且持续30 min以上，可逐步解除限速。沿线雨量信息由防灾安全监控系统提供，当雨量超标时，由列车调度员根据防灾安全监控系统报警提示发布限速调度命令。

动车组列车运行中，司机发现积水高于轨面时，应立即停车，根据现场情况与随车机械师共同确定行车条件或请求救援，并立即报告列车调度员，列车调度员及时采取应急措施，下达相关调度命令。司机以随时能够停车速度(最高不超过40 km/h，下同)通过积水地段。列车调度员立即通知已进入区间的后续列车停车(避免停在隧道内)，并禁止向该区间放行列车。

遇有落石、倒树等障碍物危及行车安全时，司机应立即停车并报告列车调度员，待障碍排除确认安全后，方可继续运行。

列车遇到线路塌方、道床冲空等危及行车安全的突发情况时，司机应立即停车，并报告列车调度员或车站值班员，列车调度员或车站值班员应立即通知追踪列车、邻线列车。需要退行时，按有关规定迅速将列车退至安全地段。

调度所、工务部门应掌握大风天气情况，遇有防灾安全监控系统提示大风报警信息时，列车调度员及时发布限速调度命令。司机接到调度命令后，须立即确认大风地点，限速区段限速运行。对禁止运行的报警，按照要求立即采取停车措施。

动车组列车运行途中，遇大风天气，司机根据情况控制列车运行速度，并报告列车调度员。列车调度员通知后续通过该地段的列车司机注意运行。

(12)列控车载信号与机车信号不一致时

列控车载信号显示停车信号而机车信号显示进行信号时，按列控车载信号显示立即停车。

列控车载信号显示进行信号而机车信号显示停车信号：

①在区间运行时，动车组司机须立即停车，并向列车调度员汇报。列车调度员确认前方闭塞分区无车占用后通知司机。司机以遇到阻碍能随时停车的速度运行至前方次一信号机或闭塞分区入口处，如列控车载信号与机车信号均显示进行信号，按车载信号显示运行；如列控车载信号显示进行信号而机车信号仍显示停车信号，按上述规定处理。

②在车站发车时，司机应立即向列车调度员汇报。列车调度员应确认第一个闭塞分区空闲、道岔位置正确及进路空闲后通知司机发车，司机在出发信号机前以遇到阻碍能随时停车的速度运行，如列控车载信号与机车信号均显示进行信号，按车载信号显示运行；如列控车载信号显示进行信号而机车信号仍显示停车信号，司机以遇到阻碍能随时停车的速度运行至前方次一信号机或闭塞分区入口处，按上述区间规定处理。

(13)利用动车组列车运送人员处理故障

设备管理部门向列车调度员申请利用动车组列车运送人员处理故障时，须报告清楚上、下车地点。

列车调度员接到报告后，经值班主任(副主任)同意，方可向指定动车组列车发布调度命令，准许该次动车组列车运送故障处理人员，并须注明上、下车地点。司机接收调度命令后，向列车长和随车机械师进行转达。

故障处理人员在列车运行前方驾驶室后的车门处上车。

列车运行至停车地点停车后，司机在接到列车调度员已发布邻线列车限速 160 km/h 及以下的调度命令的口头指示后，方可通知随车机械师人工开启列车运行前方驾驶室后的动车组左(非会车)侧车门，客运乘务员配合做好人员上下工作。

随车机械师确认故障处理人员全部下车并撤至安全地点后，随车机械师关闭车门并通知列车司机，司机确认行车凭证后即可开车。

复习思考题

1. 简述我国高速铁路交通事故的定义。

2. 高速铁路事故报告内容包括哪些？事故发生后因伤亡人数变化导致事故等级发生变化时又应当如何处理？

3. 发生旅客人身伤害后，相关单位应当如何处理？

4. 当动车组轴承温度超温报警时，司机应当如何处理？

5. 简述救援动车组的总体要求。

6. 对于事故调查期限是如何规定的？

7. 高速铁路动车组脱轨后应当如何救援？对于脱轨的调查取证应当注意什么？

8. 高速铁路事故的赔偿是如何规定的？

9. 突发事件发生后，应当如何进行指挥和协调？

10. 简述动车组列车发生重大疫情时的应急处置程序。

参考文献

[1]贾利民．高速铁路安全保障技术[M]．北京:中国铁道出版社,2010.

[2]彭其渊．高速铁路调度指挥[M]．北京:中国铁道出版社,2011.

[3]张开冉,王建军．高速铁路运营安全管理[M]．成都:西南交通大学出版社,2015.

[4]肖贵平,朱晓宁．交通安全工程[M]．北京:中国铁道出版社,2016.

[5]莫志松,郑升．高速铁路列车运行控制技术:CTCS-3 级列车运行控制系统[M]．北京:中国铁道出版社,2016.

[6]王卫东,高速铁路基础设施动态检测技术[M]．北京:科学出版社,2017.

[7]胡启洲,郭庆．高速铁路安全运营的自然灾害预警系统[M]．成都:西南交通大学出版社,2018.

[8]曲思源．高速铁路运营安全保障体系及应用[M]．北京:中国铁道出版社,2018.

[9]王婷,翟士述．车辆检测与监控技术[M]．北京:中国铁道出版社,2018.

[10]李凯．高速铁路列车运行控制技术:CTCS-2 级列车运行控制系统[M]．北京:中国铁道出版社,2017.

[11]安顺伟．动车组运行故障分析及维修建议[J]．中国铁路,2018(5):48-52.

[12]刘彬．动车组运行故障图像检测系统(TEDS)运用研究与思考[J]．中国铁路,2017(12):61-65.

[13]张卓．TEDS 的大数据特点以及对动车安全检测的改变[J]．电脑编程技巧与维护,2017(19):56-58.

[14]董伟．动车组车辆安全检测监控技术的探讨[J]．上海铁道科技,2017(1):133-134.

[15]王锐．浅谈动车组运行故障动态图像检测系统(TEDS)实践与故障应急处理办法[J]．工业设计,2015(08):80-81.

[16]杨凯,贾志凯,吕赫,等．TEDS 监控设备联网应用技术研究[C]//中国智能交通年会大会．2014.

[17]张志建．动车组车辆故障动态图像检测系统(TEDS)运用研究[J]．铁道机车车辆,2014,34(4):82-84.

[18]石建伟．高速铁路建设动车组运行故障图像检测系统的实践[J]．铁路计算机应用,2014,23(5):24-27.

[19]何华武．高速铁路运行安全检测监测与监控技术[J]．中国铁路,2013(3):1-7.

[20]梁建英．高速列车智能诊断与故障预测技术研究[J]．北京交通大学学报,2019,43(1):63-70.

[21]马千里．中国铁路车辆运行安全监控系统建设规划研究[J]．中国铁路,2015(10):1-7.

[22]田红旗,秦进．铁路运输安全管理[M]．长沙:中南大学出版社,2011.

[23]王慧．高速铁路客运规章[M]．成都:西南交通大学出版社,2018.

[24]中国铁路总公司．铁路安全管理条例[M]．北京:中国铁道出版社,2013.

[25]中国铁路总公司．铁路技术管理规程:高速铁路部分[M]．北京:中国铁道出版社,2014.

[26]全国人大常委会办公厅．中华人民共和国安全生产法[M]．北京:中国民主法制出版社,2014.

[27]全国人大常委会办公厅．中华人民共和国铁路法[M]．北京:中国铁道出版社,2015.

[28]胡启洲．高速铁路安全运营的测度理论与监控方法[M]．北京:科学出版社,2014.